SHUJUKU YINGYONG JISHU

数据库应用技术

邹自德　梅炳夫　吴君胜　主编

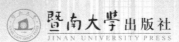

暨南大学出版社
JINAN UNIVERSITY PRESS

中国·广州

图书在版编目（CIP）数据

数据库应用技术/邹自德，梅炳夫，吴君胜主编 . —广州：暨南大学出版社，2011. 12
ISBN 978 – 7 – 81135 – 916 – 9

Ⅰ. ①数⋯　　Ⅱ. ①邹⋯②梅⋯③吴⋯　　Ⅲ. ①数据库系统—电视大学—教材　　Ⅳ. ①TP311. 13

中国版本图书馆 CIP 数据核字(2011)第 143733 号

出版发行：暨南大学出版社

地　　址：中国广州暨南大学
电　　话：总编室（8620）85221601
　　　　　营销部（8620）85225284　85228291　85228292（邮购）
传　　真：（8620）85221583（办公室）　85223774（营销部）
邮　　编：510630
网　　址：http：//www. jnupress. com　http：//press. jnu. edu. cn

排　　版：广州市天河星辰文化发展部照排中心
印　　刷：广州市怡升印刷有限公司

开　　本：787mm×1092mm　1/16
印　　张：20. 5
字　　数：509 千
版　　次：2011 年 12 月第 1 版
印　　次：2011 年 12 月第 1 次
印　　数：1—3000 册

定　　价：36. 00 元

（暨大版图书如有印装质量问题，请与出版社总编室联系调换）

前　言

　　数据库技术是计算机领域中最重要的技术之一，是软件学科的一个独立分支。数据库技术的应用遍及各行各业、各种各样的系统中，可以说无处不在。数据库的设计在一定程度上决定了数据库应用系统的功能，掌握数据库应用技术，才能设计出好的数据库应用系统，从而有利于在实际工作中参与信息系统安装、实施、调试等相关的工作，有利于参与设计与开发信息系统的项目，有利于利用数据库应用技术做各种数据处理等工作。

　　本教材面向高职高专计算机相关专业，针对数据库课程进行编写，根据课程的教学要求共分为9章。第1章主要对数据库相关概念和常用的数据库管理系统进行简单介绍；第2～3章详细介绍了SQL语言及其应用；第4章详细讲解了三种常用数据库管理系统的管理和基本操作；第5～6章介绍了数据库的安全管理和针对三种数据库管理系统详细讲解备份、恢复、互导数据的方法；第7章针对具体系统的设计详细讲解了数据库的设计和管理应用；第8章介绍几种数据库的连接方法；第9章结合主流的软件开发工具详细讲解了数据库应用的开发实例。本教材由浅入深、从易到难地介绍了数据库应用技术，具有典型性和代表性。我们为教师授课和学习者的自学提供了本书案例中使用的素材和工具，读者可以从暨南大学出版社网站（http：//www.jnupress.com/）下载使用。

　　本教材的讲授可安排80～120学时。教师可根据学时、专业和学生的实际情况安排教学。本教材文字通俗、简明易懂、便于自学，也可供从事数据库管理、软件开发等相关工作的专业人员或爱好者参考，甚至可用于中职院校相关专业的实践教学。

　　本教材由广州市广播电视大学邹自德教授、梅炳夫老师、吴君胜老师担任主编，广州市轻工技师学院罗伟高级讲师、梁国文老师、台山电大韩小一担任副主编。编写过程得到了众多专家和学者的支持，参与本书编写、整理、资料搜集工作的有广州市商贸职业学校江艳老师、台山电大屈军老师和广州市轻工技师学院陈刚、罗元华老师。

　　由于作者水平有限，书中难免出现纰漏，热忱欢迎广大师生、读者批评指正。

编　者

2011 年 8 月于广州麓湖

目 录

第1章 数据库基础知识

1.1 数据库概述

现在数据库已是每一项业务的基础。数据库被应用于维护商业内部记录，在万维网上为客户显示数据，以及支持很多其他商业处理。数据库同样出现在很多科学研究中，天文学家、地理学家以及其他很多科学家搜集的数据也是用数据库来记录的。数据库也用在企业、行政部门。因此，数据库技术已成为当今计算机信息系统的核心技术，是计算机技术和应用发展的基础。

本章主要介绍数据库技术的发展和数据库系统涉及的最基本、最重要的概念，包括数据模型、数据库管理系统、数据库系统的组成。

1.1.1 信息、数据与数据处理

用计算机对数据进行处理的应用系统称为计算机信息系统。信息系统是"一个由人、计算机等组成的，能进行信息的收集、传递、存储、加工、维护、分析、计划、控制、决策和使用的系统"。信息系统的核心是数据库。

1.1.2 数据与信息

"信息"是对现实世界事物存在方式或运动状态的反映。具体地说，信息是一种已经被加工为特定形式的数据，这种数据形式对接收者来说是有意义的，而且对当前和将来的决策具有明显的或实际的价值。

信息有如下一些重要特征：

（1）信息传递需要物质载体，信息的获取和传递要消耗能量。

（2）信息是可以感知的。不同的信息源有不同的感知方式。

（3）信息是可以存储、压缩、加工、传递、共享、扩散、再生和增值的。

"数据"是将现实世界中的各种信息记录下来的、可以识别的符号，是信息的载体，是信息的具体表现形式。

数据与信息是密切相关的，信息是各种数据所包括的意义，数据则是载荷信息的物理符号。因此，在许多场合下，对它们不作严格的区分，可互换使用。例如，"信息处理"与"数据处理"就具有同义性。

1.1.3 数据处理

数据处理是指将数据转换成信息的过程，如对数据的收集、存储、传播、检索、分类、加工或计算、打印各类报表或输出各种需要的图形。在数据处理的一系列活动中，数据收集、存储、传播、检索、分类等操作是基本环节，这些基本环节统称为数据管理。

1.1.4 发展阶段

1. 人工管理阶段

在人工管理阶段（20世纪50年代中期以前），计算机主要用于科学计算，其他工作还没有展开。外部存储器只有磁带、卡片和纸带等，还没有磁盘等字节存取存储设备。软件只有汇编语言编译系统，没有操作系统和管理数据的软件。这个阶段数据管理的特点有：数据不保存；系统没有专用的软件对数据进行管理；数据不共享；数据不具有独立性。

在人工管理阶段，程序与数据之间的关系可用图1-1表示。

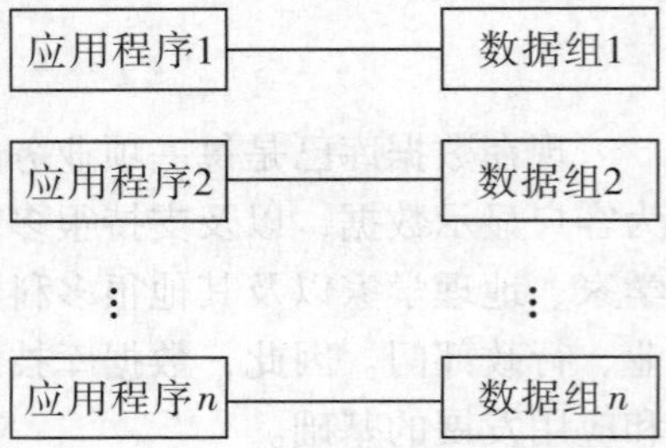

图1-1 人工管理阶段

2. 文件系统阶段

从20世纪50年代后期到60年代中期，计算机不仅用于科学计算，还大量应用于信息管理。大量的数据存储、检索和维护成为紧迫的需求。在硬件方面，有了磁盘、磁鼓等直接存储设备；在软件方面，出现了高级语言编译系统和操作系统，且操作系统中有了专门管理数据的软件，一般称之为文件系统；在处理方式方面，不仅有批处理，也有联机实时处理。

用文件系统管理数据的特点如下：

（1）数据以文件形式可长期保存下来。

（2）文件系统可对数据的存取进行管理。有专门的软件即文件系统进行数据管理，文件系统把数据组织成相互独立的数据文件，利用"按名访问，按记录存取"的管理技术，对文件进行修改、插入和删除的操作。

（3）文件组织多样化。有顺序文件、链接文件、索引文件等，因而对文件的记录可顺序访问，也可随机访问，更便于存储和查找数据。但文件之间相互独立、缺乏联系。数据之间的联系要通过程序去构造。

（4）程序与数据之间有一定独立性。由专门的软件即文件系统进行数据管理，程序和数据之间由软件提供的存取方法进行转换，数据存储发生变化不一定影响程序的运行，因此，可大大减少维护的工作量，从而减轻程序员的负担。

与人工管理阶段相比，文件系统阶段对数据的管理有了很大的进步，但一些根本性问题仍没有得到彻底的解决，主要表现为以下三个方面：

（1）数据冗余度大。由于数据的基本存取单位是记录，因此，程序员之间很难明白他人数据文件中数据的逻辑结构。当不同的应用程序具有部分相同的数据时，也必须建立各自的文件，而不能共享相同的数据，因此数据的冗余度大，浪费存储空间。

（2）数据独立性差。文件系统中的文件是为某一特定应用服务的，文件的逻辑结构对该应用程序来说是优化的，若要对现有的数据增加一些新的应用会很困难，系统不容易扩充。数据和程序相互依赖，一旦改变数据的逻辑结构，必须修改相应的应用程序。而应用程序发生变化，如改用另一种程序设计语言来编写程序，也需修改数据结构。因此，数据和程序之间缺乏独立性。

（3）数据一致性差。由于相同数据的重复存储、各自管理，在进行更新操作时，容易造成数据的不一致。

在文件系统阶段，程序与数据之间的关系可用图 1－2 表示。

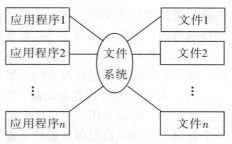

图 1－2　文件系统阶段

【例 1.1】某学校利用计算机对教职工的基本情况进行管理，各部门分别建立了三个文件：职工档案文件、职工工资文件和职工保险文件。每一职工的电话号码在这三个文件中重复出现，这就是"数据冗余"。若某职工的电话号码需要修改，就要修改这三个文件中的数据，否则会引起同一数据在三个文件中不一样。产生的原因主要是三个文件中的数据没有联系。

若在职工档案文件中存放电话号码值，而其他文件中不存放电话号码值，而存放档案文件中电话号码值的位置作为"指针"，则可消除文件系统中的三个缺点。

3. 数据库系统阶段

20 世纪 60 年代后期，计算机硬件、软件有了进一步的发展。计算机应用于管理的规模更加庞大，数据量急剧增加；硬件方面出现了大容量磁盘，使计算机联机存取大量数据成为可能；硬件价格下降，而软件价格上升，使开发和维护系统软件的成本增加。文件系统的数据管理方法已无法适应开发应用系统的需要。为满足多用户、多个应用程序共享数据的需求，出现了统一管理数据的专门软件系统，即数据库管理系统。用数据库系统来管理数据比文件系统具有明显的优点，从文件系统到数据库系统，标志着数据管理技术的飞跃。

数据库系统管理数据的特点如下：

（1）数据结构化。数据结构化是数据库与文件系统的根本区别。

有了数据库管理系统后，数据库中的任何数据都不属于任何应用。数据是公共的，结构是全面的。它是在对整个组织的各种应用（包括将来可能的应用）进行全局考虑后建立起来的总的数据结构。它是按照某种数据模型，将全组织的各种数据组织到一个结构化的数据库中，整个组织的数据不是一盘散沙，可表示出数据之间的有机关联。

【例 1.2】建立学生成绩管理系统，系统包含学生（学号、姓名、性别、系别、年龄）、课程（课程号、课程名）、成绩（学号、课程号、成绩）等数据，分别对应三个文件。

若采用文件处理方式，因为文件系统只表示记录内部的联系，而不涉及不同文件记录之间的联系，要想查找某个学生的学号、姓名、所选课程的名称和成绩，必须编写一段较复杂的程序来实现。而采用数据库方式，数据库系统不仅描述数据本身，还描述数据之间的联系，上述查询可以非常容易地联机实现。

（2）数据共享程度高，冗余少，易扩充。数据库系统从全局角度看待和描述数据，数据不再面向某个应用程序而是面向整个系统，因此数据可以被多个用户、多个应用共享使用。这样便减少了不必要的数据冗余，节约了存储空间，同时也避免了数据之间的不相容性与不一致性。

（3）数据独立性强。数据的独立性是指数据的逻辑独立性和数据的物理独立性。

数据的逻辑独立性是指用户的应用程序与数据库的逻辑结构是相互独立的，即当数据的总体逻辑结构改变时，数据的局部逻辑结构不变，由于应用程序是依据数据的局部逻辑结构编写的，所以应用程序不必修改，从而保证了数据与程序间的逻辑独立性。

数据的物理独立性是指用户的应用程序与存储在磁盘上的数据库中的数据是相互独立的，即当数据的存储结构改变时，数据的逻辑结构不变，从而应用程序也不必改变。

（4）有统一的数据控制功能。数据库为多个用户和应用程序所共享，对数据的存取往往是并发的，即多个用户可以同时存取数据库中的数据，甚至可以同时存取数据库中的同一个数据，为确保数据库数据的正确有效和数据库系统的有效运行，数据库管理系统提供下述四方面的数据控制功能：

①数据的安全性（security）控制。数据的安全性是指保护数据以防止不合法使用数据造成数据的泄露和破坏，保证数据的安全和机密，使每个用户只能按规定对某些数据以某些方式进行使用和处理。

②数据的完整性（integrity）控制。数据的完整性是指系统通过设置一些完整性规则以确保数据的正确性、有效性和相容性。完整性控制将数据控制在有效的范围内，或保证数据之间满足一定的关系。

有效性是指数据是否在其定义的有效范围内，如月份只能用 1～12 之间的正整数表示。

正确性是指数据的合法性，如年龄属于数值型数据，只能含 0，1，…，9，不能含字母或特殊符号。

相容性是指表示同一事实的两个数据应相同，否则就不相容，如一个人不能有两个性别。

③并发（concurrency）控制。多用户同时存取或修改数据时，可能会发生相互干扰从而造成提供给用户不正确数据的结果，并使数据库的完整性受到破坏，因此必须对多用户的并发操作加以控制和协调。

④数据恢复（recovery）。计算机系统出现各种故障是很正常的，数据库中的数据被破坏、被丢失也是可能的。当数据库被破坏或数据不可靠时，系统有能力将数据库从错误状态恢复到最近某一时刻的正确状态。

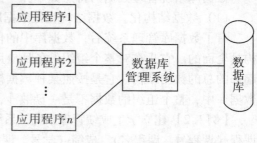

图 1-3　数据库系统阶段

数据库系统阶段，程序与数据之间的关系可用图 1-3 表示。

从文件系统管理发展到数据库系统管理是信息处理领域的一个重大变化。

在文件系统阶段，人们关注的是系统功能的设计，因此程序设计处于主导地位，数据服从于程序设计；而在数据库系统阶段，数据的结构设计成为信息系统首先关心的问题。

　　数据库技术经历了以上三个阶段的发展，已有了比较成熟的数据库技术，但随着计算机软硬件的发展，数据库技术仍需不断向前发展。

　　4. 数据库阶段

　　20 世纪 70 年代，层次、网状、关系三大数据库系统确定了数据库技术的概念、原理和方法。自 20 世纪 80 年代以来，一方面数据库技术在商业领域的巨大成功刺激了其他领域对数据库技术需求的迅速增长。另一方面在应用中提出的一些新的数据管理的需求也直接推动了数据库技术的研究和发展，尤其是面向对象数据库系统。另外，数据库技术不断与其他计算机技术分支结合，向高一级的数据库技术发展。例如，数据库技术与分布处理技术相结合，出现了分布式数据库系统；数据库技术与并行处理技术相结合，出现了并行数据库系统。

1.2　数据库的种类及数据模型

1.2.1　数据库技术种类

　　1. 分布式数据库技术

　　随着地理上分散的用户对数据共享的要求日益增强，以及计算机网络技术的发展，在传统的集中式数据库系统基础上产生和发展了分布式数据库系统。

　　分布式数据库系统不是简单地把集中式数据库安装在不同场地，用网络连接起来便实现了，而是具有自己的性质和特征。

　　分布式数据库系统主要有以下特点：

　　（1）数据的物理分布性和逻辑整体性。

　　（2）场地自治和协调。

　　（3）各地的计算机由数据通信网络相联系。

　　（4）数据分布的透明性。

　　（5）适合分布处理的特点，提高系统处理效率和可靠性。

　　分布式数据库系统兼顾了集中管理和分布处理两个方面，因而有良好的性能，具体结构如图 1-4 所示。

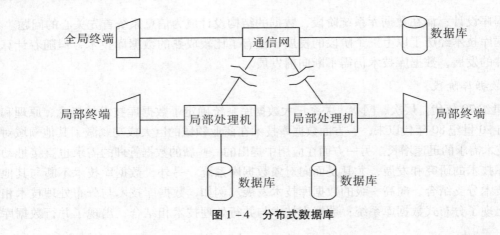

图 1 - 4　分布式数据库

2. 面向对象数据库技术

在数据处理领域，关系数据库的使用已相当普遍，然而现实世界存在着许多具有更复杂数据结构的实际应用领域，而层次、网状和关系三种模型对这些应用领域显得力不从心。面向对象数据库正是适应这种形势发展起来的，它是面向对象的程序设计技术与数据库技术结合的产物。

面向对象数据库系统的主要特点：

（1）对象数据模型能完整地描述现实世界的数据结构，能表达数据间嵌套、递归的联系。

（2）具有面向对象技术的封装性（把数据与操作定义在一起）和继承性（继承数据结构和操作）的特点，提高了软件的可重用性。

3. 面向应用领域的数据库技术

数据库技术是计算机软件领域的一个重要分支，经过 30 多年的发展，已形成相当规模的理论体系和实用技术。为了适应数据库应用多元化的要求，在传统数据库基础上，结合各个应用领域的特点，研究适合该应用领域的数据库技术，如数据仓库、工程数据库、统计数据库、科学数据库、空间数据库、地理数据库等。

1.2.2　数据库系统

数据库系统从根本上说不过是计算机化的记录保持系统，也就是说，它的总目的是存储和产生所需要的有用信息。这些有用的信息可以是使用该系统的个人或组织的有意义的任何事情，换句话说，是对某个人或组织辅助决策过程中不可少的事情。一个数据库系统要包括四个主要部分：数据（库）、用户、软件、硬件。下面对数据库系统作简要介绍。

1. 数据

数据是指数据库系统中集中存储的一批数据的集合。它是数据库系统的工作对象。

为了把输入、输出或中间数据加以区别，我们常把数据库数据称为"存储数据"、"工作数据"或"操作数据"。它们是某特定应用环境中进行管理和决策所必需的信息。

特定的应用环境，可以指一个公司、一个银行、一所医院或一所学校等各种各样的应用环境。在各种各样的应用环境中，各种不同的应用可通过访问其数据库，获得必要的信息，以辅助进行决策，决策完成后，再将决策结果存储在数据库中。

特别需要指出的是，数据库中的存储数据是"集成的"和"共享的"。

2. 用户

存在一组使用数据库的用户，即指存储、维护和检索数据的各类请求。数据库系统中主要有三类用户：终端用户、应用程序员和数据库管理员。

终端用户是指从计算机联机终端存取数据的人员，也可称为联机用户。

应用程序员是指负责设计和编制应用程序的人员。

数据库管理员（或称为 DBA）是指全面负责数据库系统的"管理、维护和正常使用"的人员，它可以是一个人或一组人。担任数据库管理员，不仅要具有较高的技术专长，而且还要具备较深的资历，并具有了解和阐明管理要求的能力。DBA 的主要职责有：参与数据库设计的全过程，与用户、应用程序员、系统分析员紧密结合，设计数据库的结构和内容；决定数据库的存储与存取策略，使数据的存储空间利用率和存取效率均较优；定义数据的安全性和完整性；监督控制数据库的使用和运行，及时处理运行程序中出现的问题；改进和重新构造数据库系统等。

3. 软件

软件是指负责数据库存取、维护和管理的软件系统。通常叫做数据库管理系统（Data Base Management System，简称 DBMS）。数据库系统各类用户对数据库的各种操作请求，都是由 DBMS 来完成的，它是数据库系统的核心软件。

4. 硬件

硬件是指存储数据库和运行数据库管理系统 DBMS（包括操作系统）的硬件资源。它包括物理存储数据库的磁盘、磁鼓、磁带或其他外存储器及其附属设备、控制器、I/O 通道、内存、CPU 及其他外部设备等。

5. 数据库管理系统

数据库系统把对"存储数据"的管理、维护和使用的复杂性都转嫁给数据管理系统（DBMS）。因此，DBMS 是一种非常复杂的、综合性的、在数据库系统中对数据进行管理的大型系统软件，它是数据库系统的核心组成部分，在操作系统（OS）支持下工作。在确保数据"安全可靠"的同时，DBMS 大大提高了用户使用"数据"的简明性和方便性，用户在数据库系统中的一切操作，包括数据定义、查询、更新及各种控制，都是通过 DBMS 进行的。

6. DBMS 的主要功能

DBMS 不仅具有面向用户的功能，而且也具有面向系统的功能。通常，DBMS 的主要功能包括以下五个方面：

数据库定义功能。DBMS 提供相应数据定义语言来定义数据库结构，它们是构建数据库的框架，并被保存在数据字典中。数据字典是 DBMS 存取和管理数据的基本依据。

数据存取功能。DBMS 提供数据操纵语言实现对数据库数据的基本存取操作：检索、插入、修改和删除。

数据库运行管理功能。DBMS 提供数据控制功能，即数据的安全性、完整性和并发控制等对数据库运行进行有效的控制和管理，以确保数据库数据正确有效和数据库系统的有效运行。

数据库的建立和维护功能。包括数据库初始数据的装入，数据库的转储、恢复、重组织，系统性能监视、分析等功能。这些功能大都由 DBMS 的实用程序来完成。

数据通信功能。DBMS 提供处理数据的传输，实现用户程序与 DBMS 之间的通信。通常与操作系统协调完成。

7. DBMS 的组成

DBMS 大多是由许多"系统程序"组成的一个集合。每个程序都有自己的功能，一个或几个程序一起完成 DBMS 的一件或几件工作。各种 DBMS 的组成因系统而异，一般说来，它由以下几个部分组成：

语言编译处理程序。主要包括：数据描述语言翻译程序；数据操作语言处理程序；终端命令解释程序；数据库控制命令解释程序等。

系统运行控制程序。主要包括：系统总控程序；存取控制程序；并发控制程序；完整性控制程序；保密性控制程序；数据存取和更新程序；通信控制程序等。

系统建立和维护程序。主要包括：数据装入程序；数据库重组织程序；数据库系统恢复程序；性能监督程序等。

数据字典。数据字典通常是一系列表，它存储着数据库中有关信息的当前描述。它能帮助用户、数据库管理员和数据库管理系统本身使用和管理数据库。

1.2.3 数据模型

数据模型（Data Model）是专门用来抽象、表示和处理现实世界中的数据和信息的工具。

数据模型是数据库系统的核心。通俗地讲，数据模型是对现实世界的模拟。

数据模型应满足三方面要求：一是能比较真实地模拟现实世界；二是容易理解；三是易在计算机上实现。在数据库系统中针对不同的使用对象和应用目的，采用不同的数据模型。

不同的数据模型实际上提供给我们模型化数据和信息的不同工具。根据模型应用的不同，可将模型分为两类，它们分别属于两个不同的层次（见图 1−5）。

第一类模型是概念模型，也称信息模型，它是一种独立于计算机系统的数据模型，完全不涉及信息在计算机中的表示，只是用来描述某个特定组织所关心的信息结构。这一类模型中最著名的是"实体联系模型"。

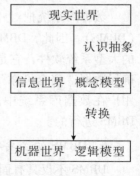

图 1−5 抽象的层次

第二类模型是数据模型，主要包括网状模型、层次模型、关系模型等，它是按计算机系统的观点对数据建模，是直接面向数据库的逻辑结构，是对现实世界的第二层抽象。这类模型直接与 DBMS 有关，称为"逻辑数据模型"，一般又称为"结构数据模型"。这类模型有严格的形式化定义，以便于在计算机系统中实现。

数据模型是数据库系统的核心和基础。各种机器上实现的 DBMS 软件都是基于某种数据模型的。

1.2.4　概念模型

概念模型是对客观事物及其联系的抽象，用于信息世界的建模，它强调语义表达能力，以及能够较方便、直接地表达应用中各种语义知识。这类模型概念简单、清晰、易于被用户理解，是用户和数据库设计人员之间进行交流的语言。

概念模型的概念主要如下：

（1）实体：客观上存在且可区分的事物称为实体。实体可以是人，也可以是物；可以指实际的对象，也可以指某些概念；可以指事物与事物间的联系。如学生是一个实体。

（2）属性：实体所具有的某一方面的特性。一个实体可以由若干个属性来刻画。如公司员工由员工编号、姓名、年龄、性别等属性组成。如学生实体有学号、姓名和性别等属性。

（3）关键字：实体的某一属性或属性组合，其取用的值能唯一标识出该实体，称为关键字，也称码。如学号是学生实体集的关键字，由于姓名有相同的可能，故不应作为关键字。

（4）域：域是某（些）属性的取值范围。如姓名的域为字符串集合，性别的域为男、女等。

（5）实体型：具有相同属性的实体必须具有共同的特性。用实体名及其属性名集合来抽象和刻画同类实体，称为实体型。例如，学生（学号，姓名，性别，班号）就是一个实体型。

（6）实体集：同型实体的集合称为实体集。如全体学生就是一个实体集。

（7）联系：现实世界的事物之间总是存在某种联系的，这种联系必然要在信息世界中加以反映。一般存在两类联系：一是实体内部的联系，如组成实体的属性之间的联系；二是实体之间的联系。两个实体之间的联系又可分为如下三类：

一对一联系（1:1）。例如，一个部门有一个经理，而每个经理只在一个部门任职。这样部门和经理之间就具有一对一联系。

一对多联系（1:n）。例如，一个部门有多个职工，这样部门和职工之间就存在着一对多的联系。

多对多联系（m:n）。例如，学校中的课程与学生之间就存在着多对多的联系。每个课程可以供多个学生选修，而每个学生又都会选修多种课程。这种关系可以有很多种处理的办法。

概念模型的表示方法很多，其中最著名的是 E－R 方法（实体联系方法），它用 E－R 图来描述现实世界的概念模型。E－R 图的主要成分是实体、联系和属性。E－R 图通用的表现方式如下：

用长方形表示实体型，在框内写上实体名；

用椭圆形表示实体的属性，并用无向边把实体与属性连接起来；

用菱形表示实体间的联系，菱形框内写上联系名。用无向边分别把菱形与有关实体相连接，在无向边旁标上联系的类型。如果实体之间的联系也具有属性，则把属性和菱形也用无向边连接上。

E－R方法是抽象和描述现实世界的有力工具。用E－R图表示的概念模型与具体的DBMS所支持的数据模型相独立，是各种数据模型的共同基础，因而比数据模型更一般、更抽象。更接近现实世界。

【例1.3】画出如下百货公司的E－R图。

某百货公司管辖若干连锁商店，每家商店经营若干商品，每家商店有若干职工，但每个职工只能服务于一家商店。

"商店"实体型的属性有：店号、店名、店址、店经理。"商品"实体型的属性有：商品号、品名、单价、产地。"职工"实体型的属性有：工号、姓名、性别、工资。在联系中应反映出职工参加某商店工作的开始时间，商店销售商品的月销售量。该E－R图如图1－6所示。

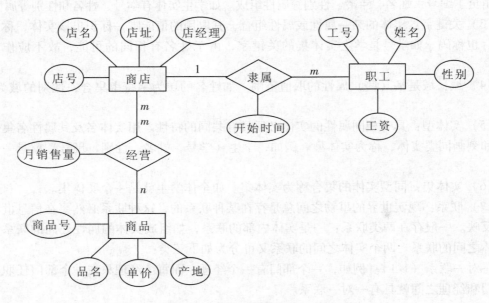

图1－6　百货公司的E－R图

1.2.5　常用的数据模型

当前流行的基本数据模型有三类：关系模型；层次模型；网状模型。

它们之间的根本区别在于数据之间联系的表示方式不同。关系模型是用"二维表"（或称为关系）来表示数据之间的联系；层次模型是用"树结构"来表示数据之间的联系；网状模型是用"图结构"来表示数据之间的联系。

层次模型和网状模型是早期的数据模型，通常把它们通称为格式化数据模型，因为它们是属于以"图论"为基础的表示方法。

分别按照三类数据模型设计和实现的DBMS可分别称为关系DBMS、层次DBMS和网状 DBMS，相应地存在关系（数据库）系统、层次（数据库）系统和网状（数据库）系统等简称。下面将三种数据模型作一个简单介绍。

1. 关系模型

关系模型是用二维表格结构来表示实体以及实体之间联系的数据模型。关系模型的数据结构是一个"二维表框架"组成的集合，每个二维表又可称为关系，因此可以说，关系模型是"关系框架"组成的集合。目前大多数数据库管理系统都是关系型的，如 SQL Server 就是一种关系数据库管理系统。

2. 层次模型

层次模型是数据库系统最早使用的一种模型，它的数据结构是一棵"有向树"。层次模型的特征如下：

①有且仅有一个结点没有双亲，它就是根结点。②其他结点有且仅有一个双亲。

在层次模型中，每个结点描述一个实体型，称为记录类型。一个记录类型可有许多记录值，简称记录。结点间的有向边表示记录间的联系。如果要存取某一记录类型的记录，可以从根结点起，按照有向树层次逐层向下查找。查找路径就是存取路径。

美国 IBM 公司 1968 年研制成功的 IMS 数据库管理系统是这种模型的典型代表。

3. 网状模型

如果取消层次模型的两个限制，即两个或两个以上的结点都可以有多个双亲结点，则"有向树"就变成了"有向图"。"有向图"结构描述了网状模型。网状模型的特征如下：

①可有一个以上的结点没有双亲。②至少有一个结点可以有多于一个的双亲。

1.3 关系数据库的基本理论

关系模型是目前最常用的一种数据模型。关系数据库系统采用关系模型作为数据的组织方式。

与层次模型和网状模型相比，关系模型的概念简单、清晰，并且具有严格的数据基础，形成了关系数据理论，操作也直观、容易，因此易学易用。无论是数据库的设计和建立，还是数据库的使用和维护，都比非关系模型简便得多。

与其他的数据模型相同，关系模型也是由数据结构、数据操作和完整性约束三部分组成。

1.3.1 数据结构

在关系模型中，数据的逻辑结构是关系。关系可形象地用二维表表示，它由行和列组成。现以职工表（如图 1-7 所示）为例，介绍关系模型中的一些术语。

员工编号	姓名	年龄	性别	部门号
430425	王天喜	25	男	Deno1
430430	莫玉	27	女	Deno2
430211	肖剑	33	男	Deno3
430121	杨琼英	23	女	Deno2
430248	赵继平	41	男	Deno3

图 1 - 7　关系模型的数据结构

（1）关系（Relation）：一个关系可用一个表来表示，常称为表，如图 1 - 7 中的这张职工表。每个关系（表）都有与其他关系（表）不同的名称。

（2）元组（Tuple）：表中的一行数据总称为一个元组。一个元组即为一个实体的所有属性值的总称。一个关系中不能有两个完全相同的元组。

（3）属性（Attribute）：表中的每一列即为一个属性。每个属性都有一个属性名，在每一列的首行显示。一个关系中不能有两个同名属性。如图 1 - 7 的表有五列，对应五个属性（员工编号、姓名、年龄、性别、部门号）。

（4）域（Domain）：一个属性的取值范围就是该属性的域。如职工的年龄属性域为两位整数（18 ~ 70），性别的域为男和女等。

（5）分量（Component）：一个元组在一个属性上的值称为该元组在此属性上的分量。

（6）主码（Key）：表中的某个属性组，它可以唯一确定一个元组，如图 1 - 7 中的职工编号，可以唯一确定一个职工，也就成为本关系的主码。

（7）关系模式：一个关系的关系名及其全部属性名的集合简称为该关系的关系模式。一般表示为：

关系名（属性 1，属性 2，…，属性 n）

如上面的关系可描述为：

职工（员工编号、姓名、年龄、性别、部门号）

关系模式是型，描述了一个关系的结构；关系则是值，是元组的集合，是某一时刻关系模式的状态或内容。因此，关系模式是稳定的、静态的，而关系则是随时间变化的、动态的。但在不引起混淆的场合，两者都称为关系。

关系是关系模型中最基本的数据结构。关系既用来表示实体，如上面的职工表，也用来表示实体间的关系，如学生与课程之间的联系可以描述为：

选修（学号、课程号、成绩）

关系模型要求关系必须是规范化的，即要求关系必须满足一定的规范条件，这些规范条件是：

（1）关系中的每一列都必须是不可分的基本数据项，即不允许表中还有表，图 1 - 8 中的情况是不允许的。

（2）在一个关系中，属性间的顺序、元组间的顺序是无关紧要的。

工资级别	工资		
	基本工资	工龄	职务
	⋮	⋮	⋮

图 1 - 8　表中有表

1.3.2　数据操作

关系数据模型的操作主要包括查询、插入、删除和修改数据。它的特点在于：

（1）操作对象和操作结果都是关系，即关系模型中的操作是集合操作。

（2）关系模型中，存取路径对用户是隐藏的。

1.3.3　完整性约束

完整性约束是一组完整的数据约束规则，它规定了数据模型中的数据必须符合的条件，对数据作任何操作时都必须遵循约束规则。关系的完整性约束条件包括三大类：实体完整性、参照完整性和用户定义的完整性。其具体含义在后面进行介绍。

1.3.4　关系模型的存储结构

关系模型的数据独立性最高，用户基本上不能干预物理存储。在关系模型中，实体及实体间的联系都用表来表示。在数据库的物理组织中，表以文件的形式存储，有的系统一个表对应于一个操作系统文件，有的系统一个数据库中所有的表对应于一个或多个操作系统文件，有的系统自己设计文件结构。

1.3.5　关系运算

从一个关系中找出所需要的数据，就要使用关系运算。关系运算包括选择、投影和联接等。

1. 选择

从一个关系中选出满足给定条件的记录的操作称为选择或筛选。选择是从行的角度进行的运算，选出满足条件的那些记录构成原关系的一个子集。

2. 投影

从一个关系中选出若干指定字段的值的操作称为投影。投影是从列的角度进行的运算，所得到的字段个数通常比原关系少，或者字段的排列顺序不同。

3. 联接

联接是把两个关系中的记录按一定的条件横向结合，生成一个新的关系。最常用的联接运算是自然联接，它是利用两个关系中共有的字段，把该字段值相等的记录联接起来。

系统在执行联接运算时，要进行大量的比较操作。不同关系中的公共字段或具有相同语义的字段是实现联接运算的"纽带"。

需要明确的是：选择和投影属于单目运算，它们的操作对象只是一个关系。联接则为双目运算，其操作对象是两个关系。

1.3.6　规范化设计理念和方法

为了使数据库设计的方法趋向完备，人们研究了规范化理论。目前规范化理论的研究已经有了很大的进展。

下面简单介绍一下规范化设计方法。首先，满足一定条件的关系模式，称为范式（Normal Form，简写为 NF）。1971 年至 1972 年，关系数据模型的创始人 E. F. Codd 系统地提出了第一范式（1NF）、第二范式（2NF）和第三范式（3NF）的概念。1974 年 Codd 和 Boyce 共同提出了 BCNF 范式，为第三范式的改进。一个低级范式的关系模式，通过分解（投影）方法可转换成多个高一级范式的关系模式的集合，这种过程称为规范化。

1. 第一范式（1NF）

如果一个关系模式，它的每一个分量是不可分的数据项，即其域为简单域，则此关系模式为第一范式。

第一范式是最低的规范化要求，第一范式要求数据表不能存在重复的记录，即存在一个关键字。1NF 的第二个要求是每个字段都不可再分，即已经分到最小，关系数据库的定义就决定了数据库满足这一条。主关键字达到下面几个条件：

（1）主关键字段在表中是唯一的。

（2）主关键字段不能存在空值。

（3）每条记录都必须有一个主关键字。

（4）主关键字是关键字的最小子集。

满足 1NF 的关系模式有许多不必要的重复值，并且增加了修改其数据时疏漏的可能性。为了避免这种数据冗余和更新数据的遗漏，就引出了第二范式。

2. 第二范式（2NF）

如果一个关系属于 1NF，且所有的非主关键字段都完全地依赖于主关键字，则称之为第二范式，简记为 2NF。

为了说明问题现举一个例子：有一个库房存储的库有 4 个字段（零件号、仓库号、零件数量、仓库地址），这个库符合 1NF，其中"零件号"和"仓库号"构成主关键字。但是因为"仓库地址"只完全依赖于"仓库号"，即只依赖于主关键字的一部分，所以它不符合 2NF。首先，存在数据冗余，因为仓库数量可能不多。其次，如果更改仓库地址时漏改了某一记录，那么会存在数据不一致性。再次，如果某个仓库的零件出库完了，那么这个仓库地址就丢失了，即这种关系不允许存在某个仓库中不放零件的情况。我们可以用投影分解的方法消除部分依赖的情况，从而使关系达到 2NF 的标准。方法就是从关系中分解出新的二维表，使得每个二维表中所有的非关键字都完全依赖于各自的主关键字。我们可以作如下分解：分解成两个表（一个表为零件号、仓库号、零件数量，另一个表为仓库号、仓库地址）。这样就完全符合 2NF 了。

3. 第三范式（3NF）

如果一个关系属于 2NF，且每个非关键字不传递依赖于主关键字，这种关系就是 3NF。

简而言之，从 2NF 中消除传递依赖，就是 3NF。比如有一个表（姓名、工资等级、工资额），其中姓名是关键字，此关系符合 2NF，但是因为工资等级决定工资额，这就叫传递依赖，它不符合 3NF。我们同样可以使用投影分解的办法分解成两个表（一个表为姓名、工资等级，另一个表为工资等级、工资额）。

上面提到了投影分解的方法，关系模式的规范化过程是通过投影分解来实现的。这种把低一级关系模式分解成若干个高一级关系模式的投影分解方法不是唯一的，应该在分解中注意满足以下 3 个条件：

（1）无损联接分解，分解后不丢失信息。

（2）分解后得到的每一关系都是高一级范式，不要同级甚至低级分解。

（3）分解的个数最少，这是完美要求，应做到尽量少。

一般情况下，规范化到 3NF 就满足要求了，规范化程度更高的还有 BCNF、4NF、5NF，因为不经常用到，这里就不作解释和讨论了。

规范化的基本思想是逐步消除数据依赖中不合适的部分，使模式中的各种关系模式达到某种程度的"分离"，即"一事一地"的模式设计原则。让一个关系描述一个概念、一个实体或者实体间的一种联系。如果多于一个概念，就把它"分离"出去。因此，所谓规范化实质上是概念的单一化。

应该指出的是，规范化的优点是明显的，它避免了大量的数据冗余，节省了空间，保持了数据的一致性，如果完全达到 3NF，用户不会在超过两个以上的地方更改同一个值，而当记录经常发生改变时，这个优点便很容易显现出来。

1.4　常见的数据库系统介绍

自 20 世纪 70 年代关系模型提出后，由于其突出的优点，迅速被商用数据库系统所采用。其中涌现出了许多性能优良的商品化关系数据库管理系统。例如，小型数据库系统 Foxpro，Access，Paradox 等，大型数据库系统 DB2，Ingres，Oracle，Informix，Sybase，SQL Server 等，下面将介绍使用范围较广的 6 种关系型数据库。

1.4.1　Microsoft SQL Server

1. 简介

SQL Server 是一个关系数据库管理系统（如图 1-9 所示）。它最初是由 Microsoft、Sybase 和 Ashton-Tate 三家公司共同开发的，于 1988 年推出了第一个 OS/2 版本。在 Windows NT 推出后，Microsoft 与 Sybase 在 SQL Server 的开发上就分道扬镳了，Microsoft 将 SQL Server 移植到 Windows NT 系统上，专注于开发推广 SQL Server 的 Windows NT 版本。Sybase 则较专注于 SQL Server 在 UNIX 操作系统上的应用。

图 1-9　Sql Server 2008 标志

2. 功能特点

Microsoft SQL Server 2005 是一个全面的数据库平台，使用集成的商业智能（BI）工具提供企业级的数据管理。Microsoft SQL Server 2005 数据库引擎为关系型数据和结构化数据提供了更安全可靠的存储功能，使用户可以构建和管理用于业务的高可用和高性能的数据应用程序。Microsoft SQL Server 2005 数据引擎是本企业数据管理解决方案的核心。此外 Microsoft SQL Server 2005 结合了分析、报表、集成和通知功能。这使用户的企业可以构建和部署经济有效的 BI 解决方案，帮助用户的团队通过记分卡、Dashboard、Web services 和移动设备将数据应用推向业务的各个领域。与 Microsoft Visual Studio、Microsoft Office System 以及新的开发工具包（包括 Business Intelligence Development Studio）的紧密集成使 Microsoft SQL Server 2005 与众不同。

Microsoft SQL Server 2008 是一个重要的产品版本，它推出了许多新的特性和关键的改进，这使得它成为迄今为止最强大和最全面的 Microsoft SQL Server 版本。本书后面章节将详细介绍 Microsoft SQL Server 2008 中的新的特性、优点和功能。

3. 主要使用范围

由于 Windows 平台的广泛使用，以 Windows Server 操作系统作为服务器系统的企业也占了很大一部分比例，所以一般企业的一般应用会用 SQL Server 2005 或 2008。近年来它的应用范围有所扩展，已经触及大型、跨国企业的数据库管理。

4. 官方网站

http：//msdn. microsoft. com/zh－cn/sqlserver/。

1. 4. 2　Microsoft Access

1. 简介

Microsoft Office Access 是由微软发布的数据库管理系统（如图 1－10 所示）。它结合了 Microsoft Jet Database Engine 和图形用户界面两项特点，是 Microsoft Office 的系统程序之一。

Access 能够存取 Access/Jet、Microsoft SQL Server、Oracle，或者任何 ODBC 兼容数据库内的资料。

2. 功能特点

Microsoft Access 是一个关系型数据库管理系统（Relation DataBase Management System，RDBMS），主要用于小型数据库管理，也可作为小型数据库应用系统的开发工具使用。Microsoft Access 一般是作为 Microsoft Office 应用程序套件中的一

图 1－10　Access 2010 标志

个组成部分，且区分为标准版、小型商务版、专业版和 Premium 版 4 种不同的版本。

3. 主要使用范围

Microsoft Access 在很多地方得到广泛使用，例如小型企业、大公司的部门，用于稍为复杂的数据处理。喜爱编程的开发人员亦利用它来制作处理数据的桌面系统。它也常被用来开发简单的 WEB 应用程序。

4. 官方网站

http：//www. microsoft. com/office/access/。

1.4.3　MySQL

1. 简介

MySQL 是一个小型关系型数据库管理系统（如图 1 – 11 所示），开发者为瑞典 MySQL AB 公司。MySQL AB 公司在 2008 年 1 月 16 日被 Sun 公司收购，而在 2009 年，Sun 又被 Oracle 收购。

图 1 – 11　MySQL 标志

2. 功能特点

（1）MySQL 的优点：

①它使用的核心线程是完全多线程，支持多处理器。

②有多种列类型：1、2、3、4 和 8 字节长度自有符号/无符号整数、FLOAT、DOUBLE、CHAR、VARCHAR、TEXT、BLOB、DATE、TIME、DATETIME、TIMESTAMP、YEAR 和 ENUM 类型。

③它通过一个高度优化的类库实现 SQL 函数库并像用户希望的一样快速，通常在查询初始化后不会有任何内存分配。没有内存漏洞。

④全面支持 SQL 的 GROUP BY 和 ORDER BY 子句，支持聚合函数（COUNT（）、COUNT（DISTINCT）、AVG（）、STD（）、SUM（）、MAX（）和 MIN（））。还可以在同一查询中混合来自不同数据库的表。

⑤支持 ANSI SQL 的 LEFT OUTER JOIN 和 ODBC。

⑥所有列都有缺省值。可以用 INSERT 插入一个表列的子集，那些没有明确给定值的列设置为它们的缺省值。

⑦MySQL 可以工作在不同的平台上。支持 C、C + +、Java、Perl、PHP、Python 和 TCL API。

（2）MySQL 的缺点：

①MySQL 最大的缺点是其安全系统是复杂而非标准的，另外只有到调用 MySQLadmin 来重读用户权限时才发生改变。

②MySQL 的另一个主要的缺陷是缺乏标准的 RI（Referential Integrity – RI）机制；RI 限制的缺乏（在给定字段域上的一种固定的范围限制）可以通过大量的数据类型来补偿。

③MySQL 没有一种存储过程（Stored Procedure）语言，这是对习惯于企业级数据库的程序员的最大限制。

④MySQL 不支持热备份。

⑤MySQL 的价格随平台和安装方式而变化。

3. 主要使用范围

目前 Internet 上流行的网站构架方式是 LAMP（Linux + Apache + MySQL + PHP），即使用 Linux 作为操作系统，Apache 作为 Web 服务器，MySQL 作为数据库，PHP 作为服务器端脚本解释器。由于这四款软件都是遵循 GPL 的开放源码软件，因此使用这种方式不用花一分钱就可以建立起一个稳定、免费的网站系统。

4. 官方网站

http：//www. mysql. com/。

1.4.4 Oracle

1. 简介

Oracle Database，又名 Oracle RDBMS，简称 Oracle（如图 1 – 12 所示），是甲骨文公司的一款关系数据库管理系统。到目前仍在数据库市场上占有主要份额。

图 1 – 12　Oracle 标志

2. 功能特点

①处理速度非常快。

②安全级别高。支持快闪以及完美的恢复，即使硬件坏了，也可以恢复到故障发生前的 1s。

③几台数据库做负载数据库，可以做到 30s 以内故障转移。

④网格控制，以及数据的功能仓库方面也非常强大。

3. 主要使用范围

公司使用哪种数据库是由这家公司的数据量来决定的，如果一家小公司只需要储存 1W 条数据就不必要用 Oracle 数据库，没必要浪费，如果是电信、移动、银行等这类大型公司，数据量大小可想而知，所以大部分银行、保险、电信大部分是用 Oracle 处理数据的。

4. 官方网站

http：//www. oracle. com/cn/。

1.4.5　IBM DB2

1. 简介

IBM DB1 是 IBM 公司研制的一种关系型数据库系统（如图 1 –13 所示）。

除了可以提供主流的 OS/390 和 VM 操作系统，以及中等规模的 AS/400 系统之外，IBM 还提供了跨平台（包括基于 UNIX 的 LINUX，HP – UX，SunSolaris，以及 SCO UnixWare；还有用于个人电脑的 OS/2 操作系统，以及微软的 Windows 2000 和其早期的系统）的 DB2 产品。DB2 数据库可以通过使用微软的开放数据库连接（ODBC）接口，Java 数据库连接（JDBC）接口，或者 CORBA 接口代理被任何的应用程序访问。

图 1 – 13　DB2 标志

2. 功能特点

DB2 主要应用于大型应用系统，具有较好的可伸缩性，可支持从大型机到单用户环境，应用于 OS/2、Windows 等平台下。DB2 提供了高层次的数据利用性、完整性、安全

性、可恢复性，以及小规模到大规模应用程序的执行能力，具有与平台无关的基本功能和
SQL 命令。DB2 采用了数据分级技术，能够使大型机数据很方便地下载到 LAN 数据库服
务器，使得客户机/服务器用户和基于 LAN 的应用程序可以访问大型机数据，并使数据库
本地化及远程连接透明化。它以拥有一个非常完备的查询优化器而著称，其外部连接改善
了查询性能，并支持多任务并行查询。DB2 具有很好的网络支持能力，每个子系统可以连
接十几万个分布式用户，可同时激活上千个活动线程，对大型分布式应用系统尤为适用。

3. 主要使用范围

DB2 能在所有主流平台上运行（包括 Windows），最适于海量数据。DB2 在企业级的
应用最为广泛，在全球的 500 家最大的企业中，85% 以上用 DB2 数据库服务器。

4. 官方网站

http：//www.ibm.com/developerworks/cn/data/。

1.4.6　PostgreSQL

1. 简介

PostgreSQL 是一种功能非常齐全的对象—关系型数据库
管理系统（ORDBMS），可以说是目前世界上最先进，功能
最强大的自由数据库管理系统（如图 1 – 14 所示）。

PostgreSQL 是自由的对象—关系数据库服务器（数据库
管理系统），在灵活的 BSD—风格许可证下发行。它在其他
开放源代码数据库系统（比如 MySQL 和 Firebird）和专有系
统（比如 Oracle、Sybase、IBM 的 DB2 和 Microsoft SQL Serv-
er）之外，为用户又提供了一种选择。

图 1 – 14　PostgreSQL 标志

2. 功能特点

PostgreSQL 支持大部分 SQL 标准并且提供了许多其他现
代特性：复杂查询、外键、触发器、视图、事务完整性、多版本并发控制。同样，Post-
greSQL 可以通过许多方法进行扩展，比如，增加新的数据类型、函数、操作符、聚集函
数、索引方法、过程语言。其优点如下：

①对事务的支持与 MySQL 相比，经历了更为彻底的测试。对于一个严肃的商业应用
来说，事务的支持是不可或缺的。

②MySQL 对于无事务的 MyISAM 表采用表锁定，一个长时间运行的查询很可能会长时
间地阻碍对表的更新。而 PostgreSQL 不存在这样的问题。

③PostgreSQL 支持存储过程，而目前 MySQL 不支持，对于一个严肃的商业应用来说，
作为数据库本身，有众多的商业逻辑存在，此时使用存储过程可以在较少地增加数据库服
务器的负担的前提下，对这样的商业逻辑进行封装，并可以利用数据库服务器本身的内在
机制对存储过程的执行进行优化。此外存储过程的存在也避免了在网络上大量的原始的
SQL 语句的传输，这样的优势是显而易见的。

④对视图的支持。视图的存在同样可以最大限度地利用数据库服务器内在的优化机
制，而且对于视图权限的合理使用，事实上可以提供行级别的权限，这是 MySQL 的权限

系统所无法实现的。

⑤对触发器的支持。触发器的存在不可避免地会影响数据库运行的效率，但是与此同时，触发器的存在也有利于对商业逻辑的封装，可以减少应用程序中对同一商业逻辑的重复控制。合理地使用触发器也有利于保证数据的完整性。

⑥对约束的支持。约束的作用更多地表现在对数据完整性的保证上，合理地使用约束，也可以减少编程的工作量。

⑦对子查询的支持。虽然在很多情况下在 SQL 语句中使用子查询效率低下，而且绝大多数情况下可以使用带条件的多表连接来替代子查询，但是子查询的存在在很多时候仍然不可避免。而且使用子查询的 SQL 语句与使用带条件的多表连接相比具有更高的程序可读性。

⑧支持 R – trees 这样可扩展的索引类型，可以更方便地处理一些特殊数据。

⑨PostgreSQL 可以更方便地使用 UDF（用户定义函数）进行扩展。

3．主要使用范围

因为 PostgreSQL 许可证的灵活性，任何人都可以以任何目的免费地使用、修改和分发 PostgreSQL，不管是私用、商用，还是学术研究使用。而且 PostgreSQL 的稳定性很强，一些大的网游公司也用 Linux + PostgreSQL 作数据库服务器。

4．官方网站

http：//www. postgresql. org/。

习题一

一、填空题

1. 缩写 DB、DBMS、DBS 的含义分别是_____、_____、_____。
2. E – R 模 型 是 _____，E – R 模 型 主 要 由 _____、_____、_____、_____组成。
3. 目前流行的数据库系统有_____、_____、_____、_____。

二、选择题

1. DBS 是采用了数据库技术的计算机系统，它是一个集合体，包含数据库、计算机硬件、软件和（　　　）。

  A. 系统分析员　　　B. 程序员　　　C. 数据库管理员　D. 操作员

2. 下列 4 项中，不属于数据库系统特点的是（　　　）。

  A. 数据共享　　　B. 数据完整性　　C. 数据冗余度高　D. 数据独立性高

3. 一个关系只有一个（　　　）。

  A. 候选码　　　　B. 外码　　　　　C. 超码　　　　　D. 主码

4. 现有一个关系：借阅（书号、书名、库存数、读者号、借期、还期），假如同一本书允许一个读者多次借阅，但不能同时对一种书借多本，则该关系模式的外码是（　　　）。

  A. 书号　　　　　　　　　　　　B. 读者号

  C. 书号 + 读者号　　　　　　　　D. 书号 + 读者号 + 借期

5. 关系数据库管理系统应能实现的专门关系运算包括（   ）。

    A. 排序、索引、统计   B. 选择、投影、连接

    C. 关联、更新、排序   D. 显示、打印、制表

三、思考题

1. 文件系统中的文件与数据库系统中的文件有何本质上的不同？

2. 人工管理阶段和文件系统阶段的数据管理各有哪些特点？

第 2 章 结构化查询语言 SQL 基础

2.1 SQL 语法

SQL 是结构化查询语言（Structure Query Language）的英文缩写，Transact SQL（T - SQL）是由国际标准化组织（ISO）和美国国家标准学会（ANSI）发布的 SQL 标准中定义的语言的扩展。目前，SQL Server 的版本中，Microsoft SQL Server 2000 遵循的是 ANSI - 92 标准，也就是 ANSI 在 1992 年制定的标准，最新的 SQL 标准是 1999 年发行的 ANSI SQL - 99，Microsoft SQL Server 2008 就是遵循该标准的。

Transact SQL 语言是结构查询语言的增强版本，与多种 ANSI SQL 标准兼容，而且在标准的基础上还进行了许多扩展。Transact SQL 代码已经成为 SQL Server 的核心。

2.1.1 Transact SQL 语言的特点

Transact SQL 语言有以下 4 个特点：

（1）一体化：集数据定义语言、数据库操作语言、数据库控制语言元素为一体。

（2）使用方式：有两种使用方式，即交互使用方式和嵌入到高级语言中的使用方式。

（3）非过程化语言：只需要提出"干什么"，不需要指出"如何干"，语句的操作过程由系统自动完成。

（4）人性化：符合人们的思维方式，容易理解和掌握。

2.1.2 Transact SQL 的组成

Transact SQL 就是微软结构化查询语言，它由 4 种元素组成：数据库定义语言（Data Definition Language，DDL）、数据库操作语言（Data Manipulation Language，DML）、数据库控制语言（Data Control Language，DCL）和系统存储过程（System Stored Procedure）。

（1）数据定义语言 DDL（Data Definition Language）。数据定义语言是最基础的 Transact SQL 语言类型。可用来创建数据库和创建、修改、删除数据库中的各种对象，为其他语言的操作提供对象。只有在创建数据库和数据库中的各种对象之后，数据库中的各种其他操作才有意义。例如，数据库、表、触发器、存储过程、视图、索引、函数、类型及用户等都是数据库中的对象，都需要通过定义才能使用。最常用的 DDL 语句是 CREATE、DROP 和 ALTER。

（2）数据操作语言 DML（Data Manipulation Language）。用于完成数据查询和数据更新操作，其中数据更新是指对数据进行插入、删除和修改操作。最常使用的 DML 语句是 SELECT、INSERT、UPDATE 和 DELETE。

（3）数据控制语言 DCL（Data Control Language）。数据控制语言是用来设置或更改数据库用户或角色权限的语句，在默认状态下，只有 sysadmin、abcrator、db_owner 或 db_seurityadmin 等人员才有权力执行数据控制语言。主要包括 GRANT 语句、REVOKE 语句和 DENY 语句。GRANT 语句可以将指定的安全对象的权限授予相应的主体；REVOKE 语句则删除授予的权限；DENY 语言拒绝授予主体权限，并且防止主体通过组或角色成员继承权限。

（4）系统存储过程（System Stored Procedure）。系统存储过程是 SQL Server 系统创建的存储过程，它的目的在于能够方便地从系统表中查询信息，或者完成与更新数据库表相关的管理任务，或其他的系统管理任务。系统存储过程可以在任意一个数据库中执行。系统存储过程存放在 master 中，并且以 sp_ 开头。

2.1.3　Transact SQL 附加的语言元素

Transact SQL 附加的语言元素主要包括以下几方面：

1. 注释语句

注释是程序代码中不执行的文本字符串（也称为注解）。在 SQL Server 中，可以使用两种类型的注释字符：一种是 ANSI 标准的注释字符"—"，它用于单行注释，一般对变量、条件子句可以采用该类注释；另一种是与 C 语言相同的程序注释符号，即"/＊ ＊/"，可用于多行注释，对某项完整的操作建议用该类注释。

注意：多行"/＊ ＊/"注释不能跨越批处理，整个注释必须包含在一个批处理内。

2. 批处理

批处理是从客户机传递到服务器上的一组完整的数据 SQL 指令。批处理的所有语句被称为一个整体，而被成组地分析、编译和执行。

简单来说，两个 GO 之间的 SQL 语句作为一个批处理。在一个批处理中可以包含一条或多条 Transact SQL 语句，成为一个语句组。这样的语句组从应用程序一次性地发送到 SQL Server 服务器进行执行。SQL Server 服务器将批处理编译成一个可执行单元，称为执行计划。

简单的批处理及注释的实例代码如下：

USE Example——选择数据库

GO

/＊下面即为一个批处理过程＊/

SELECT ＊ FROM dbo. 学生信息

GO

3. 变量

变量是一种语言中必不可少的组成部分。Transact SQL 语言中有两种形式的变量：一种是用户自己定义的局部变量；另一种是系统提供的全局变量。

（1）局部变量。局部变量是一个能够拥有特定数据类型的对象，一般出现在批处理、存储过程、触发器中，它的作用范围仅限于程序内部。局部变量可以作为计数器来计算循环执行的次数，或者控制循环执行的次数。其使用方式如下：

定义：DECLARE @变量名类型［，...］，默认值为 NULL。

赋值：SELECT @变量名＝值；或者 SET @变量名＝值。

引用：SELECT @变量名；或者 PRINT@变量名。

（2）全局变量。全局变量是 SQL Server 系统内部使用的变量，其作用范围并不仅仅局限于某一程序，而是任何程序均可以随时调用。全局变量通常存储一些 SQL Server 的配置设定值和统计数据。使用全局变量时，应该注意以下几点：①全局变量不是在用户的程序中定义的，而是在服务器中定义的。②用户只能使用预先定义的全局变量。③引用全局变量时，必须以标记符"@@"开头。

局部变量的名称不能与全局变量的名称相同，否则会在应用程序中出现不可预测的结果。

引用方式：SELECT @@变量名。

（3）运算符。运算符是一些符号，它们能够用来执行算术运算、字符串连接、赋值，以及在字段、常量和变量之间进行比较。

在 SQL Server 中，运算主要有以下 6 大类：算术运算符、赋值运算符、位运算符、比较运算符、逻辑运算符和字符串串联运算符。

（4）函数。在 Transact SQL 语言中，函数被用来执行一些特殊的运算以支持 SQL Server 的标准命令。Transact SQL 编程语言提供了 3 种函数：

①行集函数：行集函数可以在 Transact SQL 语句中当作表引用。

②聚合函数：聚合函数用于对一组值进行计算并返回一个单一的值。

③标量函数：标量函数用于对传递给它的一个或者多个参数值进行处理和计算，并返回一个单一的值。

（5）流程控制语句。流程控制语句是指那些用来控制程序执行和流程分支的命令。包括条件执行语句 if－else，重复执行语句 while 以及跳转语句 GOTO 和 RETURN 等。

2.1.4　Transact SQL 语法约定

Transact SQL 是微软在标准 SQL 基础上的扩展，在 Transact SQL 语句的语法中使用了一些符号，这些符号都有特定的含义。

表 2 - 1　Transact SQL 语法约定

约　定	用　途
UPPERCASE（大写）	Transact SQL 关键字
italic	用户提供的 Transact SQL 语法的参数
Blod（粗体）	数据库名、表名、列名、索引名、存储过程、实用工具、数据类型名以及必须按所显示的原样输入的文本

（续上表）

约　定	用　途
下划线	指示当语句中省略了包含带下划线的值的子句时应用的默认值
|（竖线）	分隔括号或大括号中的语法项，只能选择其中一项
[ ]（方括号）	可选语法项。不要输入方括号
{}（大括号）	必选语法项。不要输入大括号
[, …n]	指示前面的项可以重复 n 次。每一项由逗号分隔
[…n]	指示前面的项可以重复 n 次。每一项由空格分隔
[;]	可选的 Transact SQL 语句终止符。不要输入方括号
< label > : : =	语法块的名称。此约定用于对可在语句中的多个位置使用的过长语法段或语法单元进行分组和标记。可使用的语法块的每个位置由括在尖括号内的标签指示：< label >
连字符（—）	单行的注释
/ * … * /	多行的注释。用于多行注释的样式规则是，第一行用 / * 开始，接下来的注释行用 * * 开始，并用 * / 结束注释
Declare 局部变量名，数据类型 [, …n]	声明语句
Set 局部变量名 = 表达式 [, …n]	赋值语句
Print {字符串 | 局部变量 | 全局变量}	消息返回客户端

在 Transact SQL 语句中，标识一个对象（如表、列等）的完全限定的对象名称需要 4 个标识符，即服务器名称、数据库名称、架构的名称和对象名称。其格式如下：

[server_name. [database_name] . [schema_name] . \| database_name. [schema_name] . \| schema_name.] object_name

引用某个特定对象时，不必总是指定服务器、数据库和架构的名称，若要省略蹭节点，必须使用句点来指示这些位置，对象名的有效格式如下表所示：

表 2 – 2　有效的对象名

对象引用格式	说　明
Server. database. schema. object	4 个部分的名称
Sever. database. object	省略架构名称
Server. schema. object	省略数据库的名称

（续上表）

对象引用格式	说　　明
Server . . . object	省略数据库和架构名称
Database. schema. object	省略服务器名
Database. . . object	省略服务器和架构名称
Schema. object	省略服务器和数据库名称
object	省略服务器、数据库和架构名称

2.2　SQL 标准和一致性

2.2.1　SQL 语言的发展

SQL 语言于 1974 年由 Boyce 和 Chamberlin 首先提出。在 1975～1979 年间，在 IBM San Jose Research Lab 的关系数据库管理系统原型 System R 中，最早使用了 SQL 语言。

为了避免各产品之间的 SQL 语法不兼容，由 ANSI（American Nation Standards Institute，美国国家标准局）于 1992 年制定了 SQL‐92 标准，简称 SQL2。定义出 SQL 的关键词与语法标准，以提高各家产品在 SQL 语法上的兼容性。

7 年后，即 1999 年，SQL 标准的最新版本 SQL‐99（SQL3）发布，这一版本中又新增了一些特性，标志着 SQL 在满足用户需求方面又前进了一大步。

目前，SQL 标准的最新版为 SQL‐2003。大体而言，业界的产品都是在包含 ANSI SQL 的基础上，再扩充自家产品的功能，以求能展现出本身的特色。

ANSI 在每次修订 SQL 标准时，会在语言中添加一些新特性并加入新命令及功能。例如，SQL99 标准增加了一组处理面向对象（Object‐Oriented）数据类型扩展的功能。

2.2.2　SQL2003（SQL3）新增特性

SQL‐99 有两个主要部分，Foundation：1999 与 Bindings：1999。SQL3 Foundation 一节包括了来自 SQL‐99 的所有 Foundation 及 Bindings 标准，同时又新增了名为 Schemata 的一节。

SQL3 的 Core 需求与 SQL‐99 并无差异，因此符合 Core SQL‐99 的数据库平台将自动符合 SQL3。尽管 SQL3 的 Core 并未新增太多的功能（除了一些新保留字外），但是更新或修改了某些语句及行为。

Core SQL‐99 中的一些元素已经从 SQL3 中删除了，包括：

BIT 及 BIT VARYING 数据类型；

UNION JOIN 子句；

UPDATE . . . SET ROW 语句。

除此之外，其他特性还包括添加、删除或重命名的一些仍很模糊的功能。由于尚无数据库平台支持 SQL3 标准的这些新特性，因此当前 SQL3 标准许多有趣之新特性仍限于学术讨论。

2.2.3 SQL 方言

SQL 标准不断演进，许多数据库厂商与平台间的 SQL 方言也应运而生。因为某个数据库的用户社群即已要求数据库厂商开发新功能，所以这些方言的演进多半是在 ANSI 委员会新建应用标准以前。不过，有时候则是学术界或研究圈基于科技间互相竞争的压力而提出来的新功能。例如，许多数据库厂商使用 Java（如 DB2、Oracle 及 Sybase）或 VBScript（如 Microsoft）扩展目前的程序式供应（Programmatic Offering）。未来程序员及开发者将使用这些编程语言并搭配 SQL 设计出 SQL 程序。

一些较为常见的 SQL 方言包括以下几种：

（1）PL/SQL。在 Oracle 中，PL/SQL 表示 Procedural Language/SQL，并包括许多与 Ada 语言类似的功能。

（2）Transact SQL。Microsoft SQL Server 与 Sybase Adaptive Server 均使用 Transact SQL。由于 Microsoft 及 Sybase 已不再共享 20 世纪 90 年代早期的共享平台，它们的 Transact SQL 实现亦不相同。

（3）PL/pgSQL。这是 SQL 方言及 PostgreSQL 内的扩展实现。PL/pgSQL 是"Procedural Language/ PostgreSQL"的缩写。

对于计划广泛使用单一数据库系统的用户而言，应学习他们所选择的 SQL 方言或平台的错综复杂的细节。

2.2.4 SQL Server 2008 的 Transact SQL 语言增强

Microsoft SQL Server 2008 对 Transact SQL 语言进行了进一步增强，主要包括：ALTER DATABASE 兼容级别设置、复合运算符、CONVERT 函数、日期和时间功能、GROUPING SETS、MERGE 语句、SQL 依赖关系报告、表值参数和 Transact SQL 行构造函数。

2.3 标识符

所谓标识符是指由用户定义的、SQL Server 可识别的、有意义的字符序列。通常用它们来表示名称，如数据库、表名、视图名称以及列名等。标识符有两类：规则标识符和界定标识符。

1. 规则标识符

在 SQL Server 中，规则标识符可以直接使用，而不必使用界定符号。标识符的使用规则如下：

（1）标识符不区分大小写，即大小写是等效的。如 SchoolName 与 SCHOOLNAME 和 schoolname 是等效的。

（2）标识符的长度通常为 1～30 个字符，不能是保留字（保留字是一个单词，是 SQL 词汇的一部分，它只能用在 SQL 语句中，而不能用于其他用途）。

（3）标识符的第一个字符必须是字母、下划线、@或#，从第二个字符开始还可以是数字、$符号。其中：以@、@@开头的是局部、全局变量；以#、##开头的是局部、全局临时对象；包含空格时，要用"［］"或引号括起。

（4）标识符不能与 Server 的保留字同名。

（5）标识符中不能出现空格或其他非法字符。

合法标识符如 ABC、lili、@VAR_X、#TBL_Y 等；而非法标识符如 123ABC、4DD 等。

2. 界定标识符

如果希望使用规则标识符以外的形式定义标识符，必须在这些标识符外加界定符，这类标识符为界定标识符。界定符有方括号［］、英文双引号等。当标识符与保留字同名或包含空格和特殊字符时，必须使用界定标识符。规则标识符也可采用界定标识符的形式。

2.4 数据类型

数据类型是指数据所代表信息的类型。在 T – SQL 语言编程中，常量、变量、表中的列、函数的自变量与函数值、过程参数及返回代码、表达式等都具有数据类型，数据类型可分为精确数字（整数、位型、货币型、十进制）、近似数字、日期时间、字符与二进制（字符、Unicode、二进制）和特殊数据类型。

2.4.1 常量

常量也称为字面值或标量值，是一个表示特定数据值的符号。常量的值在程序运行过程中不会改变。常量包括字符常量、整型常量、实型常量、日期型常量、货币型常量等。常量的格式取决于它所表示的值的数据类型。

表 2 – 3 SQL 常量类型表

类　型	说　明	例　如
整型常量	没有小数点和指数 E	20，30，－40
实型常量	Decimal 或 numeric，带小数点常数 float 或 real，带指数 E 的常数	1.1，－200.14 +2652E－3、－12E3
字符型常量	使用单引号括起来的字符或字或字符串	'学生'，'this is a student'
二进制常量	具有前缀 0x，且是十六进制数字字符串	0x12，0x13AB
日期型常量	使用单引号括起来的日期时间字符串	'2010－4－5' '2/5/2011'
货币常量	以 $ 作为前缀的整型或实型常量数据	$ 381.4
全局唯一标识	必须前缀为 0x，用单引号（'）引起来	'0xAE'，'0x1345'，'0x4A'

2.4.2　数据类型

数据类型是指数据所代表信息的类型，在 Microsoft SQL Server 2008 中定义了 24 种数据类型，同时允许用户自定义数据类型，如表 2 - 4 所示：

表 2 - 4　SQL 数据类型表

数据类型	系统提供的数据类型	存储长度	数值范围	说　明
二进制	Binary［(n)］	n + 4（若输入数据的长度超过了 n 规定的值，超出部分将会被截断，否则，不足部分用数字 0 填充）	n 最大值为 8 000	分别表示定长、变长二进制数据，常用于存放图形、图像等数据。对于二进制数据常量，应在数据前面加标识符 0x。n 的默认长度为 1
	varbinary［(n)］	字节数随输入数据的实际长度 + 4	n 最大值为 8 000	
	image	字节数随输入数据的实际长度而变化	最多 $2^{31} - 1$ 个字节	
字符	Char［(n)］	n（若输入数据的长度超过了 n 规定的值，超出部分将会被截断，否则，不足部分用空格填充）	最多 8 000 个字符，个数由 n 决定	分别表示定长、变长字符型和变长文本型数据，n 默认长度为 text，常用于存储字符长度大于 8 000 的变长字符
	Varchar［(n)］	字节数随输入数据的实际长度而变化，最大长度不得超过 n	最多 8 000 个字符，个数由 n 决定	
	text	字节数随输入数据的实际长度而变化	最多 $2^{31} - 1$ 个字符	
unicode 字符	Nchar［(n)］	2 * n（若长度超过 n，超出部分将会被截断，否则，不足部分用空格填充）	最多 4 000 个字符，个数由 n 决定	这 3 种类型与 3 种字符型类型相对应，存储 unicode 字符，每个字符占两个字节。unicode 字符常量的定界符也是单引号，应在其前面加前导标识符 n，但在存储时并不存储该字符。n 的默认值长度为 1。ntext 常用于存储字符长度大于 4 000 的变长 unicode 字符
	Nvarchar［(n)］	字节数随输入数据的实际长度而变化，最大长度不超过 2 * n	最多 4 000 个字符，个数由 n 决定	
	ntext	字节数随输入数据的实际长度而变化	最多 $2^{30} - 1$ 个字符	

（续上表）

数据类型	系统提供的数据类型	存储长度	数值范围	说　明
日期时间	date	3	$0001-01-01 \sim 9999-12-31$	只存储日期，不存储时间（SQL Server 2008 新增数据类型）
	Time	8	$00:00:00.0000000 \sim 23:59:59.9999999$	只存储时间，不存储日期（SQL Server 2008 新增数据类型）
	Datetime	8	$1753-1-1 \sim 9999-12-31$	表示时间和日期的组合，其时间精度为 1/300 秒或 3.33 毫秒
	Datetime2	8	$1753-1-1 \sim 9999-12-31$	与 datetime 类似，秒的小数部分的精度更高（SQL Server 2008 新增数据类型）
	Datetimeoffset	8	$1753-1-1 \sim 9999-12-31$	与 datetime 类似，同时带有时区提示（SQL Server 2008 新增数据类型）
	smalldatetime	4	$1900-1-1 \sim 2079-6-6$	表示日期和时间的组合，其时间精度为分钟
整数	Bit	1	1 和 0	常作为逻辑变量使用，输入 0 以外的其他值，系统均视为 1
	Int	4	$-2^{31} \sim 2^{31}-1$	
	Smallint	2	$-2^{15} \sim 2^{15}-1$	
	Bigint	8	$-2^{63} \sim 2^{63}-1$	
	tinyint	1	$0 \sim 255$	表示无符号整数
精确数值	Decimal［（p［,s）)］或 Numeric［(p［,s)］］	精度　字节长度 $1 \sim 9$　　5 $10 \sim 19$　　9 $20 \sim 28$　　13 $29 \sim 38$　　17	$-10^{38}-1 \sim 10^{38}-1$	表示固定精度和大小的十进制数值。精度 p 为整数和小数数字位数的最大值，s 为小数数字位数的最大值
近似数值	Float［（n）］	N 值　精度　字节长度 $1 \sim 24$　　7　　4 $25 \sim 53$　　15　　8	$-1.79E+308 \sim 1.79E+308$	表示近似的浮点数值，该数值与实际数据之间可能存在一个微小的差别，不能精确表示数值范围内的所有值，对多数应用程序而言，这一差别可以忽略。n 为以科学计数法表示的浮点数的尾数，决定了精度和存储字节数
	real	4	$-3.40E+38 \sim 3.40E+38$	

（续上表）

数据类型	系统提供的数据类型	存储长度	数值范围	说　明
货币	money	8	$-2^{63} \sim 2^{63}-1$	精度为万分之一货币单位，即小数点后 4 位。以十进制数表示货币量，输入时应在其数值前加相应的货币符号，如 $、￥、£

2.5　字符串类型

字符型数据可以用来存储各种字母、数字字符和特殊符号。在 SQL Server 2008 中，字符数据类型包括字符串数据类型和 unicode 数据类型。

2.5.1　字符串数据类型

字符串数据类型包括 char、varchar 和 text，它们都是非 Unicodez 数据类型。字符数据是由字母、符号和数字任意组合而成的数据。字符串数据类型及其说明如表 2－5 所示：

表 2－5　字符串数据类型及其说明

数据类型	系统提供的数据类型	存储长度	数值范围	说　明
字符	Char〔（n）〕	n（若输入数据的长度超过了 n 规定的值，超出部分将会被截断，否则，不足部分用空格填充）	最多 8 000 个字符，个数由 n 决定	分别表示定长、变长字符型和变长文本型数据，n 默认长度为 text 常用于存储字符长度大于 8 000 的变长字符
	Varchar〔（n）〕	字节数随输入数据的实际长度而变化，最大长度不得超过 n	最多 8 000 个字符，个数由 n 决定	
	text	字节数随输入数据的实际长度而变化	最多 $2^{31}-1$ 个字符	

关于 char 和 varchar 的使用，要注意以下几点：

（1）如果未在数据定义或变量声明语句中指定 n，则默认长度为 1。

（2）DBMS 在进行排序或处理字符时，对固定长度字符变量的处理效率要远高于可变长度的字符变量。

（3）如果列数据项的大小一致，则使用 char。

（4）如果列数据项的大小差异相当大，则使用 varchar。

2.5.2　Unicode 字符数据

在 Microsoft SQL Server 中，传统的非 Unicode 数据类型允许使用由特定字符集定义的字符。在 SQL Server 安装过程中，允许选择一种字符集。而使用 Unicode 数据类型，列中可以存储任何由 Unicode 标准定义的字符。在 Unicode 标准中，包括了以各种字符集定义的全部字符，如表 2－6 所示。使用 Unicode 字符类型的数量是非 Unicode 字符类型的两倍。

表 2－6　Unicode 字符串数据类型及其说明

数据类型	系统提供的数据类型	存储长度	数值范围	说　明
unicode 字符	Nchar［（n）］	2 * n（若长度超过 n，超出部分将会被截断，否则，不足部分用空格填充）	最多 4 000 个字符，个数由 n 决定	这 3 种类型与 3 种字符型类型相对应，存储 unicode 字符，每个字符占两个字节。unicode 字符常量的定界符也是单引号，应在其前面加前导标识符 n，但在存储时并不存储该字符。n 的默认值长度为 1。ntext 常用于存储字符长度大于 4 000 的变长 unicode 字符
	Nvarchar［（n）］	字节数随输入数据的实际长度而变化，最大长度不超过 2 * n	最多 4 000 个字符，个数由 n 决定	
	ntext	字节数随输入数据的实际长度而变化	最多 $2^{30} - 1$ 个字符	

在数据库中，字符类型的数据应用是非常广泛的。如电话号码信息虽然是一些数字，但是用户通常都采用字符型数据来存储。如电话号码"0208111119"，如果采用数字数据存储，则最左边的数据 0 将会被忽略，记录的信息实际为"208111119"，而采用字符型数据存储则不会。

2.6　二进制大型对象类型

varbinary、binary、varbinary（max）或 image 等二进制数据类型用于存储二进制数据，如图形文件、Word 文档或 MP3 文件，其值为十六进制的 0x0 ~ 0xf，如表 2－7 所示。image 数据类型可在数据页外部存储最多 2GB 的文件。image 数据类型的首选替代数据类型是 varbinary（max），可保存最多 8KB 的二进制数据，其性能通常比 image 数据类型好。SQL Server 2008 的新功能是可以在操作系统文件中通过 FileStream 存储选项存储 varbinary（max）对象。这个选项将数据存储为文件，同时不受 varbinary（max）的 2GB 大小的限制。

表 2 - 7　二进制数据类型及其说明

数据类型	描　述	存储空间
Binary（n）	n 为 1 ~ 8 000 十六进制数字之间	n 字节
Image	最多为 $2^{31} - 1$ （2 147 483 647）十六进制数位	每字符 1 字节
Varbinary（n）	n 为 1 ~ 8 000 十六进制数字之间	每字符 1 字节 + 2 字节额外开销
Varbinary（max）	最多为 $2^{31} - 1$ （2 147 483 647）十六进制数字	每字符 1 字节 + 2 字节额外开销

注意：在 image 数据类型中，存储的数据是以位字符串存储的，不是 SQL SERVER 解释的，必须由应用程序来解释。例如，应用程序可以使用 BMP、TIEF、GIF 和 JPEG 格式把数据存储在 image 中。

2.7　精确数字类型

数值数据类型包括 bit、tinyint、smallint、int、bigint、numeric、decimal、money、float 以及 real。这些数据类型都用于存储不同类型的数字值。第一种数据类型 bit 只存储 0 或 1，在大多数应用程序中被转换为 true 或 false。bit 数据类型非常适合用于开关标记，且它只占据一个字节空间。其他常见的数值数据类型如表 2 - 8 所示。

表 2 - 8　精确数据类型及其说明

数据类型	描　述	存储空间
bit	0、1 或 Null	1 字节（8 位）
tinyint	0 ~ 255 之间的整数	1 字节
smallint	- 32 768 ~ 32 767 之间的整数	2 字节
int	- 2 147 483 648 ~ 2 147 483 647 之间的整数	4 字节
bigint	- 9 223 372 036 854 775 808 ~ 9 223 372 036 854 775 807 之间的整数	8 字节
numeric（p，s）或 decimal（p，s）	- 1 038 + 1 ~ 1 038 - 1 之间的数值	最多 17 字节

（续上表）

数据类型	描　述	存储空间
money	−922 337 203 685 477. 580 8 ~ 922 337 203 685 477. 580 7	8 字节
smallmoney	−214 748. 364 8 ~214 748. 364 7	4 字节

其中，money 和 smallmoney 数据类型代表货币或货币值，精确到它们所代表的货币单位的万分之一。也就是说，如果一个对象被定义为 money，则它最多可以包含 19 位数字，其中小数点后可以有 4 位数字。而之所以把 money 和 smallmoney 划归为整型数据类型，是因为它在 SQL Server 中的存储方式与 bigint 和 int 完全相同。

使用货币数据时，不需要用单引号 "‘" 引起来。但需要记住，虽然可以指定前面带有货币符号的货币值，但 SQL Server 不存储任何与符号关联的货币信息，它只存储数值。

2.8　近似数字类型

这个分类中包括数据类型 float 和 real，它们用于表示浮点数据。但是，由于它们是近似的，因此不能精确地表示所有值。

float（n）中的 n 用于存储该数尾数（mantissa）的位数。SQL Server 对此只使用两个值。如果指定位于 1 ~24 之间，SQL 就使用 24；如果指定位于 25 ~53 之间，SQL 就使用 53；如果指定 float（）时（括号中为空），默认为 53。

此外，SQL Server 还提供了带有固定精度和小数位数的数值数据类型：decimal 和 numeric。其定义如下：

Decimal ［（p ［, s］）］

或者

Numeric ［（p ［, s］）］

使用最大精度时，有效值从 $-10^{38} + 1 ~ 10^{38} - 1$。

表 2 −9 列出了近似数值数据类型，对其进行简单描述，并说明了要求的存储空间。

表 2 −9　精确数据类型及其说明

数据类型	描　述	存储空间
float ［（n）］	−1. 79E +308 ~ −2. 23E −308， 0，2. 23E −308 ~1. 79E +308	n < =24 −4 字节
real（）	−3. 40E +38 ~ −1. 18E − 38，0，1. 18E −38 ~3. 40E +38	n >24 −8 字节

2.9 布尔类型

布尔类型用来存储真值，类型名是 Boolean，真值是用布尔类型中的 true，false，unknown 表示。在 SQL Server 2008 中的布尔类型为 bit，用 1 表示真，0 表示假，通常情况下，非 0 数，我们就称为真。

2.10 日期和时间类型

在 SQL Server 中使用日期和时间类型表示日期和时间。日期和时间值有以下特点：

（1）它们是依赖以前称为格林威治时间的世界协调时间（Universal Cordinated Time，UCT）定义的。SQL 标准要求每一个 SQL 会话有一个相对于 UCT 的默认偏差（被用于会话的持续时间）。

（2）日期所表示的均为阳历时间。

（3）连字符（－）分隔日期的各个部分，冒号（：）分隔时间的各个部分。当组合日期时间时用空格分隔。

在 SQL Server 2008 中有以下几种日期和时间数据类型，如表 2 – 10 所示。

表 2 – 10　日期和时间数据类型说明

日期时间	date	3	0001 – 01 – 01 ~ 9999 – 12 – 31	只存储日期，不存储时间（SQL Server 2008 新增数据类型）
	Time	8	00：00：00.0000000 ~ 23：59：59.9999999	只存储时间，不存储日期（SQL Server 2008 新增数据类型）
	Datetime	8	1753 – 1 – 1 ~ 9999 – 12 – 31	表示时间和日期的组合，其时间精度为 1/300 秒或 3.33 毫秒
	Datetime2	8	1753 – 1 – 1 ~ 9999 – 12 – 31	与 datetime 类似，秒的小数部分的精度更高（SQL Server 2008 新增数据类型）
	Datetimeoffset	8	1753 – 1 – 1 ~ 9999 – 12 – 31	与 datetime 类似，同时带有时区提示（SQL Server 2008 新增数据类型）
	smalldatetime	4	1900 – 1 – 1 ~ 2079 – 6 – 6	表示日期和时间的组合，其时间精度为分钟

在 SQL Server 2008 中 DATETIME 最大的功能就是引入了四种新的 DATETIME 类型，分别为 DATE、TIME、DATETIMEOFFSET 和 DATETIME2。此外，还增加了新的 DATETIME 函数功能。

2.10.1 DATE 数据类型

在 SQL 2005 中，没有专门的日期数据类型来存放日期，只能通过某些数据类型来进行，譬如 DATETIME 和 SMALLDATETIME。当我们输入日期时，会有提示说有一个时分的组合需要输入，其初显为 12：00AM，所以，我们必须设置日期的输入。当我们要只显示日期的时候，就必须用 GETDATE（）函数来设置输出格式。在 SQL Server 2008 中，我们只需要用 DATE 类型来存储，即可得到我们想要的日期。

2.10.2 TIME 数据类型

如果我们只要输出时间数据类型，则只需将数据存储为 TIME 数据类型即可。

2.10.3 DATETIME2 数据类型

新的 DATETIME2 数据类型也是一种数据时间混合的数据类型，不过其时间部分秒数的小数部分可以保留不同位数的值，比原来的 DATETIME 数据类型取值范围要广。用户可以根据自己的需要通过设置不同的参数来设定小数位数，最高可以设到小数点后七位（参数为 7），也可以不要小数部分（参数为 0），依此类推。

2.10.4 DATETIMEOFFSET 数据类型

如果把日期和时间数据保存在一列里，是不会提示该日期和时间属于哪一个时区的。时区的提示非常重要，特别是当我们处理数据包含了多个不同时区的国家时。新的 DATE-TIMEOFFSET 数据类型可以定义一个日期和时间组合，其中时间以 24 小时制显示，并带有时区提示。

2.10.5 DateTime 函数

目前我们可以在 SQL Server 2005 和 SQL Server 2000 中使用 GETDATE 函数来查询当前的日期和时间。此外，在 SQL Server 2005 中，还有另外几个类似的日期时间函数，分别为：CURRENT_TIMESTAMP、DATEADD、DATEDIFF、DATENAME、DATEPART、GETUTCDATE、DAY、MONTH 和 YEAR。而在 SQL Server 2008 中，除了上述这些函数外，又新增了五个函数，分别为 SYSDATETIME、SYSDATETIMEOFFSET、SYSUTCDATETIME、SWITCHOFFSET 和 TODATETIMEOFFSET。

2.10.6 SWITCHOFFSET 函数

SWITCHOFFSET 函数返回 DATETIMEOFFSET 数据类型的值，不再根据存储的时区偏移值取值，而是根据设定的新时区偏移值来取值。看看下面这个语句：
SELECT SYSDATETIMEOFFSET（），SWITCHOFFSET（SYSDATETIMEOFFSET（），'– 14：00'）
该脚本返回两个列，第一列是根据世界标准时间得到的当前日期和时间值，第二列则是根据给定的时区偏移值返回的日期和时间值。

2.10.7　TODATETIMEOFFSET 函数

TODATETIMEOFFSET 函数可以把本地日期或时间值以及特定的时区偏移值转变为一个 datetimeoffset 值。运行以下脚本，我们会看到返回的结果中除了当前日期和时间外，还增加了时区值。

SELECT TODATETIMEOFFSET（GETDATE（），'+11：00'）

2.10.8　**转换函数**

CONVERT 函数可以从 DATETIME 数据类型的组成中抽取时间值或者日期值。运行以下脚本，返回结果的第一列为当前日期，第二列为当前时间。

SELECT CONVERT（date，GETDATE（）），CONVERT（time，GETDATE（））

2.10.9　**日期和时间输入格式**

1. 日期输入格式

日期的输入格式大致可分为三类：

（1）英文 + 数字格式：此类格式中，月份可用英文全名或缩写，且不区分大小写；年和月日之间可不用逗号；年份可为 4 位或 2 位，当其为 2 位时，若值小于 50，则视为 20××年，若大于或等于 50，则视为 19××年。若日部分省略，则视为当月的 1 号。

（2）数字 + 分隔符格式：允许把斜杠（/）、连接符（-）和小数点（.）作为用数字表示的年月日之间的分隔符。

（3）纯数字格式：纯数字格式是以连续的 4 位、6 位或者 8 位数字来表示日期。如果输入的是 6 位或 8 位数字，系统将按年、月、日来识别，即 YMD 格式。并且月和日都是用两位数字来表示；如果输入的是 4 位数字，系统认为这 4 位数代表年份，其月份和日默认为此年度的 1 月 1 日。

2. 时间输入格式

在输入时间时，必须按照"小时、分钟、秒、毫秒"的顺序来输入。在其间用冒号"："隔开，毫秒部分可以用小数点"."分隔，其后第一位数字代表十分之一秒，第二位数字代表百分之一秒，第三位数字代表千分之一秒。

当使用 12 小时制时，用 AM（am）和 PM（pm）分别指定时间是午前和午后，若不指定，系统默认为 AM。

3. SET DATEFORMAT 命令

在 SQL Server 中，可以使用 SET DATEFORMAT 命令来设置用于输入 datetime 或 small-datetime 数据的日期部分（月/日/年）的顺序。其语法如下：

SET DATEFORMAT（format ｜ @ format_var）

其中，format ｜ @ format_var 是日期的顺序。有效的参数包括 MDY、DMY、YMD、YDM、MYD 和 DYM。在默认情况下，日期格式为 MDY。

2.11　时间间隔类型

在 SQL Server 中，我们获取时间间隔用函数 datediff（）。其格式为：
DATEDIFF（datepart，startdate，enddate）。
其中：
Datepart 指定应在日期的哪一部分计算差额的参数。
Startdate 为计算的开始日期，可以是 datetime 或 smalldatetime 值或日期格式字符串的表达式。
Enddate 为计算的结束日期，可以是 datetime 或 smalldatetime 值或日期格式字符串的表达式。
DATEDIFF 函数计算的是 enddate 与 startdate 的时间差值。如果 startdate 晚于 enddate，则返回负值。
例：返回两个指定日期之间的时间间隔。

select datediff（mm，'01/01/01'，'03/04/04'）

——结果返回 27，因为 01 年 1 月距 03 年 4 月有 27 个月的时间。

2.12　唯一标识符 uniqueidentifier

Uniqueidentifer 用于存储一个 16 字节长的二进制数据类型，它是 SQL Server 根据计算机网络适配器地址和 CPU 时钟产生的唯一号码而生成的全局唯一标识符代码（Globally U-nique Identifier，简称 GUID）。
当表的记录行要求唯一时，GUID 是非常有用的。例如，在客户标识号列使用这种数据类型可以区别不同的客户。

2.13　其他数据类型

1. timestamp 和 rowversion
timestamp 也称为时间戳数据类型，它提供数据库范围内的唯一值，反映数据库中数据修改的相对顺序，相当于一个单调上升的计数器。存储大小为 8 字节。

2. sql_variant

sql_variant 用于存储除文本、图形数据、用户定义的数据和 timestamp 类型数据外的其他任何合法的 SQL Server 数据。

3. table

table 数据类型用于存储视图处理后的结果集。这种新的数据类型使得变量可以存储一个表，从而使函数或存储过程返回查询结果更加方便、快捷。

4. XML

XML 可以使用户在 SQL Server 中存储 XML 格式字段，其存储内容是符合 XML 格式的文件，最大可储存量为 2GB。

5. cursor

此数据类型包含一个对游标的引用，用在存储过程中。

2.14 空 值

在创建表的结构时，列的值可以允许为空值。NULL，意味着此值是未知的或不可用的，向表中填充行时不必为该列给出具体值。但是，NULL 不同于零、空白或长度为零的字符串。

当列表定义为 NOT NULL 时，则必须要向该表添加字段，不允许为空。

习题二

一、选择题

1. 下列命名正确的是（　　　）。

    A. 123ABC   B. JIJEL   C. _DTE   D. 3 * FDFDF

2. 下列字段定义错误的是（　　　）。

    A. 学号 varchar（16）   B. 人数 int 4

    C. 产量 float   D. 价格 decimal（8，2）

3. 如果数据表中某个字段的数据精度要求 8 ~ 12 位，则该字段最好定义为（　　　）。

    A. real   B. smallint   C. float   D. money

4. 在 T - SQL 语句中，关于 NULL 值叙述正确的是（　　　）。

    A. NULL 表示空格

    B. NULL 表示 0

    C. NULL 既可以表示 0，也可以表示空格

    D. NULL 表示空值

5. 下面哪些字符可以用于 T - SQL 的注释（　　　）。

    A. – –   B. @@   C. * *   D. &&

二、填空题

1. 在 SQL Server 中，datetime 数据类型主要用来存储_____和_____的组合数据，其常量需要用_____括起来；通常用_____数据类型来表示逻辑数据。

2. T－SQL 中的整数数据类型包括 bigint、_____、smallint、_____等几种类型。

3. 在 SQL Server 中，通常使用_____数据类型来表示逻辑数据。

第 3 章　SQL 的应用

3.1　创建、修改和删除表

表是 SQL Server 2008 数据库中最重要的数据对象。表是用来存储数据和操作的逻辑结构，当用户使用 SQL Server 2008 数据库时，绝大多数时间都是在与表打交道，因此掌握表的创建和管理是非常重要的。

3.1.1　创建表

在教学信息管理数据库中创建以下三个表：学生表、课程表和成绩表。三个表的结构如表 3－1、3－2、3－3 所示。

表 3－1　学生表

列　　名	数据类型	数据长度	说　　明
学　　号	char	12	主码，NOT NULL
姓　　名	char	8	NOT NULL
性　　别	char	2	NOT NULL
出生年月	datetime	8	
所学专业	varchar	30	

表 3－2　课程表

列　　名	数据类型	数据长度	说　　明
课程号	char	12	主码，NOT NULL
课程名	varchar	30	NOT NULL
学　分	smallint	2	NOT NULL

表 3－3　成绩表

列　　名	数据类型	数据长度	说　　明
学　　号	char	12	主码，NOT NULL
课程号	char	12	
成　绩	numeric	(5, 1)	

1. 使用对象资源管理器创建表

使用对象资源管理器创建用户表的操作过程如下：

（1）在 SQL Server Management Studio 中，连接到指定的数据库的服务器实例。在【对象资源管理器】的目录树下选择【教学信息管理】数据库，展开该数据库，选择【表】，单击鼠标右键，在弹出的快捷菜单中选择【新建表】菜单项，如图 3-1 所示。

（2）在窗口中输入表中每列的列名，选择列的数据类型，输入列的长度和列值是否允许为空（去掉"√"表示不允许为空），还可以进行常规选项的设置，如图 3-2 所示。

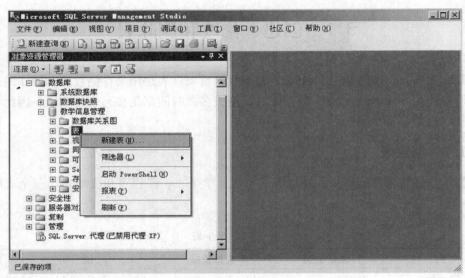

图 3-1　新建表

图 3-2　输入表的内容

（3）根据表 3－1 依次输入每个列的内容，全部输入完成后，如图 3－2 所示。

（4）在图 3－2 中单击选择"学号"列，按鼠标右键，在弹出的快捷菜单中选择【设置主键】菜单项，如图 3－3 所示。将学号列设置成表的主键后，"学号"列前有一个钥匙形状的符号，如图 3－4 所示。

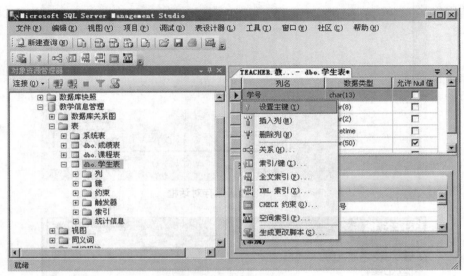

图 3－3　设置表的主键

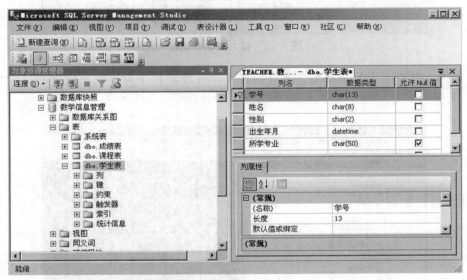

图 3－4　主键设置完成后的效果

（5）上面设置完成后，在图 3－4 窗口中单击右上角的【关闭】按钮，弹出如图 3－5 所示的确认保存对话框，在对话框中单击【是】按钮，弹出如图 3－6 所示的选择名称对话框，在对话框的文本框中输入表的名称"学生表"，再单击【确定】按钮，至此【学生表】建立完毕。

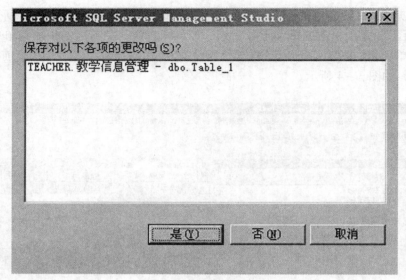

图 3-5   确认保存对话框

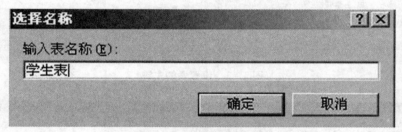

图 3-6   输入表名对话框

（6）建立【学生表】完毕后，在【对象资源管理器】下可见到新建立的【学生表】，如图 3-7 所示。

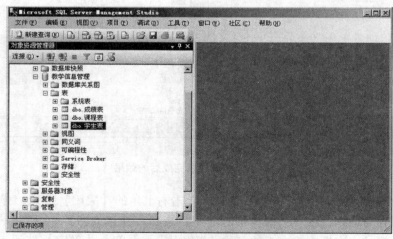

图 3-7   数据库中的表

2. 使用 Transact SQL 语句创建表

在 SQL Server 2008 中可以通过查询分析器，使用 Transact SQL 的 CREATE TABLE 语句创建表，这是一种非常灵活、实用的方法。当需要成批创建表时，最好使用这种方法。

创建表的语句格式：

CREATE TABLE ［＜数据库名＞.＜所有者名＞.］＜基本表名＞
＜列定义＞，… ［，＜表级完整性约束＞，…］

语句功能：在当前或给定的数据库中创建一个表。

下面我们使用这种方法来创建课程表和成绩表，创建过程如下：

（1）在 SQL Server Management Studio 中，连接到指定的数据库的服务器实例。首先单击【标准】工具栏中的【新建查询】，打开 SQL 查询分析器，然后打开【教学信息管理】数据库，方法是在 SQL 编辑器工具栏中的可用数据库下拉列表框中选择【教学信息管理】数据库名，或者通过 USE 语句打开该数据库，如图 3－8 所示。

（2）输入 CREATE TABLE 创建表语句，并运行它即可完成创建表的操作，如图 3－9 所示。

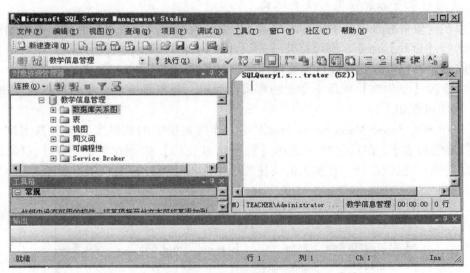

图 3－8　打开 SQL 查询分析器

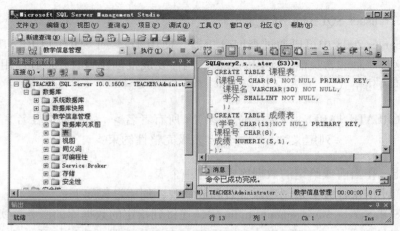

图 3-9　输入创建表语句创建表

3.1.2　修改表结构

数据表建立好之后，如果需要修改表的结构，可通过以下两种方法来实现。

1. 使用对象资源管理器修改表结构

可以在对象资源管理器中进行修改。选中要修改的表，单击鼠标右键，在弹出的快捷菜单中选择【设计】命令，即可打开【表设计器】。在打开的【表设计器】中可以实现表结构的修改，可以修改列属性，添加列和删除列等。

现以修改【学生表】的所学专业的列属性为例，要求将所学专业的数据长度由 50 改为 60，操作过程如下：

（1）在 SQL Server Management Studio 中，连接到指定的数据库的服务器实例。打开【对象资源管理器】，在目录树下选择【教学信息管理】数据库下的【表】对象，选择【学生表】，单击鼠标右键，在弹出的快捷菜单中选择【设计】菜单项，如图 3-10 所示。

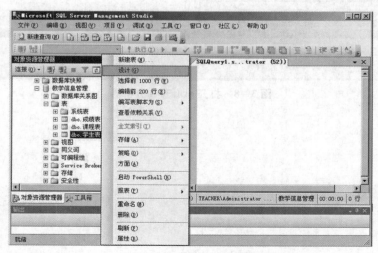

图 3-10　打开表设计器

（2）在打开的【表设计器】中，在【所学专业】列的【长度】中删除 50，输入 60，如图 3 – 11 所示。

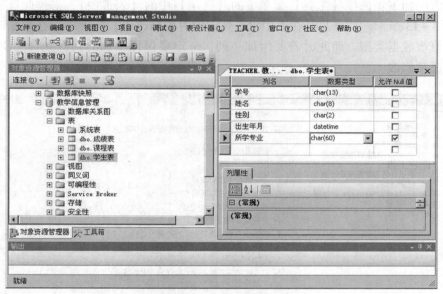

图 3 – 11　修改表结构

（3）修改完成后可单击标准工具栏上的【保存】按钮，保存修改结果。也可以直接关闭【表设计器】对话框，弹出如图 3 – 12 所示的保存对话框，单击【是】按钮，保存修改结果。

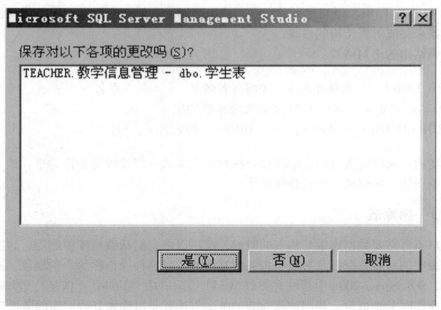

图 3 – 12　修改后确认保存

在修改表结构之前要注意以下几点：SQL Server 2008 默认设置是"阻止保存要求重新创建表的更改"，此默认设置阻止表结构的修改，所以在修改表结构之前，应取消此项设置。取消方法如下：选择【工具】菜单下的【选项】中的【表选项】，去掉此选项设置即可，如图 3－13 所示。此外尽量在表中没有数据的时候修改表，当表中存在数据时，可能无法成功修改数据类型，而此时若要增加一列，一定要保证增加的列的允许为 NULL 值，否则无法成功修改。

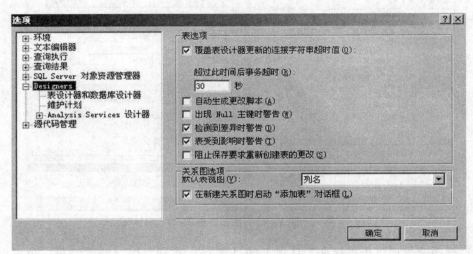

图 3－13　取消阻止表的更改的设置

2. 使用 Transact SQL 语句修改表结构

使用 ALTER TABLE 语句也可以完成表结构的修改，但在实际操作中，建议使用对象资源管理器来完成对表结构的修改。

修改表结构的语句格式：

ALTER TABLE［＜数据库名＞．＜所有者名＞．］＜基本表名＞
｛ADD＜列定义＞，…｜ ADD ＜表级完整性约束＞，…
｜DROP COLUMN ＜列名＞，…｜ DROP ＜约束名＞，…｝

语句功能：向已定义过的表中添加一些列的定义或一些表级完整性约束，或者从已定义过的表中删除一些列或一些完整性约束。

3.1.3　删除表

当用户不再需要数据库中某些表的时候，就可以将它们从数据库中删除，包括表的结构定义、表中的所有数据以及与该表相关的其他对象，这种操作称为表的删除。在删除一个表之后，SQL Server 2008 中是没有类似 World、Excel 中"Undo"（恢复）语句的，因此执行删除操作时务必慎重。找回被删除表的唯一方法就是事先做好数据库的备份工作。

1. 使用对象资源管理器删除表

下面简述在对象资源管理器中删除表的操作过程。假设已经在【教学信息管理】数据库中建立了一个【信息表】，从数据库中删除它，其过程如下：

（1）在 SQL Server Management Studio 中，连接到指定的数据库的服务器实例。在【对象资源管理器】的目录树下打开【教学信息管理】数据库，选择【信息表】，单击鼠标右键，在弹出的快捷菜单中选择【删除】菜单项，如图 3 - 14 所示。

（2）打开如图 3 - 15 所示的【删除对象】对话框，如果此表和其他表不存在依赖关系，即可单击其中的【确定】按钮，表删除完毕。

（3）如果此表和其他表存在依赖关系，应先解除该表的依赖关系后再对表进行删除操作，否则将有可能导致其他表出错。在图 3 - 15 所示的【删除对象】对话框中单击【显示依赖关系】按钮可以查看此表是否和其他表存在依赖关系。

对于已删除的用户表，在数据库中不再存在。不能删除当前正在使用的表，也不要试图删除系统表。

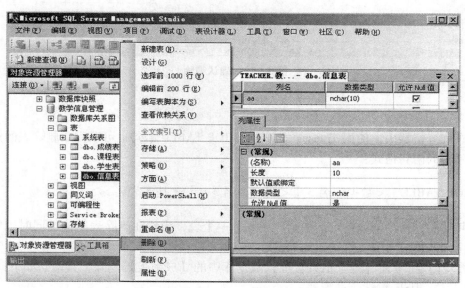

图 3 - 14　删除表

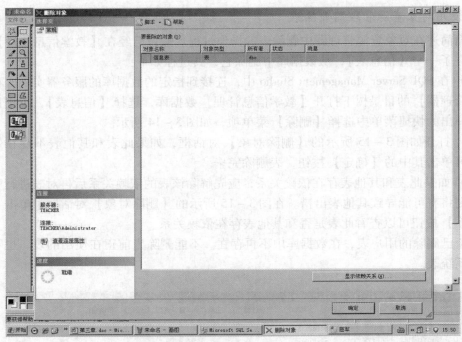

图 3 – 15　确认删除

2. 使用 Transact SQL 语句删除表

在查询分析器中，使用 Transact SQL 的 DROP TABLE 语句也可以完成删除表的操作。
删除表的语句格式：

DROP TABLE［＜数据库名＞．＜所有者名＞．］＜基本表名＞

语句功能：从当前或给定的数据库中删除一个表，当然在删除表结构的同时也删除了
表中的全部数据。

【例 3.1】将上述【教学信息管理】数据库中的【成绩表】删除，其语句如下：

　　　　USE 教学信息管理
　　　　DROP TABLE 成绩表

3.2　插入、更新和删除行

3.2.1　插入行

SQL Server 2008 中通常使用 Insert 语句插入数据，可以一次插入一行或多行记录。
插入行的语句格式：

INSERT［INTO］［＜数据库名＞．＜所有者名＞．］＜基本表名＞

（ ＜列名＞，…) VALUES (＜列值＞，…)，…，（ ＜列值＞，…)

语句功能：向一个表中所指定的若干列插入一行或多行数据。

语句说明：＜基本表名＞后面圆括号为给定的一个或多个用逗号分开的列名，它们都属于前面给出的基本表中已定义的列，VALUES 关键字后面的圆括号内依次给出与前面每个列名相对应的列值。

注意：当列值为字符串或日期时，必须用单引号括起来，以区别于数值数据。

【例 3.2】在学生表中插入一名新学生信息。

INSERT INTO 学生表 (学号，姓名，性别，出生年月，所学专业)
VALUES (′2011141200001′,′赵国′,′男′,′1994 - 10 - 05′,′电子商务′)

【例 3.3】在学生表中插入两名新生信息。

INSERT INTO 学生表 (学号，姓名，性别，出生年月，所学专业)
VALUES (′2011141200003′,′赵三′,′男′,′1994 - 11 - 05′,′电子商务′)，
(′2011141200004′,′李四′,′男′,′1995 - 12 - 25′,′电子商务′)

3.2.2　更新行

UPDATE 语句用于更新或者改变匹配指定条件的记录，按条件更新表中某些列的值，其条件由 WHERE 子句指定。

更新行的语句格式：

UPDATE ［＜数据库名＞ . ＜所有者名＞ . ］＜目的表名＞
SET ＜列名＞ = ＜表达式＞, … ［FROM ＜源表名＞, …］［WHERE ＜逻辑表达式＞］

语句功能：按条件修改一个表中一些列的值。

语句说明：＜目的表名＞给出要修改的表，SET 关键字后面给出目的表中一些要修改的列及相应的表达式，每个表达式的值就是对应列被修改的新值，当然表达式值的类型要与其等号左边的被修改列的类型相同，表达式中不仅可以使用目的表中的列，而且也可以使用由 FROM 选项给出的每个表中的列。WHERE 选项中的逻辑表达式给出修改记录的条件，若省略该选项则将修改目的表中的所有记录。注意：当修改目的表中指定列的当前值时，若源表中多个元组满足 WHERE 所给条件，则最后只保留一次修改结果，其余的修改结果将自动丢失。

【例 3.4】将课程表中的学分减少 1 分。

UPDATE 课程表 SET 学分 = 学分 - 1

【例 3.5】修改成绩表，将不及格的学生成绩更新为 60 分。

UPDATE 成绩表 SET 成绩 = 60 WHERE 成绩 < 60

3.2.3　删除行

DELETE 语句可以从数据表中删除行。

删除行的语句格式:

DELETE〔FROM〕〔<数据库名 > . <所有者名 > . 〕<目的表名 >
〔FROM <源表名 > , …〕〔WHERE <逻辑表达式 >〕

语句功能:删除一个表中满足条件的所有行。

语句说明:<目的表名 >给出要删除记录的当前表,FROM 选项给出在 WHERE 选项中要使用的非当前表,WHERE 选项给出删除记录的条件,若被省略则将删除目的表中的所有记录。

【例 3.6】 删除学生表中的所有女生。
DELETE　FROM 学生表 WHERE 性别 = ′女′

【例 3.7】 删除学生表中的所有记录。
DELETE　FROM 学生表

3.3 从表中查询数据

查询数据是数据库的核心操作。从表中查询数据就是从数据库中获取数据和操作数据的过程。SQL 语言中最重要、最核心的部分就是它的查询功能,SQL 查询只对应一条语句,即 SELECT 语句。下面介绍如何使用 SELECT 语句从表中查询数据。

3.3.1 SELECT 语句

1. SELECT 语句格式

SELECT〔ALL ∣ DISTINCT〕 {<表达式 1 > 〔〔AS〕 <列名 1 >〕
〔, <表达式 2 > 〔〔AS〕 <列名 2 >〕… ∣ * ∣ <表别名 >. * }
〔INTO <基本表名 >〕
FROM <表名 1 > 〔〔AS〕 <表别名 1 >〕〔, <表名 2 > 〔〔AS〕 <表别名 2 >〕…〕
〔WHERE <逻辑表达式 1 >〕
〔GROUP BY <分组列名 1 > 〔, <分组列名 2 >〕…〕
〔HAVING <逻辑表达式 2 >〕
〔ORDER BY <排序列名 1 > 〔ASC ∣ DESC〕〔, <排序列名 2 > 〔ASC ∣ DESC〕…〕〕

2. 语句功能

语句功能:根据一个或多个表按条件进行查询,产生出一个新表(即查询结果),该新表被显示出来或者被命名保存起来。

语句说明:该命令中包含有许多选项,每个选项的含义如下:

SELECT 选项给出在查询结果中每一行(即每一行记录)所包含的列,以及决定是否允许在查询结果中出现重复行(即内容完全相同的记录)。

INTO 选项决定是否把查询结果以基本表的形式保存起来，若需要则应带有该选项。

FROM 选项提供用于查询的基本表和视图，它们均可以带有表别名，称这些表为源表，而把查询结果称为目的表。

WHERE 选项用来指定不同源表之间记录的连接条件和每个源表中记录的筛选（选择）条件，只有满足所给连接条件和筛选条件的记录才能被写入到目的表中。

GROUP BY 选项用于使查询结果只包含按指定列的值进行分组的统计信息；HAVING 子句通常同 GROUP BY 选项一起使用，筛选出符合条件的分组统计信息。

ORDER BY 选项用于将查询结果按指定列值的升序或降序排序。

在查询语句中，包含了关系运算中介绍的选择、投影、连接、笛卡儿积、并等所有运算。通过 SELECT 选项实现投影运算，通过 FROM 选项和 WHERE 选项实现连接和选择运算。若省略连接条件则实现笛卡儿积运算，若在两个查询语句之间使用 UNION 关键字则实现并运算。

下面详细讨论 SELECT 语句中每个选项的具体使用。

3. SELECT 语句选项

（1）SELECT 选项。在该选项中，ALL/DISTINCT 为任选项，若选择 ALL，则允许查询结果中出现内容重复的行（记录），若选择 DISTINCT，则在查询结果中不允许出现内容重复的行，也就是说，只有内容互不相同的记录才能被写入到查询结果中，若省略该选项，则缺省选项为 ALL。

【例3.8】在教学信息管理数据库的学生表中查询出所学的不同专业。

SELECT DISTINCT 所学专业 FROM 学生表

查询结果如图 3 – 16 所示。

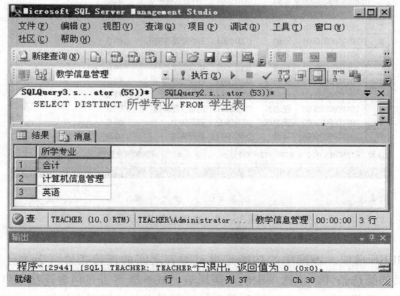

图 3 – 16　查询结果 1

（2）FROM 选项。该选项用于查询基本表和视图，并可以为每个基本表起一个别名，此别名仅限于该 SELECT 语句中使用，作为列名的前缀限定符，以区别于其他源表中的同名列，若没有给一个源表定义别名，则使用表名作为所属列的前缀限定符。当一个源表的表名较长时，可起一个简单的别名，以方便在其他选项中使用。若基本表和视图不在当前数据库中，则必须加上数据库名和所有者名作前缀。当然，其他选项中引用这些表的列名时，也必须加上相应的前缀。

【例 3.9】 从教学信息管理库中查询出每个学生的学生号、姓名、课程号、课程名和成绩。

SELECT X. 学号，X. 姓名，Y. 课程号，Y. 课程名，Z. 成绩
FROM 学生表 X，课程表 Y，成绩表 Z
WHERE X. 学号 = Z. 学号 AND Y. 课程号 = Z. 课程号

查询结果如图 3 - 17 所示。

图 3 - 17　查询结果 2

（3）WHERE 选项。该选项的功能是指定源表之间的连接条件（若多于一个源表的话）和对记录的筛选条件。该选项中的 < 逻辑表达式 > 既可以只包含连接条件，也可以只包含筛选条件，还可以同时包含这两种条件，这两种条件之间需用逻辑与（AND）运算符

连接成一个逻辑表达式。

当系统执行一个 SELECT 语句时，若 WHERE 选项中的逻辑表达式既包含连接条件，又包含筛选条件，那么是先进行连接运算，然后再进行选择运算，还是先进行选择运算，再进行连接运算，这完全由系统自动进行优化处理，无需用户过问。

连接条件是通过比较运算符等于（ = ）、大于（ > ）、小于（ < ）、小于等于（ < = ）、大于等于（ > = ）和不等于（ < > ），把两个源表中的对应列连接起来的式子，也可以是通过逻辑与（AND）运算符连接两个比较式构成的逻辑表达式，或者通过逻辑非（NOT）运算符对比较式取反而得到的逻辑表达式。

连接条件中最常用的是等值连接，即使两个表中对应列相等所进行的连接，通常一个列是所在表的主码（即关键字），另一个列是所在表的主码或外码（即外关键字）。

若在命令的 WHERE 选项中省略连接条件，则表示将每个源表按笛卡儿积连接。

筛选条件的作用是从源表或连接后生成的中间表中选择出所需要的行。筛选条件可以是由比较运算符连接两个数值、字符或日期表达式的一般比较式，也可以是适用于集合运算的专门比较式，还可以是由这些比较式通过逻辑运算符（AND，OR，NOT）连接的逻辑表达式。

一般比较式是比较两个同类型的表达式的值，属于单值与单值的比较；而适用于集合运算的专门比较式（又称为判断式）是单值与集合（即多值）、单值与一个取值范围的比较，以及对一个集合是否为空的判断。不论是一般比较式还是专门比较式（判断式），其运算结果都是一个逻辑值真（TRUE）或假（FALSE），由它们构成较复杂的逻辑表达式。

一般比较式的格式为：

< 表达式 1 >　< 比较符 >　< 表达式 2 >

当两边表达式的值符合 < 比较符 > 的要求时，则计算结果为真，否则为假。< 表达式 1 > 和 < 表达式 2 > 是由列名、常量、变量、函数等通过算术运算符连接而成的式子，最简单的表达式是一个列名或常量。

【例 3.10】从教学信息管理库的成绩表中查询出成绩高于 80 分但低于 90 分的学生的学号和成绩。

     SELECT 学号，成绩
     FROM 成绩表
     WHERE 成绩 > 80 AND 成绩 < 90

查询结果如图 3 - 18 所示。

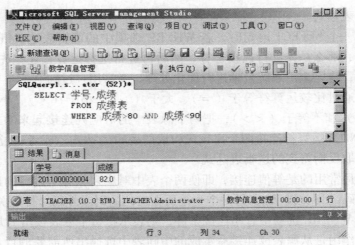

图 3-18　查询结果 3

（4）GROUP BY 选项。该选项中的 ＜分组列名 1＞，＜分组列名 2＞等必须是出现在
SELECT 选项中的被投影的表达式所指定的列名。语句执行时将按该选项中所给的分组列
（通常只有一个）对连接和选择后得到的所有元组进行分组，使得分组列值相同的元组为
一组，形成结果表中的一个元组。当该选项中含有多个分组列时，则首先按第一个列值进
行分组，若第一个列值相同，再按第二个列值进行分组，以此类推。通常在 SELECT 选项
中使用列函数对列值相同的每一组进行有关统计。

【例 3.11】从教学信息管理库的学生表中查询出每个专业的学生人数。

SELECT 所学专业 AS 专业名，COUNT（所学专业）学生人数

FROM 学生表

GROUP BY 所学专业

查询结果如图 3-19 所示。

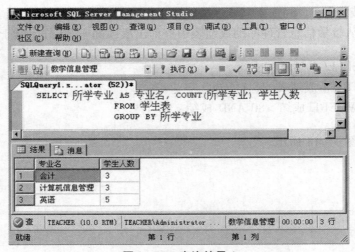

图 3-19　查询结果 4

（5）HAVING 选项。该选项的 < 逻辑表达式 > 是一个筛选条件。该选项通常跟在 GROUP BY 子句后面用来从分组统计中筛选出部分统计结果，因此该选项中的逻辑表达式通常带有字段函数。

【例 3.12】从教学信息管理库的学生表中查询出所学专业的学生人数大于 4 人的专业名及人数。

    SELECT 所学专业 AS 专业名，COUNT（所学专业）学生人数

    FROM 学生表

    GROUP BY 所学专业 HAVING COUNT（所学专业） >4

查询结果如图 3 – 20 所示。

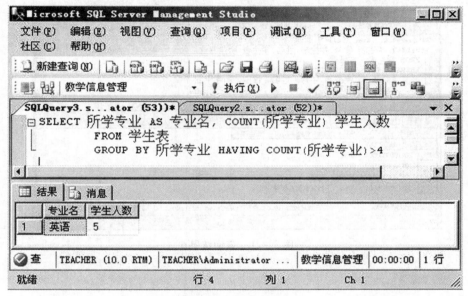

图 3 – 20　查询结果 5

（6）ORDER BY 选项。此选项中的 < 排序列名 1 > ， < 排序列名 2 > 等是需要使查询结果按其进行排序的列。它们可以是源表中的列名，也可以是 SELECT 选项中所给表达式的顺序号（即对应查询结果中的列号）或定义的列名。查询结果将首先按 < 排序列名 1 > 的值排序，若该列的值相同，则再按 < 排序列名 2 > 的值排序，以此类推。对于每个排序列，还可以指定排序方式，若其后带有 ASC 关键字，则将按值的升序排列查询结果，若其后带有 DESC 关键字，则将按值的降序排列查询结果，若不指定排序方式，则默认按升序排列。

另外，该选项只能用在最外层的查询语句中，不能在子查询中使用。

【例 3.13】　从教学信息管理库中查询出所有学生的信息及所学各门课程的门数，并按课程门数升序排列查询结果。

SELECT 学生表. 学号，学生表. 姓名，学生表. 所学专业，COUNT（学生表.
学号）AS 课程门数

FROM 学生表，成绩表
WHERE 学生表. 学号＝成绩表. 学号
GROUP BY 学生表. 学号，姓名，性别，所学专业
ORDER BY 课程门数

查询结果如图 3－21 所示。

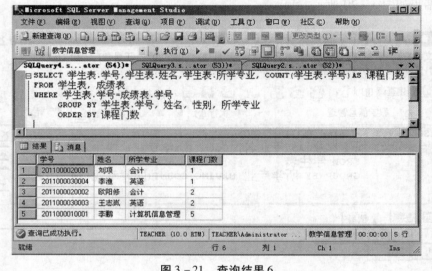

图 3－21　查询结果 6

3.4　SQL Server 2008 的操作符和函数

3.4.1　操作符

操作符是一种操作符号，用来指定要在一个或多个表达式中执行的操作。SQL Server 2008 中的操作符有算术操作符、赋值操作符、位操作符、比较操作符、逻辑操作符、字符串操作符、一元操作符、复合操作符、作用域解析操作符和集运算符。

1. 算术操作符

算术操作符在两个表达式上执行数学运算，这两个表达式可以是数字数据类型分类的任何数据类型。在 SQL Server 2008 中，算术操作符包括 +（加）、-（减）、*（乘）、/（除）和%（取模）。取模运算返回一个除法的整数余数。例如，16%3 = 1，这是因为 16 除以 3，余数为 1。

　　另外，加（＋）和减（－）运算符也可以用于对 datetime 及 smalldatetime 值执行算术运算，其使用格式如下：日期 ± 整数。

2. 赋值操作符

　　T－SQL 有一个赋值操作符，即等号（＝）。它将表达式的值赋予另一个变量。

3. 位操作符

　　位操作符可以对两个表达式进行位操作，这两个表达式可以是整型数据或者二进制数据。位操作符包括 &（按位与）、|（按位或）和^（按位异或）。

　　T－SQL 首先把整数数据转换成为二进制数据，然后再对二进制数据进行按位运算。

4. 比较操作符

　　比较操作符用来比较两个表达式，表达式可以是字符、数字或日期数据，并可用在查询的 WHERE 或 HAVING 子句中。比较操作符的计算结果为布尔数据类型，它们根据测试条件的输出结果返回 TRUE 或 FALSE。

　　SQL Server 2008 提供的比较操作符有下面几种：

＞（大于）	＜（小于）	＝（等于）
＜＝（小于或等于）	＞＝（大于或等于）	！＝（不等于）
＜＞（不等于）	！＜（不小于）	！＞（不大于）

5. 字符串操作符

　　字符串操作符 "＋"，可以将两个或多个字符串合并或连接成一个字符串，还可以连接二进制字符串。

6. 逻辑操作符

　　逻辑操作符用来判断条件是 TRUE 或者 FALSE，SQL Server 2008 提供了 10 个逻辑操作符，如表 3－4 所示。

表 3－4　逻辑操作符

逻辑操作符	含　义
ALL	当一组比较关系的值都为 TRUE 时，才返回 TRUE
AND	当要比较的两个布尔表达式的值都为 TRUE 时，才返回 TRUE
ANY	只要一组比较关系中有一个值为 TRUE，就返回 TRUE
BETWEEN	只有操作数在定义的方位内，才返回 TRUE
EXISTS	如果在子查询中存在，就返回 TRUE
IN	如果操作数在所给的列表表达式中，则返回 TRUE
LIKE	如果操作数与模式相匹配，则返回 TRUE
NOT	对所有其他的布尔运算取反
OR	只要比较的两个表达式有一个为 TRUE，就返回 TRUE
SOME	如果一组比较关系中有一些为 TRUE，则返回 TRUE

由于 LIKE 使用部分字符串来查询记录，因此，在部分字符串中可以使用通配符。SQL Server 2008 中可以使用的通配符及其含义，如表 3-5 所示。

表 3-5　通配符及其含义

通配符	含　　义
%	包含零个或更多字符的任意字符串
_（下划线）	任何单个字符
[ ]	制定范围（［a-f］）或集合（［abcdef］）中的任何单个字符
[^]	不属于指定范围（［a-f］）或集合（［abcdef］）的任何单个字符

7. 一元操作符

一元操作符是指只对一个操作数执行操作。SQL Server 2008 提供的一元操作符包含 +（正）、-（负）和 ~（位反）。

正和负操作符表示数据的正和负，可以对所有的数据类型进行操作。位反操作符返回一个数的补码，只能对整数数据类型进行操作。

8. 复合操作符

复合操作符可执行相应的操作并将原始值设置为运算的结果。SQL Server 2008 提供的复合操作符如表 3-6 所示。

表 3-6　复合操作符

复合操作符	含　　义
+ =	将原始值加上一定的量，并将原始值设置为结果
- =	将原始值减去一定的量，并将原始值设置为结果
* =	将原始值除以一定的量，并将原始值设置为结果
% =	将原始值除以一定的量，并将原始值设置为余数
& =	对原始值执行位与运算，并将原始值设置为结果
^ =	对原始值执行位异或运算，并将原始值设置为结果
| =	对原始值执行位或运算，并将原始值设置为结果

【例 3.14】DECLARE @ x1 int = 5;
　　　　　　SET @ x1 + = 10；
　　　　　　SELECT @ x1
　　　　　　结果将返回 15。

9. 作用域解析操作符

作用域解析操作符：实现对复合数据类型的静态成员的访问。复合数据类型是指包含多个简单数据类型和方法的数据类型。

【例 3.15】使用作用域解析运算符访问 hierarchyid 类型的 GetRoot（）成员。

　　　　　DECLARE @ hid hierarchyid；
　　　　　SELECT @ hid = hierarchyid∷GetRoot（）；
　　　　　PRINT @ hid. ToString（）；

结果集为：/

10. 集运算符

SQL Server 2008 提供的集运算符分别是 EXCEPT、INTERSECT 和 UNION。集运算符将来自两个或多个查询的结果合并到单个结果集中。

（1）EXCEPT 和 INTERSECT 比较两个查询的结果，返回非重复值。EXCEPT 从左查询中返回右查询没有找到的所有非重复值。INTERSECT 返回 INTERSECT 操作数左右两边的两个查询都返回的所有非重复值。

使用 EXCEPT 或 INTERSECT 的两个查询的结果集组合起来的基本规则是：

①所有查询中的列数和列的顺序必须相同；

②数据类型必须兼容。

（2）UNION 将两个或更多查询的结果合并为单个结果集，该结果集包含联合查询中的所有查询的全部行。UNION 运算不同于使用联接合并两个表中的列的运算。

使用 UNION 合并两个查询结果集的基本规则是：

①所有查询中的列数和列的顺序必须相同；

②数据类型必须兼容。

11. 常用操作符的优先级

当一个复杂的表达式有多个操作符时，操作符的优先等级决定执行运算的先后次序。执行的顺序可能会严重地影响所得到的值。

在 SQL Server 2008 中，操作符的优先级（由高到低排列）如表 3 - 7 所示。

表 3 - 7　操作符的优先级

级　　别	运算符
1	～（位非）
2	*（乘）、/（除）、%（取模）
3	+（正）、-（负）、+（加）、（+连接）、-（减）、&（位与）、^（位异或）、|（位或）
4	= ，＞，＜，＞＝，＜＝，＜＞，!＝,!＞,!＜（比较运算符）
5	NOT
6	AND
7	ALL、ANY、BETWEEN、IN、LIKE、OR、SOME
8	=（赋值）

当一个表达式中的两个操作符具有相同的优先级时，基于它们在表达式中的位置，一元操作符按从右到左的顺序求值，二元操作符按从左到右的顺序求值。

3.4.2 SQL Server 2008 函数

SQL Server 2008 的函数主要可以分为以下四种类型：

（1）行集函数：返回可在 SQL 语句中像表引用一样使用的对象。

（2）聚合函数：对一组值进行运算，但返回一个汇总值。

（3）排名函数：对分区中的每一行均返回一个排名值。

（4）标量函数：对单一值进行运算然后返回单一值。只要表达式有效，即可使用标量函数。

为了使用户更方便地查询数据，下面我们主要介绍常用的标量函数，标量函数主要包括数学函数、字符串函数、日期函数、系统函数、元数据函数、安全函数、配置函数、游标函数和文本图像函数。

1. 数学函数

SQL Server 2008 提供的数学函数能够在数字型表达式上进行数学运算，然后将结果返回给用户。能够在 SQL Server 2008 的数学函数中使用的数据类型主要包括：decimal、int、smallint、tinyint、float、real、money、smallmoney 等。常用的 SQL Server 2008 数学函数如表 3 - 8 所示。

表 3 - 8　SQL Server 常用的数学函数简介

函数格式	功　能
ABS（数值型表达式）	求绝对值
ACOS（float 型表达式）	求反余弦
ASIN（float 型表达式）	求反正弦
ATAN（float 型表达式）	求反正切
ASCII（字符表达式）	求 ASCII 码
AVG（［ALL ｜ DISTINCT］表达式）	求平均值
COUNT（｛［ALL ｜ DISTINCT］表达式｝｜ * ）	计数
DEGRESS（numeric 型表达式）	角度转换
CEILING（数值型表达式）	返回最小的大于或等于给定数值型表达式的值
FLOOR（数值型表达式）	返回最大的小于或等于给定数值型表达式的值
LOG（float 表达式）	求自然对数
LOG10（float 表达式）	求常用对数
POWER（数值表达式1，数值表达式2）	乘方运算
EXP（float 表达式）	自然指数运算
PI（）	求圆周率的正确数值

（续上表）

函数格式	功　能
SQRT（float 表达式）	求平方根
SIGN（float 表达式）	返回表达式值的符号数字（正数返回 1，负数返回 -1，0 返回 0）
SQUARE（float 型表达式）	求平方
RAND（整型表达式）	产生随机数
ROUND（数值表达式，整数）	四舍五入
ROWCOUNT_BIG（）	返回受执行的最后一个语句影响的行数。该函数的返回值为 BIGINT 数据类型
RADIANS（float 表达式）	将度数转换成弧度

2. 字符串函数

字符串函数可以对二进制数据、字符串和表达式执行不同的运算，可以实现字符之间的转换、查找和截取等操作。常用的 SQL Server 2008 字符串函数如表 3-9 所示。

表 3-9　SQL Server 常见的字符串函数简介

函数格式	功　能
LEN（字符串表达式）	返回给定字符串数据的长度
DATALENGTH（表达式）	返回表达式的值所占用的字节数，主要用于处理变长数据类型
LEFT（字符型表达式，整型表达式）	返回字符型表达式最左边给定整数长度的字符
RIGHT（字符型表达式，整型表达式）	返回字符型表达式最右边给定整数长度的字符
SUBSTRING（字符串，起点，终点）	返回字符串在起止位置之间的子串
UPPER（字符表达式）	将字符表达式全部转化为大写形式
LOWER（字符表达式）	将字符表达式全部转化为小写形式
SPACE（整型表达式）	返回给定的整数个空格组成的字符串
REPLICATE（字符表达式，整型表达式）	以指定的整数次数重复表达式
LTRIM（字符型表达式）	返回删除了给定字符串左端空格后的字符串
RTRIM（字符型表达式）	返回删除了给定字符串右端空格后的字符串
REVERSE（字符型表达式）	返回一个与给定字符型表达式反序的字符型表达式
STR（float 表达式 [，长度 [，小数点后长度]]）	将 float 型表达式转化为给定形式的字符串
CHAR（整型表达式）	将给定的整型表达式的值按照 ASCII 码转换成字符型
STR（float 表达式）	返回由数字数据转换来的字符数据

3. 日期时间函数

在实际应用中，常涉及很多日期时间的转换问题，为了协助用户解决这类问题，SQL Server 2008 提供了丰富的日期时间函数，日期时间函数用于对日期和时间数据进行各种不同的处理和运算，并返回一个字符串、数值或日期时间值。

SQL Server 2008 中日期时间数据类型如表 3 - 10 所示。

表 3 - 10　日期时间数据类型

数据类型	格　　式	取值范围	精　　度	存储尺度
Date	yyyy - mm - dd	0001 - 1 - 1 至 9999 - 12 - 31	1 天	3 字节
Time	hh：mm：ss：nnnnnn	0：0：0. 000000 至 23：59：59. 99	100 纳秒	3 ~ 5 字节
Smalldate- time	yyyy：mm - dd hh：mm：ss	1900 - 1 - 1 至 2079 - 6 - 6	1 分钟	4 字节
Datetime	yyyy - mm - dd hh：mm：ss：nnn	1753 - 1 - 1 至 9999 - 12 - 31	0. 00333 秒	8 字节
Datetime2	yyyy - mm - dd hh：mm：ss：nnnnnn	0001 - 1 - 1 至 9999 - 12 - 31	100 纳秒	6 ~ 8 字节
Datetimeoffset	yyyy - mm - dd hh：mm：ss：nnnnnn +	- hh：mm	0001 - 1 - 1 至 9999 - 12 - 31 （全球标准时间）	100 纳秒	8 ~ 10 字节

常用 SQL Server 2008 日期函数如表 3 - 11 所示。

表 3 - 11　SQL Server 2008 常用日期函数简介

函数格式	功　　能
GETDATE ()	返回当前的系统时间
DATEPART (datepart, date)	以整数形式返回给定的 date 数据的指定日期部分
DATENAME (datepart, date)	以字符串形式返回给定的 date 数据的指定日期部分
DATEDIFF (datepart, date 1, date 2)	以 datepart 指定的方式，返回 date2 与 date1 两个日期之间的差值 date2 - date1
DATEADD (datepart, number, date)	以 datepart 指定的方式，返回 date 加上 number 之后的日期
DAY (date 型表达式)	返回指定日期的 DAY 部分数值
MONTH (date 型表达式)	返回指定日期的 MONTH 部分数值
YEAR (date 型表达式)	返回指定日期的 YEAR 部分数值

除了上述这些函数外，SQL Server 2008 又新增加了五个日期函数。

（1）三个用于获得高精度系统时间的函数（因为这三个函数都是取的操作系统时间，所以精度仅能达到 10 毫秒）：

①SYSDATETIME（）：返回当前系统的本地时间，数据类型是 datetime2（7），不包含时区信息；

②SYSDATETIMEOFFSET（）：返回当前系统的本地时间及时区信息，数据类型是 datetimeoffset（7）；

③SYSUTCDATETIME（）：返回当前系统的标准世界时间，数据类型是 datetime2（7）。

（2）两个用于时区转换的函数：

①SWITCHOFFSET（datetimeoffset，time_zone）：根据输入的世界时间以及时区信息返回某个特定时区的数据。例如 SWITCHOFFSET（′2008 - 1 - 1 0：0：0 + 8：00′，′ - 07：00′）返回值将是′2007 - 12 - 31 9：00 - 07：00′，这样我们就知道了当元旦钟声响起的时候美国的时间只是早上 9：00（有个有趣的情况是 SWITCHOFFSET 函数 time_zone 参数小时的前导 0 是不能省略的，就我们刚才用的那个例子来说，如果 time_zone 参数写成′7：00′就会报错，必须写成′07：00′，不过 datetimeoffset 数据里那个时区部分小时的前导 0 是可以省略的，也就是说′2008 - 1 - 1 0：0：0 + 8：00′和′2008 - 1 - 1 0：0：0 + 08：00′都是可以接受的，对于时区中的分钟部分也是如此。不过建议大家养成良好的编码习惯，所有前导 0 都不要省略）。

②TODATETIMEOFFSET（datetime，offset）：根据输入的日期时间参数值和时区参数值返回一个世界时间值。例如，TODATETIMEOFFSET（′2008 - 1 - 1 0：0：0′，′ + 08：00′）返回值是′2008 - 1 - 1 0：0：0 + 08：00′。

在多数日期型函数中都涉及 datepart 参数，其数值如表 3 - 12 所示。

表 3 - 12　datepart 参数的取值

datepart 参数	缩　写	含　义
Year	Yy, yyyy	年
Quarter	Qq, q	季
Month	Mm, m	月
Dayofyear	Dy, y	从 1 月 1 日到指定日期的天数
Day	Dd, d	天
Week	Wk, ww	从 1 月 1 日到指定日期的星期数
Weekday	Dw	日期部分返回对应于星期中的某天的数，周日用 1 表示
Hour	Hh	小时
Minute	Mi, n	分
Second	Ss, s	秒
Millisecond	ms	毫秒

4. 元数据函数

一般来说，元数据函数返回的是有关指定数据库和数据对象的信息。下面介绍几种常

用的元数据函数，如表 3 – 13 所示（查看完整元数据函数清单，请参考联机丛书）。

表 3 – 13　常用的元数据函数

函数格式	函数功能
COL_NAME（）	返回列名
COLUMNPROPERTY（）	返回指定列的信息
DATABASEPROPERTY（）	返回指定的数据库和属性指定数据库属性值
DB_ID（）	返回数据库的标识符，即返回当前数据库的标识符
DB_NAME（）	返回带有标识符的数据库名。如果没有指定标识符，就显示当前数据库名称
INDEX_COL（）	返回表中的索引列
INDEXPROPERTY（）	返回指定表标识号、索引或统计名称及属性名称的指定索引值或统计属性值
OBJECT_NAME（）	返回有标识符的数据库对象名称
OBJECT_ID（）	返回数据库对象的标识符
OBJECTPROPERTY（）	返回当前数据库对象

5. 系统函数

SQL Server 2008 所提供的系统函数主要供高级用户使用，通过调用这些系统函数可以获得有关服务器、用户、数据状态等系统信息，大部分系统函数用的是内部数字标识符（ID），系统将标识符赋值给每个数据库对象。使用这类标识符，系统就能独立识别每个数据库对象。这些函数对一般用户的用处不大，有兴趣的读者可通过 SQL Server 的联机书籍学习这方面的知识。常用的系统函数如表 3 – 14 所示。

表 3 – 14　常用的系统函数

函数格式	功　　能
SUER_NAME（）	返回用户登录名
USER_NAME（）	返回用户在数据库中的名字
SHOW_ROLE（）	返回对当前用户起作用的规则
DB_NAME（）	返回数据库名
OBJECT_NAME（obj_id）	返回数据库对象名
VALID_NAME（char_expr）	返回是否有效标识符
SYSTEM_USER（）	返回目前用户登录的 ID

6. 其他常用的函数

其他常用的 SQL Server 2008 函数包括以下几种，这些函数在 Transact SQL 程序设计中非常有用。

（1）ISDATE（表达式）。用来判断指定的表达式是否是一个合法的日期。当判断结果为真时，返回 1，否则返回 0。

（2）ISNULL（表达式 1，表达式 2）。如果表达式 1 的值为 NULL，则返回表达式 2 的值，否则返回表达式 1 的值。使用 ISNULL 函数时，表达式 1 和表达式 2 的类型必须相同。

（3）NULLIF（表达式 1，表达式 2）。当表达式 1 与表达式 2 相同时，返回 NULL 值，否则返回表达式 1 的值。

（4）ISNUMERIC（表达式）。当表达式的值是合法的 int、float、money 等数字数据类型时，返回 1，否则返回 0。

（5）COALESCE（表达式 1，表达式 2，表达式 3…）。判断在给定的一系列表达式中是否有非 NULL 的值，如果有，则返回第一个不是 NULL 的表达式的值；如果所有的表达式的值都是 NULL，则返回 NULL 值。

（6）CAST（表达式 AS 数据类型）。将表达式的值从一种数据类型变为另一种数据类型。

（7）CONVERT（目标数据类型，数据源）。对于简单类型转换，CONVERT（）函数和 CAST（）函数的功能相同，只是语法不同。CAST（）函数一般更容易使用，其功能也更简单。CONVERT（）函数的优点是可以格式化日期和数值，它需要两个参数：第 1 个是目标数据类型，第 2 个是源数据。CONVERT（）函数还具有一些改进的功能，它可以返回经过格式化的字符串值，且可以把日期值格式化成很多形式。

在 SQL Server 2008 中除了上述常用的函数类型之外，还有行集函数、游标函数、配置函数和文本图像函数等，这里不再详细讲解，使用时请查看 SQL Server 的联机书籍学习这方面的知识。

3.5　汇总和分组数据

3.5.1　使用聚合函数进行数据的汇总

SQL Server 2008 提供了一组聚合函数，它们能够对整个数据集合进行计算，将一组原始数据转换为有用的信息，以方便用户使用。例如，求成绩表中的总成绩、学生表中的平均年龄等。SQL Server 2008 的聚合函数如表 3 – 15 所示。

表 3 – 15   聚合函数

聚合函数	功能描述
SUM（）	对指定列中的所有非空值求和
AVG（）	对指定列中的所有非空值求平均值
MIN（）	返回指定列中的最小数字、最小的字符串和最早的日期时间
MAX（）	返回指定列中的最大数字、最大的字符串和最近的日期时间
COUNT（）	统计结果集中全部记录行的数量
COUNT_BIG（）	类似于 count（）函数，但因其返回值使用了 bigint 数据类型，所以最多可以统计 $2^{63}-1$ 行
CHECKSUM_AGG（）	返回组中各值的校验和
STDEV（）	返回指定表达式中所有值的标准偏差
STDEVP（）	返回指定表达式中所有值的总体标准偏差
VAR（）	返回指定表达式中所有值的方差
GROUPING（）	指示是否聚合 group by 列表中的指定列表达式。在结果集中，如果 grouping（）返回 1 则指示聚合，返回 0 则指示不聚合
VARP（）	返回指定表达式中所有值的总体方差

1. SUM（） 函数和 AVG（） 函数

两个函数都是对列式数字型的数据进行计算，只不过 SUM（）是对列求和，而 AVG（）是对列求平均值。

【例 3.16】求出成绩表中所有课程成绩的总和。在查询分析器中输入的 SQL 语句如下：

SELECT SUM（成绩）AS 总成绩

FROM 成绩表

查询结果如图 3 – 22 所示。

图 3 – 22   查询结果 7

当与 GROUP BY 子句一起使用时，每个聚集函数都为每一组生成一个值，而不是对整个表生成一个值。

【例 3.17】在成绩表中，按学号分别求出成绩的平均值。在查询分析器中输入 SQL 语句如下：

> SELECT 学号，AVG（成绩）   AS 平均成绩
> FROM 成绩表 GROUP BY 学号

查询结果如图 3－23 所示。

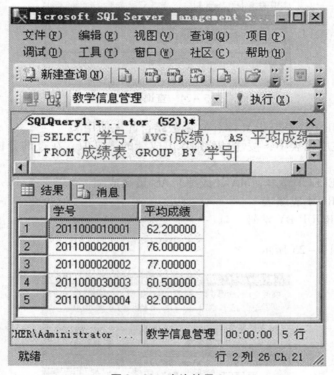

图 3－23　查询结果 8

2. MIN（ ） 函数和 MAX（ ） 函数

MIN（ ） 和 MAX（ ） 函数分别查询列中的最小值和最大值。但列的数据包含数字、字符或日期/时间信息。MIN（ ） 和 MAX（ ） 函数的结果与列中数据的数据类型完全相同。

【例 3.18】查询学生表中最早出生的学生。在查询分析器中输入的 SQL 语句如下：

> SELECT MIN（出生年月）AS 最早出生
> FROM 学生表

查询结果如图 3-24 所示。

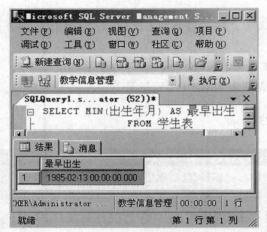

图 3-24　查询结果 9

下面把 GROUP BY 子句和 MAX( ) 函数结合起来使用。

【例 3.19】在成绩表中，按学号分别求出成绩的最高值。在查询分析器中输入的 SQL语句如下：

```
SELECT 学号，MAX（成绩） AS 最高成绩
FROM 成绩表
GROUP BY 学号
```

查询结果如图 3-25 所示。

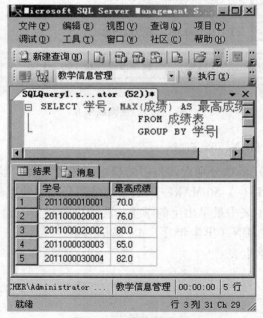

图 3-25　查询结果 10

3. COUNT( ) 函数和 COUNT_BIG( ) 函数

COUNT( ) 和 COUNT_BIG( ) 两个函数都是对列中数据的数目进行计数。它们返回的值总是一个整数，不管列的数据类型。

【例 3.20】求学生表中女生的人数。在查询分析器中输入的 SQL 语句如下：

SELECT COUNT(学号) AS 女学生记录总数
FROM 学生表
WHERE 性别 = '女'

查询结果如图 3-26 所示。

图 3-26 查询结果 11

COUNT （＊）就可以求整个表所有的记录数。

4. 消除重复记录（DISTINCT）

指定 DISTINCT 关键字不但可以消除查询结果中的重复记录，而且在使用 SUM( )、AVG( ) 和 COUNT( ) 聚合函数时，可以从列中消除重复的值。DISTINCT 关键字和聚合函数使用的格式是：聚合函数名称（DISTINCT 列名）。

【例 3.21】在学生表中，统计有多少个学生。在查询分析器中输入的 SQL 语句如下：

SELECT COUNT （DISTINCT 学号）   AS 学生个数
FROM 学生表

注意：当使用 DISTINCT 关键字时，聚合函数的参数必须是一个简单的列名。

查询结果如图 3-27 所示。

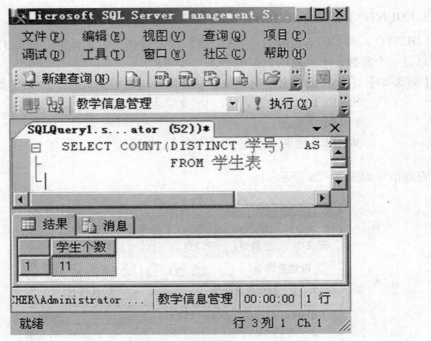

图 3 - 27　查询结果 12

3.5.2　数据的分组

用 GROUP BY 可以实现数据分组操作，但有时用户不需要对数据表中所有的数据进行分组，这时就需要使用 HAVING 子句来筛选分组。

【例 3 - 22】在成绩表中查询每个同学的所有课程的成绩总和。在查询分析器中输入的 SQL 语句如下：

SELECT 学号，SUM（成绩）AS 课程总成绩

FROM 成绩表

GROUP BY 学号

查询结果如图 3 - 28 所示。

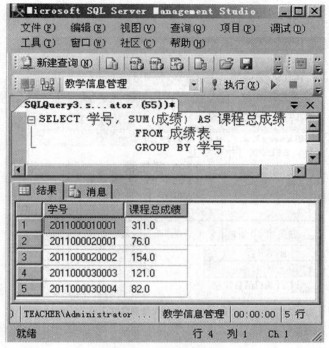

图 3-28 查询结果 13

1. HAVING 子句在分组搜索条件上的限制

HAVING 子句指定的搜索条件必须是作为一个整体应用于组而不是应用于各个记录，所以 HAVING 的搜索条件是有限制的，列举如下：

（1）一个常量。

（2）一个聚合函数，这个聚合函数生成一个值，该值汇总组中的记录。

（3）一个分组列，按照定义，这个分组字段在这个组的每一记录中有同样的值。

（4）一个包含上述各项组合的表达式。

【例 3.23】在学生表中按所学专业类别分组，并且查询所学专业不是英语专业的其他专业名称。在查询分析器中输入的 SQL 语句如下：

> SELECT 所学专业
> FROM 学生表
> GROUP BY 所学专业
> HAVING 所学专业 < > '英语'

查询结果如图 3-29 所示。

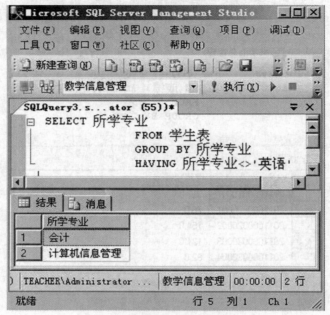

图 3-29　查询结果 14

2. 比较 HAVING 子句与 WHERE 子句

两个子句的相似之处：

（1）它们都是从结果表中筛选数据。

（2）它们都设置了某些数据能通过而其他数据不能通过的条件。

两个子句的不同之处：

（1）WHERE 子句可以在进行任何处理之前从源表、原始数据中筛选行。

（2）HAVING 子句可以在进行绝大部分处理之后筛选已分组和已总结的数据。

（3）WHERE 子句不能在它设置的条件之中使用列函数。

（4）HAVING 子句可以在它设置的条件中使用列函数。

WHERE 子句只能接收来自 FROM 子句的输入，而 HAVING 子句则可以接收来自 GROUP BY、WHERE 子句或 FROM 子句的输入。这是一个微妙却重要的差别。

3. 在分组查询中使用 CUBE、ROLLUP 和 GROUPING SETS

在 SQL Server 2008 之前，进行分组统计汇总，可以在 GROUP BY 子句中使用 WITH ROLLUP 和 WITH CUBE 参数。ROLLUP 指定在结果集内不仅包含由 GROUP BY 提供的行，还包含汇总行。按层次结构顺序，从组内的最低级别到最高级别汇总组。而 CUBE 参数则在使用 ROLLUP 参数所返回结果集的基础上，将每个可能的组和子组组合在结果集内返回。

【例 3.24】表 dbo. TT 存在下列数据，如图 3-30 所示。

CustName	ProductID	Sales
Jack	1	10
Jack	2	20
Jane	1	10
Jane	1	10
Jane	2	20
NULL	NULL	NULL

图 3 – 30　dbo. TT 中的数据

（1）执行下面语句：

SELECT CustName，ProductID，SUM（Sales）AS SalesTotal

FROM TT

GROUP BY CustName，ProductID WITH CUBE

ORDER BY CustName，ProductID

得到下面的结果集合，如图 3 – 31 所示。

	CustName	ProductID	SalesTotal
1	NULL	NULL	70
2	NULL	1	30
3	NULL	2	40
4	Jack	NULL	30
5	Jack	1	10
6	Jack	2	20
7	Jane	NULL	40
8	Jane	1	20
9	Jane	2	20

图 3 – 31　结果集合 1

（2）执行下面语句：

SELECT CustName，ProductID，SUM（Sales）AS SalesTotal

FROM TT

GROUP BY CustName，ProductID WITH ROLLUP

ORDER BY CustName，ProductID

得到下面的结果集合，如图 3 – 32 所示。

	CustName	ProductID	SalesTotal
1	NULL	NULL	70
2	Jack	NULL	30
3	Jack	1	10
4	Jack	2	20
5	Jane	NULL	40
6	Jane	1	20
7	Jane	2	20

图 3 - 32　结果集合 2

可以看出，使用 WITH CUBE 多出了对子组 ProductID 的两行汇总。

而在 SQL Server 2008 中，GROUPING SETS、ROLLUP 和 CUBE 运算符已添加到 GROUP BY 子句中。不再推荐使用不符合 ISO 的 WITH ROLLUP、WITH CUBE 和 ALL 语法。在 SQL Server 2008 中，可以将上面的 WITH CUBE 语句改写为如下的形式：

```
SELECT CustName，ProductID，SUM（Sales）AS SalesTotal
FROM TT
GROUP BY CUBE（CustName，ProductID）
ORDER BY CustName，ProductID
```

如果不需要获得由完备的 ROLLUP 或 CUBE 运算符生成的全部分组，则可以使用 GROUPING SETS 仅指定所需的分组。

【例 3.25】下面的语句将得到分别按 CustName 和 ProductID 分组汇总结果集的并集。

```
SELECT CustName，ProductID，SUM（Sales）AS SalesTotal
FROM dbo. TT
GROUP BY GROUPING SETS（CustName，ProductID）
ORDER BY CustName，ProductID
```

得到下面的结果集合，如图 3 - 33 所示。

	CustName	ProductID	SalesTotal
1	NULL	1	30
2	NULL	2	40
3	Jack	NULL	30
4	Jane	NULL	40

图 3 - 33　结果集合 3

3.6　表连接与多表查询

3.6.1　表连接

数据库中的用户表往往不是孤立的，而是相互关联的。用户表之间的连接关系图称为数据库关系图，通过关系图可以很清楚地分析数据库中表的关系。下面首先介绍如何在表中建立外键约束，其实外键约束就是表之间的列建立的一种联系，以保持数据之间的一致性或者参照性。

1. 使用对象资源管理器建立外键约束

下面以对【成绩表】中的【课程号】建立外键约束为例，说明在对象资源管理器中创建外键约束的过程。

（1）打开成绩表的表设计器，单击【表设计器】菜单中的【关系】选项，或单击【表设计器】工具栏中的【关系】工具按钮。如图 3－34 所示。

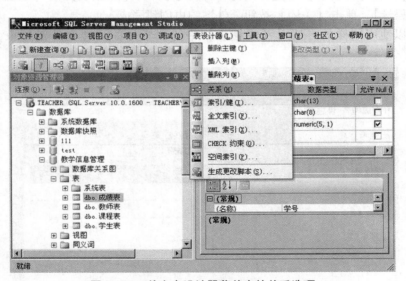

图 3－34　单击表设计器菜单中的关系选项

（2）在弹出的【外键关系】对话框中单击【添加】按钮。如图 3－35 所示。

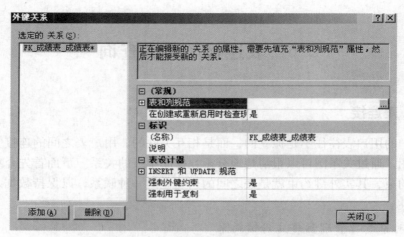

图 3－35　单击外键关系对话框中的添加按钮

（3）进行【表和列规范】属性的设置。单击【表和列规范】后面的【打开对话框】按钮打开【表和列】对话框，如图 3－36 所示。在【主键表】下拉列表框中选择主键表为【课程表】，在【课程表】中选择列为【课程号】，在【外键表】的【成绩表】中选择列也为【课程号】，单击【关闭】按钮，外键约束创建完成。

（4）可以使用同样的方法对【成绩表】中的"学号"列建立外键约束，操作步骤同上。

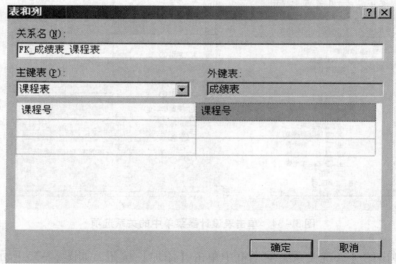

图 3－36　打开表和列对话框

也可以在 CREATE TABLE 语句中使用 FOREIGN KEY 关键字定义外键。

2. 使用对象资源管理器建立数据库关系图

下面介绍在【教学信息管理】数据库中使用对象资源管理器建立学生表、课程表、成绩表的关系图的方法。

（1）在 SQL Server Management Studio 中，连接到指定的数据库的服务器实例。在【对象资源管理器】中的目录导航树下选择【教学信息管理】数据库，鼠标右击【数据库关系图】，在弹出的菜单中选择【新建数据库关系图】菜单项，如图 3-37 所示。

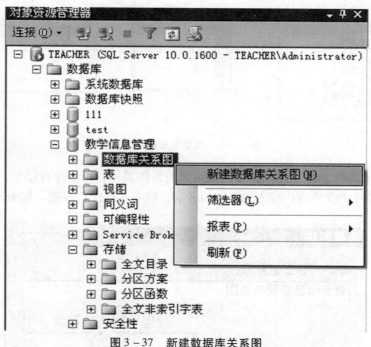

图 3-37　新建数据库关系图

（2）在弹出的【添加表】对话框中分别选中成绩表、课程表和学生表，单击【添加】按钮，如图 3-38 所示。

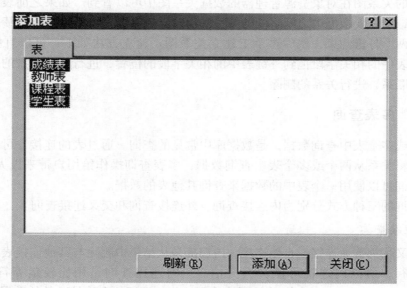

图 3-38　添加成绩表、课程表、学生表

（3）在【添加表】对话框中单击【关闭】按钮，因为在前面已经为成绩表建立了两个外键约束，所以自动生成了如图3－39所示的关系图结果。

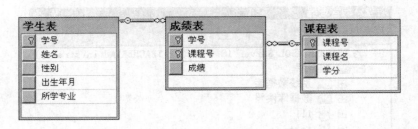

图3－39　自动生成的关系图

（4）单击工具栏上的【保存】按钮或关闭关系图窗体，提示保存结果，在弹出的【选择名称】对话框中的文本区内输入关系图的名字，单击【确定】按钮，如图3－40所示。

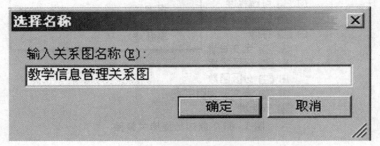

图3－40　保存关系图

新建立的关系图在对象资源管理器的数据关系图中可以看到。如果之前表之间没有建立外键约束，则需要根据表之间字段的关系手动建立关系图。可以修改【成绩表】的外键关系，去掉两个外键约束，然后再手工建立关系图。建立方法如下：可以直接在关系图中，把主键表中的相关字段拖到外键表中的相关字段的位置，进行外键关系的设置，也可以右击关系联系，进行关系的删除。

3.6.2　多表查询

从两个或多个表中查询数据，是数据库中常见的查询。通过表的连接，可以根据各个表之间的逻辑关系从两个或多个表中查询数据，多表查询操作给用户带来极大的灵活性。通过多表查询可以使用一个表中的数据来查询其他表的数据。

多表查询的三种方式分别为内连接查询、外连接查询和交叉连接查询。

1. 内连接查询

内连接又称为普通连接或自然连接。内连接是从结果中删除与其他连接表中任何行不匹配的所有行，所以内连接可能会丢失信息。内连接查询是用比较运算符（＝、＞、＞＝、＜＝、＜、! ＞、! ＜、＜＞）比较要连接列的值，返回符合连接条件的数据行，从而将两个表或多个表连接成一个新表。内连接的连接条件可在FROM或WHERE子句中指定。

两个表或者多个表的内连接查询，一般来说这些表之间存在着主码和外码的联系。所以将这些关键的列列出，就可以得到多表的内连接查询结果。

内连接的语句格式：

SELECT　table_name1. column_name，table_name2. column_name，…

FROM　　table_name1 INNER JOIN table_name2

ON　join_conditions

WHERE［search_condition］

【例 3.26】查询教学信息管理数据库中的学生的学号、姓名、所学各门课程的成绩。

USE 教学信息管理

GO

SELECT 学生表. 学号，学生表. 姓名，成绩表. 课程号，成绩表. 成绩

FROM 学生表 INNER　JOIN 成绩表

ON 学生表. 学号 = 成绩表. 学号

查询结果如图 3 - 41 所示。

	学号	姓名	课程号	成绩
1	2011000010001	李鹏	00010001	52.0
2	2011000010001	李鹏	00010002	63.0
3	2011000010001	李鹏	00010003	70.0
4	2011000010001	李鹏	00010004	69.0
5	2011000010001	李鹏	00010005	57.0
6	2011000020001	刘项	00020001	76.0
7	2011000020002	欧阳修	00020003	80.0
8	2011000020002	欧阳修	00020004	74.0
9	2011000030003	王志岚	00030001	65.0
10	2011000030003	王志岚	00030002	56.0
11	2011000030004	李渔	00030003	82.0

图 3 - 41　内连接查询结果

2. 外连接查询

仅当至少有一个同属于两个表的行符合连接条件时，内连接才返回行。内连接会消除与另一个表中的任何行不匹配的行。而外连接查询会返回 FROM 子句中提到的至少一个表或视图的所有行，只要这些行符合任何 WHERE 或 HAVING 搜索条件。将查询通过左向外连接引用的左表的所有行，以及通过右向外连接引用的右表的所有行，而完整外连接中两个表的所有行都将返回。

外连接查询的语句格式：

SELECT table_name1. column_name，table_name2. column_name，…

FROM ｛table_name1 ［LEFT |RIGHT |FULL］

OUTER JOIN table_name2

ON join_conditions｝

WHERE ［search_condition］

连接条件 join_conditions 由 ON 子句给出，搜索条件 search_condition 由 WHERE 子句给出，连接类型由 FROM 子句给出，外连接查询主要有三种：

（1）左外连接（LEFT OUTER JOIN 或 LEFT JOIN）。左向外连接简称为左外连接，其结果包括第一个命名表即左表中的所有行，不包括右表中的不匹配的行，右表相应的空行被放入 NULL 值。

【例 3. 27】查询教学信息管理数据库中所有学生的各门课成绩，要求没有学习任何课程的学生信息也要查询出来，此查询就是学生表和成绩表的左外连接查询。

USE 教学信息管理

GO

SELECT 学生表. 学号，学生表. 姓名，成绩表. 课程号，成绩表. 成绩

FROM 学生表 LEFT JOIN 成绩表

ON 学生表 . 学号 = 成绩表 . 学号

查询结果如图 3 - 42 所示。

	学号	姓名	课程号	成绩
1	2011000010001	李鹏	00010001	52.0
2	2011000010001	李鹏	00010002	63.0
3	2011000010001	李鹏	00010003	70.0
4	2011000010001	李鹏	00010004	69.0
5	2011000010001	李鹏	00010005	57.0
6	2011000010002	张志新	NULL	NULL
7	2011000010003	陈明	NULL	NULL
8	2011000020001	刘项	00020001	76.0
9	2011000020002	欧阳修	00020003	80.0
10	2011000020002	欧阳修	00020004	74.0
11	2011000020003	杨万里	NULL	NULL
12	2011000030001	陈欢喜	NULL	NULL
13	2011000030002	刘春蕾	NULL	NULL
14	2011000030003	王志岚	00030001	65.0
15	2011000030003	王志岚	00030002	56.0
16	2011000030004	李渔	00030003	82.0
17	2011000040001	丁磊	NULL	NULL

图 3 - 42　左外连接查询结果

（2）右外连接（RIGHT OUTER JOIN 或 RIGHT JOIN）。右向外连接简称为右外连接，其结果中包括第二个命名表即右表中的所有行，不包括左表中的不匹配的行，左表相应的空行被放入 NULL 值。

【例3.28】查询教学信息管理数据库中所有课程的成绩，要求没有成绩的课程信息也要查询出来，此查询就是成绩表和课程表的右外连接。

```
USE 教学信息管理
GO
SELECT 课程表.课程号，课程表.课程名，成绩表.成绩
FROM 成绩表 RIGHT  JOIN 课程表
ON 成绩表.课程号 = 课程表.课程号
```

查询结果如图3-43所示。

	课程号	课程名	成绩
4	00010004	ERP原理与应用	69.0
5	00010005	网站规划与建设	57.0
6	00020001	中级财务会计	76.0
7	00020003	统计学原理	80.0
8	00020004	西方经济学	74.0
9	00030001	商务交际英语	65.0
10	00030002	英语听力	56.0
11	00030003	英语阅读	82.0
12	00030004	英语写作基础	NULL

图3-43　右外连接查询结果

（3）完整外连接（FULL OUTER JOIN 或 FULL JOIN）。若要为连接结果中包括不匹配的行保留不匹配信息，可以使用完整外连接，不管另一个表是否有匹配的值，完整外连接都包括两个表中的所有行。

3. 交叉连接查询

交叉连接（CROSS JOIN）不使用 WHERE 子句。交叉连接就是笛卡尔积；第一个表的行数乘以第二个表的行数等于笛卡尔积结果集的大小。一般说来，交叉连接返回的结果集的行数是相当大的。交叉连接查询产生的结果集一般是毫无意义的，但在数据库的数学模式上却有一定的作用。

3.7 索引和视图

3.7.1 索引

1. 索引的基础知识

（1）索引的概念。简单地说，索引就是一个指向表中数据的指针，索引具有同书本的目录同样的作用。

索引是在基本表的列上建立的一种数据库对象，它和基本表分开存储，它的建立或撤销对数据的内容毫无影响。当索引建立后，它便记录了被索引列的每一个取值在表中的位置。当表中加入新的数据时，首先在相应的索引中查找，如果找到了则返回该数据在基本表中的确切位置，再从基本表中取出全部记录值。

索引一经创建就完全由系统自动选择和维护，不需要用户指定使用索引，也不需要用户执行打开索引或进行重新索引等操作，所有这些工作都是由 SQL Server 数据库管理系统自动完成的。

（2）索引的分类。索引是创建在基本表列上的一种数据对象，从列的使用角度可将索引分为单列索引、唯一索引、复合索引三类；从是否改变基本表记录的物理位置角度可将索引分为聚焦索引和非聚焦索引两类。实际的索引通常是这两大类五种方式的组合。

①单列索引。单列索引是对基本表的某一单独的列进行索引，是最简单和最常用的索引类型，通常情况下，应对每个基本表的主关键字建立单列索引。

②唯一索引。一旦在一个或多个列上建立了唯一索引，则不允许在表中相应的列上插入任何相同的取值。使用唯一索引不但能提高查询性能，还可以维护数据的完整性。

③复合索引。复合索引是针对基本表中两个或两个以上列建立的索引。

④聚焦索引。采用聚焦索引会改变基本表中记录的物理存储顺序，即表中记录的物理排序顺序不再按插入的先后排列，而是根据索引列重新排序。

⑤非聚焦索引。对于这类索引，表中记录的物理顺序与索引顺序不同，即表中的记录仍按实际插入的先后顺序排列，不按索引列排序。

2. 创建索引

（1）使用对象资源管理器创建索引。下面以【教学信息管理】数据库中对【学生表】的姓名和所学专业建立复合索引为例来说明在企业管理器中建立索引的基本步骤。

①在 SQL Server Management Studio 中，连接到指定的数据库的服务器实例。打开对象资源管理器，在目录树中展开数据库节点中的教学信息管理数据库中的表，在展开的所有表中选中【学生表】，单击鼠标右键，在快捷菜单中选择【设计】选项，打开【表设计器】。

②在【表设计器】菜单项中，选择【索引/键】选项，打开【索引/键】对话框。如图 3-44 所示。

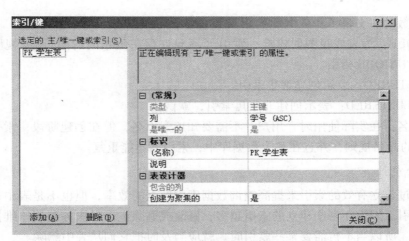

图 3-44　打开索引/键对话框

③ 在打开的对话框中单击【添加】命令按钮，对新添加的索引进行编辑。在【常规】项中进行索引列的设置，打开【索引列】对话框，如图 3-45 所示，选择建立索引的列为姓名和所学专业。并在【常规】的【是唯一的】的选项中，选择【是】。

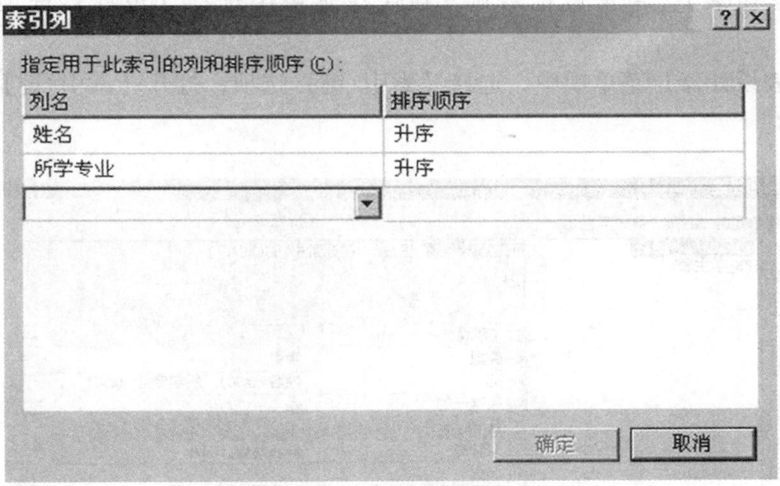

![图3-45 索引列对话框]

图 3-45　打开索引列对话框

④单击【关闭】按钮，返回到【索引/键】对话框，在【标识】选项中，输入新建的索引名"namedate_index"。

⑤再单击对话框中的【关闭】按钮，完成【索引】的创建。

（2）使用 Transact SQL 语句创建索引，Transact SQL 使用 CREATE INDEX 语句创建索引。

语句格式：

CREATE［UNIQUE］［CLUSTERED｜NONCLUSTERED］　INDEX ＜索引名＞
ON ＜表名＞（＜列名 1＞［次序］［，＜列名 2＞［次序］］…）

主要参数的意义是：

①UNIQUE：为表或视图创建唯一索引（不允许存在值相同的两行）。视图上的聚焦索引必须是 UNIQUE 索引。

②CLUSTERED：表示创建聚集索引。

③NOCLUSTERED：表示创建非聚焦索引，默认值。

④索引名：在实际使用时，用户并不需要知道索引名，但在创建阶段，索引名应符合 SQL Server 的命名规则，并且在整个数据库中，索引名不能重复。

3. 删除索引

可以通过建立有效的索引来提高查询数据库中数据的效率，但也不是表中每个字段都需要建立索引。因为在表中建立的索引越多，修改或删除记录时服务器用于维护索引的时间也就越长。所以当不再需要某些索引时，就应当及时把它们从表中删除。

下面以【教学信息管理】数据库中，对【学生表】的姓名和所学专业建立的复合索引为例来说明在企业管理器中删除索引的操作步骤。

①在 SQL Server Management Studio 中，连接到指定的数据库的服务器实例。打开对象资源管理器，在目录树中展开数据库节点中的教学信息管理数据库中的表，在展开的所有表中选中【学生表】，单击鼠标右键，在快捷菜单中选择【设计】选项，打开【表设计器】。

②在【表设计器】菜单项中，选择【索引/键】选项，打开【索引/键】对话框。如图 3 – 46 所示。

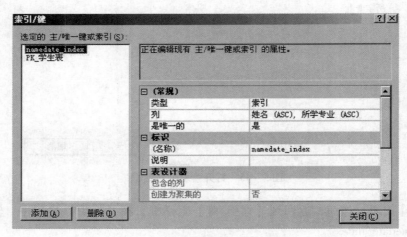

图 3 – 46　打开【索引/键】对话框

③在打开的对话框中单击选择要删除的索引"namedate_index"，再单击对话框下面的【删除】按钮，删除成功，单击【关闭】按钮。也可以使用 Transact SQL 语句删除索引。基本语法结构如下：

$$DROP\ INDEX < 索引名 > \quad [, \cdots n]$$

使用该语句一次可以撤销一个或多个指定的索引，索引名之间用逗号间隔。

4. 修改索引

如果已经建立的索引不符合查询的要求，或者由于其他原因需要修改索引，可以在对象资源管理器中打开【索引/键】对话框，按要求进行修改，操作步骤与创建索引类似。

也可以使用 ALTER INDEX 语句修改索引。此语句可以完成重新生成索引、重新组织索引和禁用索引多种功能。

3.7.2　视图

1. 视图的基本概念

视图是一种常用的数据库对象。为了数据的安全、使用方便等原因，我们通常在数据库中为不同的用户创建不同的视图，允许用户通过各自的视图查看和修改表中相应的数据。

视图是由查询语句构成的，是基于选择查询的虚拟表。也就是说，它看起来像是一张表，由行和列组成，还可以像表一样作为查询语句的数据源来使用，但它对应的数据并不实际存储在数据库中。数据库中只存储视图的定义，即视图中的数据是由哪些表中的哪些数据列组成的，视图不生成所选数据库行和列的永久拷贝，其中的数据是在引用视图时由 DBMS 根据定义动态生成的。

创建视图主要有以下优点：

（1）集中数据，简化查询操作。当用户多次使用同一个查询操作，而且数据来自于数据库中不同的表时，可以先建立视图再从视图中读取数据，以达到数据的集中管理和简化查询命令的目的。

（2）控制用户提取的数据，以达到保护数据安全的目的。在数据库中不同的用户对数据的操作和查看范围往往是不同的，数据库管理人员通常为不同的用户设计不同的视图，使得数据库中的数据安全有保证。

（3）便于数据的交换操作。当与其他类型的数据库交换数据（导入/导出）时，如果原始数据存放在多个表中，进行数据交换就比较麻烦。如果将要交换的数据集中到一个视图中，再进行交换就大大简化了交换操作。

在 SQL Server 2008 中，视图是数据库的重要对象之一，可以理解为一组预先编译的查询语句。

2. 创建视图

（1）使用对象资源管理器创建视图。下面以在【教学信息管理】数据库中创建一个新的视图"cjview"为例，来说明在对象资源管理器中建立视图的基本步骤。要求从学生表、课程表和成绩表中查询出所有成绩在 60 分及以下的学号、姓名、课程名和成绩信息。

①在 SQL Server Management Studio 中，连接到指定的数据库的服务器实例。打开对象资源管理器，在其中的目录树中依次展开数据库，再打开指定的【教学信息管理】数据库。

②右击【教学信息管理】数据库下的【视图】对象，在打开的快捷菜单中，单击

【新建视图】命令，如图 3 - 47 所示。

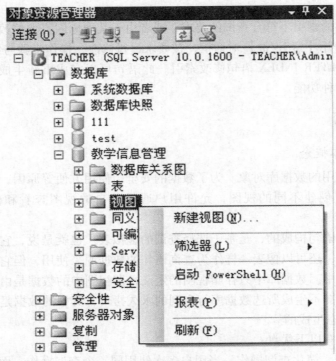

图 3 - 47　单击视图对象中的【新建视图】命令

③打开【添加表】对话框，分别选中三个表：学生表、课程表和成绩表，单击【添加】按钮，添加完毕后，单击【关闭】按钮。

④选择表后出现【视图设计器】对话框，此对话框共有 4 个窗格，最上面是关系图窗格，下面依次为网格窗格、SQL 窗格和结果窗格，可以看到关系图窗格中已显示出了添加的三个表及其相互关系图。

⑤在【视图设计器】的网格窗格中，依次选择要添加到视图中的数据列，这里依次选择【学生表】中的"学号"列和"姓名"列，【课程表】中的"课程名"列，以及【成绩表】中的"成绩"列，并在其输出列下单击勾选，表示会在视图中输出。

⑥添加视图的筛选条件。根据创建视图的要求，视图中显示的应是成绩在 60 分以下学生的相关内容，所以在"成绩"这一行的【筛选器中】输入筛选条件"<60"，视图设置完成。此时在【新建视图】的 SQL 窗格中，自动显示了建立视图的 SQL 命令。

⑦以上设置完成后，单击【视图设计器】工具栏中的【执行】按钮，运行结果如图 3 - 48 所示。

⑧如果设置正确，至此视图设计和检查完成。单击工具栏中的【保存】按钮，在弹出的【选择名称】对话框中输入视图名"cjview"，单击【确定】按钮即可。

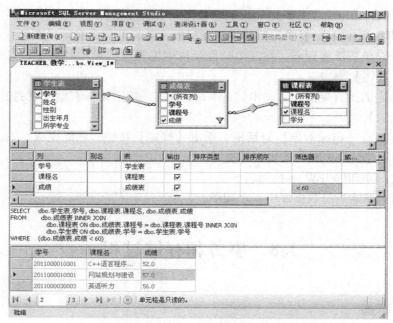

图 3-48 创建视图

这样建立的视图，在返回到企业管理器时，可以在对应数据库的视图内容窗格中看到新建视图名字，这时新建的视图就可以被其他数据库对象调用或使用了。

通过上述实例介绍，可以了解到在对象资源管理器中创建视图的基本方法是：首先要确定包含在视图中的表及表中的哪些列，然后要确定筛选条件，最后检查结果，保存设置即可。

（2）使用 Transact SQL 语句创建视图。Transact SQL 使用 CREATE VIEW 语句创建索引。

语句格式：

CREATE VIEW ＜视图名＞（＜列名＞，…）AS ＜SELECT 子句＞

语句功能：在当前数据库中根据 SELECT 子句的查询结果建立一个视图，包括视图的结构和内容。

语句说明：

＜视图名＞是用户定义的一个识别符，用来表示一个视图，后面圆括号内容包含着属于该视图的一个或多个由用户定义的列名，每个列名依次与 SELECT 子句中所投影出的每个列相对应，即与对应列的定义和值相同，但列名可以不同。

使用 CREATE VIEW 语句可以创建简单视图，可以创建带 WHERE 子句的视图，还可以创建带 WITH CHECK OPTION 语句的视图。如果要求对视图进行更新操作时保证更新的行必须满足视图定义的谓词条件，就可以使用 WITH CHECK OPTION 语句。

3. 删除视图

当建立的视图不再需要时，就可以把它们从数据库中删除。可以在对象资源管理器或查询分析器中执行 DROP VIEW 语句来删除数据库中的视图。

下面以删除"cjview"视图为例，说明在对象资源管理器中删除视图的基本方法：

（1）打开对象资源管理器，在其中的目录树中展开数据库中的教学信息管理数据库，打开其中的【视图】对象。

（2）在弹出的所有视图中，选中"cjview"视图，单击鼠标右键，在打开的快捷菜单中，单击【删除】命令。

（3）随后打开【删除对象】对话框，单击【确定】按钮，删除完成。

还可以使用 Transact SQL 语句删除视图。

语句格式：DROP VIEW ＜视图名＞

语句功能：删除当前数据库中一个视图。

3.8　事务和存储过程

3.8.1　事务

1. 事务的概念

事务是一种机制，是一个操作序列。事务包含了一组数据库操作命令，所有的命令作为一个整体一起向系统提交或撤销，这些命令要么都执行，要么都不执行，因此事务是一个不可分割的逻辑工作单元。事务作为一个逻辑单元，必须具备 4 个 ACID 属性：原子性、一致性、隔离性和持久性。

（1）原子性是指事务必须执行一个完整的工作，要么执行全部数据的修改，要么全部数据的修改都不执行。

（2）一致性是指当事务完成时，必须使所有数据都具有一致的状态。在关系型数据库中，所有的规则必须应用到事务的修改上，以便维护所有数据的完整性。

（3）隔离性是指执行事务的修改必须与其他并行事务的修改相互隔离。当多个事务同时进行时，它们之间应该互不干扰，应该防止一个事务处理其他事务也要修改的数据时，不合理的存取和不完整的读取数据。

（4）持久性是指当一个事务完成之后，它的影响永久性地保存在数据库系统中，也就是这种修改写到了数据库中。

例如，使用 UPDATE 语句对学生表中所有数据进行更新时，如果在执行 UPDATE 语句过程中，计算机系统突然断电了，表中有些记录得到了更新，有些还没有被更新，怎么办？

如果使用了 SQL Server 2008 的事务控制机制，以上这个问题可获得很好的解决。SQL Server 2008 保证，无论学生表有多大，所有的记录要么全部处理，要么一行也不处理。如果修改了全部记录一半时服务器出错，SQL Server 2008 会返回到未执行 UPDATE 操作前的位置，清除它已经修改过的数据，这就是事务处理的作用。

事务是单个的工作单元，如果某一事务成功，则在该事务中进行的所有数据修改均会提交，成为数据库中的修改，如果事务遇到错误且必须取消或回滚，则所有数据修改均被清除。SQL Server 数据库系统使用事务可以保证数据的一致性和确保在系统失败时的可恢复性。

2. 事务的类型

根据事务的启动和执行方式，可以将事务分为三类。

（1）自动提交事务。自动提交事务是 SQL Server 2008 的默认事务管理模式，每条单独的 Transact SQL 语句都是一个事务，每条 Transact SQL 语句在完成时，都被提交或回滚。只要自动提交模式没有被显式或隐式事务替代，SQL Server 2008 连接就以该默认模式进行操作。

（2）隐式事务。当连接以隐性事务模式进行操作时，SQL Server 2008 将在提交或回滚当前事务后自动启动新事务，无须描述事务的开始，只需提交或回滚每个事务，隐式事务模式生成连续的事务链。切换隐式事务可以用 SET IMPLICIT_ TRANSACTIONS ｛ON｜OFF｝语句，当设置为 ON 时，连接设置为隐性事务模式；当设置为 OFF 时，则使连接返回到自动提交事务模式。

（3）显式事务。显式事务也称为"用户定义事务"，就是显式地定义事务的开始和事务的结束，每个事务均以 BEGIN TRANSACTION 语句显式开始，以 COMMIT TRANSAC-TION 或 ROLLBACK TRANSACTION 语句显式结束。在实际应用中，大多数的事务处理都是使用显式事务来处理。

3. 事务处理语句

SQL Server 2008 数据库事务处理语句包括：BEGIN TRANSACTION 为开始一个事务工作单元；COMMIT TRANSACTION 为完成一个事务工作单元；ROLLBACK TRANSACTION 为回滚一个事务工作单元。

（1）启动和结束事务。通常在程序中用 BEGIN TRANSACTION 命令来标识一个事务的开始，如果没有遇到错误，可使用 COMMIT TRANSACTION 命令标识事务成功结束，这两个命令之间的所有语句被视为一个整体。只有执行到 COMMIT TRANSACTION 命令时，事务中对数据库的更新操作才算确认，该事务所有数据修改在数据库中都将永久有效，事务占用的资源将被释放。事务执行的语句格式如下：

```
BEGIN TRANSACTION
    ［SACTION］［transaction_name｜@ tran_name_variable］
COMMIT TRANSACTION
    ［TRAN［SACTION］［transaction_name｜@ tran_name_variable］］
```

其中 BEGIN TRANSACTION 可以缩写为 BEGIN TRAN，COMMIT TRANSACTION 可以缩写为 COMMIT TRAN 或 COMMIT。

参数说明如下：

Transaction_name——指定事务的名称，只有前 32 个字符会被系统识别。

@ tran_name_variable——用变量来指定事务的名称变量，只能声明为 CHAR、VAR-CHAR、NCHAR 或 NVARCHAR 类型。

（2）事务回滚。事务回滚是指当事务中的某一语句执行失败时，将对数据库的操作恢复到事务执行前或某个指定位置。事务回滚使用 ROLLBACK TRANSACTION 命令，语句格式如下：

ROLLBACK TRANSACTION

［TRAN［SACTION］［transaction_name ｜ @ tran_name_variable

｜ savepoint_name｜ @ savepoint_variable］］

其中，ROLLBACK TRANSACTION 可以缩写为 ROLLBACK。savepoint_ name 和@ savepoint_ variable 参数用于指定回滚到某一指定位置，如果要让事务回滚到指定位置，则需要在事务中设定保存点 Save Point。所谓保存点是指其所在位置之前的事务语句不能回滚的语句，即此语句前面的操作被视为有效。当数据库服务器遇到 ROLLBACK 语句时，就会抛弃在事务处理中的所有变化，把数据恢复到开始工作之前的状态；如果不指定回滚的事务名称或保存点，则 ROLLBACK 命令会将事务回滚到事务执行前；如果事务是嵌套的，则会回滚到最靠近的 BEGIN TRANSACTION 命令前。

【例 3.29】设计一个简单的事务。

USE 教学信息管理

GO

BEGIN TRAN 开始一个事务

UPDATE 课程表 SET 学分 = 学分 – 1

DELTET FROM 成绩表 WHERE 成绩 < 60

COMMIT TRAN 结束一个事务

GO

从 BEGIN TRAN 到 COMMIT TRAN 之间的 UPDATE 更新操作、DELETE 删除操作，根据事务的定义，这两个操作要么都执行，要么都不执行。

在使用显式事务时，需要注意两点：一是事务必须有明确的结束语句来结束，如果不使用明确的结束语句来结束，那么系统可能把从事务开始到用户关闭连接之间的全部操作都作为一个事务来对待。二是事务的明确结束可以使用 COMMIT 和 ROLLBACK 两个语句中的一个。COMMIT 语句是提交语句，将全部完成的语句明确地提交到数据库中，ROLLBACK 语句是取消语句，该语句将事务的操作全部取消，即表示事务操作失败。

3.8.2 存储过程

存储过程（Stored Procedure）是一种独立的数据库对象，是 Transact SQL 语句和流程控制语句的预编译集合，它以一个名称存储并作为一个单元处理。SQL Server 提供了许多系统存储过程以管理 SQL Server 2008 数据库和显示有关数据库及用户的信息。

1. 存储过程的概念

存储过程是一组为了完成特定功能的 SQL 语句集，经编译后存储在数据库中，存储过程是在服务器上创建和运行，用户通过指定存储过程的名字并给出参数来执行它。SQL Server 数据库中存储过程分为两类，系统提供的存储过程和用户自定义的存储过程。

　　系统存储过程就是系统创建的存储过程，目的在于能够方便地从系统表中查询信息或完成与更新数据库表相关的管理任务，或其他的系统管理任务。系统存储过程主要存储在 master 数据库中并以 sp_ 为前缀。系统存储过程主要是从系统表中获取信息，用于系统管理、用户登录管理、权限设置、数据库对象管理和数据复制等各种操作，从而为系统管理员管理数据库提供支持。

　　用户存储过程是由用户自定义创建并能完成某一特定功能的存储过程，本小节的存储过程主要是指用户自定义存储过程。

　　与存储在客户计算机的本地 Transact SQL 语句相比，存储过程具有以下几个优点：

　　（1）模块化程序设计。每个存储过程就是一个模块，可以用它来封装各种功能模块，只需创建存储过程一次并将其存储在数据库中，以后可以在程序中多次调用。

　　（2）提高执行效率，改善系统性能。系统在创建存储过程时会对其进行分析和优化，并在首次执行该存储过程后将其驻留在高速缓冲存储器中，以加速该存储过程的后续执行。

　　（3）减少网络流量。当要执行一个由多条 Transact SQL 语句组成的命令时，每次都要从客户端重复发送这些 SQL 语句，而使用存储过程后只需从客户端发送一条执行存储过程的单独语句即可实现相同的功能，从而减少了语句的网络传输。

　　（4）提供了一种安全机制。存储过程可被作为一种安全机制来加以充分利用。系统管理员通过对执行某一存储过程的权限进行限制，从而能够实现对相应的数据访问权限的限制，避免非授权用户对数据的访问，保证数据的安全。

　　2. 创建存储过程

　　在 SQL Server 2008 中创建存储过程有两种方法，一种是使用 SQL Server 2008 的对象资源管理器，这是一种较为快速方便的方法；另一种是使用 Transact SQL 命令 CREATE PROCEDURE 创建存储过程。

　　下面讲述使用对象资源管理器创建存储过程的方法，操作步骤如下：

　　（1）在对象资源管理器中，连接到某个数据库引擎实例，再展开该实例。

　　（2）展开【数据库】、存储过程所属的数据库以及【可编程性】。

　　（3）右键单击【存储过程】，再单击【新建存储过程】，如图 3-49 所示。

　　（4）在【查询】菜单上，单击【指定模板参数的值】。

　　（5）在【指定模板参数的值】对话框中，【值】列包含参数的建议值。接受这些值或将其替换为新值，再单击【确定】。

　　（6）在查询编辑器中，使用创建存储过程语句替换 SELECT 语句。

　　（7）若要测试语法，请在【查询】菜单上，单击【分析】。

　　（8）若要执行存储过程，请在【查询】菜单上，单击【执行】。

　　（9）若要保存脚本，请在【文件】菜单上，单击【保存】。接受该文件名或将其替换为新的名称，再单击【保存】。

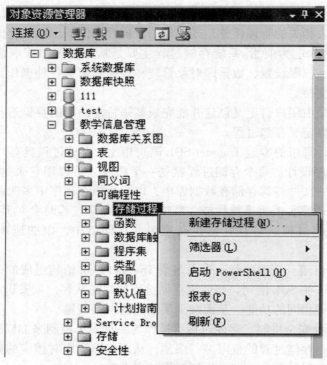

图 3 - 49 新建存储过程

3. 修改存储过程

在 SQL Server 2008 中修改存储过程也有两种方法，一种是使用 SQL Server 2008 的对象资源管理器，这是一种较为方便快速的方法；另一种是使用 Transact SQL 命令 ALTER PROCEDURE 修改存储过程。

下面讲述使用对象资源管理器修改存储过程的方法，操作步骤如下：

（1）在对象资源管理器中，连接到某个数据库引擎实例，再展开该实例。

（2）依次展开【数据库】、存储过程所属的数据库以及【可编程性】。

（3）展开【存储过程】，右键单击要修改的过程，再单击【修改】。

（4）修改存储过程的文本。

（5）若要测试语法，请在【查询】菜单上，单击【分析】。

（6）若要执行修改后的存储过程，请在【查询】菜单上，单击【执行】。

（7）若要保存脚本，请在【文件】菜单上单击【另存为】。接受文件名或使用新名称替换它，再单击【保存】。

4. 重命名存储过程

下面讲述使用对象资源管理器重命名存储过程的方法，操作步骤如下：

（1）在对象资源管理器中，连接到某个数据库引擎实例，再展开该实例。

（2）依次展开【数据库】、存储过程所属的数据库以及【可编程性】。

（3）确定存储过程的依赖关系。

（4）展开【存储过程】，右键单击要重命名的过程，再单击【重命名】。

（5）修改存储过程的名称。

（6）修改在相关对象或脚本中引用的存储过程名称。

5. 查看存储过程的定义

许多系统存储过程、系统函数和目录视图都提供有关存储过程的信息。我们可以使用这些系统存储过程来查看存储过程的定义，即用于创建存储过程的 Transact SQL 语句。如果没有用于创建存储过程的 Transact SQL 脚本文件，这可能会非常有用。

（1）使用 sys. sql_ modules 查看存储过程的定义：

①在对象资源管理器中，连接到数据库引擎实例，再展开该实例。

②在工具栏上，单击【新建查询】。

③在查询窗口中，输入下列语句。更改数据库名称和存储过程名称以引用所需的数据库和存储过程。

```
USE AdventureWorks2008R2;
GO
SELECT definition
FROM sys. sql_modules
WHERE object_id = (OBJECT_ ID (N'AdventureWorks2008R2. dbo. uspLogError'));
```

（2）使用 OBJECT_DEFINITION 查看存储过程的定义：

①在对象资源管理器中，连接到数据库引擎实例，再展开该实例。

②在工具栏上，单击【新建查询】。

③在查询窗口中，输入下列语句。更改数据库名称和存储过程名称以引用所需的数据库和存储过程。

```
USE AdventureWorks2008R2;
GO
SELECT OBJECT_DEFINITION
(OBJECT_ID (N'AdventureWorks2008R2. dbo. uspLogError'));
```

（3）使用 sp_helptext 查看存储过程的定义：

①在对象资源管理器中，连接到数据库引擎实例，再展开该实例。

②在工具栏上，单击【新建查询】。

③在查询窗口中，输入下列语句。更改数据库名称和存储过程名称以引用所需的数据库和存储过程。

```
USE AdventureWorks2008R2;
GO
EXEC sp_helptext N'AdventureWorks2008R2. dbo. uspLogError';
```

6. 查看存储过程的依赖关系

在修改、重命名或删除存储过程之前，了解哪些对象依赖于此存储过程十分重要。例如，在未将依赖对象更新为反映已对存储过程所做的更改时，更改存储过程的名称或定义会导致依赖对象失败。

下面讲述如何使用对象资源管理器来查看存储过程的依赖关系。

（1）在对象资源管理器中，连接到数据库引擎实例，再展开该实例。

（2）依次展开【数据库】、存储过程所属的数据库以及【可编程性】。

（3）展开【存储过程】，右键单击此过程，再单击【查看依赖关系】。

（4）查看依赖于存储过程的对象的列表。

（5）查看存储过程所依赖的对象的列表。单击【确定】，完成查看。

7. 删除存储过程

下面讲述如何使用对象资源管理器来删除存储过程，操作步骤如下：

（1）在对象资源管理器中，连接到某个数据库引擎实例，再展开该实例。

（2）依次展开【数据库】、存储过程所属的数据库以及【可编程性】。

（3）展开【存储过程】，右键单击要删除的过程，再单击【删除】。

（4）若要查看基于存储过程的对象，请单击【显示依赖关系】。

（5）确认已选择了正确的存储过程，再单击【确定】。

（6）从依赖对象和脚本中删除存储过程名称。

8. 授予对存储过程的权限

下面讲述如何使用对象资源管理器授予对存储过程的权限，操作步骤如下：

（1）连接到某个数据库引擎实例，再展开该实例。

（2）依次展开【数据库】、存储过程所属的数据库以及【可编程性】。

（3）展开【存储过程】，右键单击要针对其授予权限的过程，再单击【属性】。

（4）在【存储过程属性】中，选择【权限】页。

（5）若要为用户、数据库角色或应用程序角色授予权限，请单击【添加】。

（6）在【选择用户或角色】中，单击【对象类型】以添加或清除所需的用户和角色。

（7）在【显式权限】网格中，选择为指定的用户或角色授予的权限。有关权限的说明，请参阅权限（数据库引擎）。

（8）选择【授予】指示为被授权者授予指定的权限。选择【具有授予权限】指示被授权者还可以将指定权限授予其他主体。

习题三

一、填空题

1. 在 SELECT 语句中，_____选项用于在查询结果中不允许出现内容重复的行。_____选项用于使查询结果只包含按指定列的值进行分组的统计信息。_____选项用于将查询结果按指定列值升序或降序排序。

2. SQL Server 中的操作符主要有 _____、_____、_____、_____、_____ 和 _____。

3. 索引是创建在基本表列上的一种数据对象，从列的使用角度可将索引分为 _____、_____、_____ 三类；从是否改变基本表记录的物理位置角度可分为 _____ 和 _____ 两类。实际的索引通常是这两大类五种方式的组合。

二、选择题

1. USER_NAME（）的功能是（　　　）。

   A. 返回用户登录名　　　　　　　　B. 返回用户在数据库中的名字

   C. 返回对当前用户起作用的规则　　D. 返回数据库名

2. SQL Server 2008 的函数主要可分为四种类型，以下（　　　）函数不属于这四种类型。

   A. 行集函数　　　　　　　　　　　B. 聚合函数

   C. 排名函数　　　　　　　　　　　D. 标准函数

3. 下面（　　　）语句用于创建数据表。

   A. CREATE　DATABASE　　　　　B. CREATE　TABLE

   C. ALTER　　DATABASE　　　　　D. ALTER　　TABLE

4. 下面常用操作符的优先级正确的是（　　　）。

   A. *（乘）、&（位与）、ALL、=（赋值）

   B. &（位与）、=（赋值）、*（乘）、NOT

   C. ALL、*（乘）、>、NOT、=（赋值）

   D. &（位与）、*（乘）、NOT、ALL

三、思考题

1. 建立"教学信息管理"数据库，并根据表 3－1、表 3－2 和表 3－3 建立三个表：学生表、课程表和成绩表。

2. 为以上三个表分别添加若干记录，如图 3－41、图 3－42 和图 3－43 所示。

第4章　数据库管理

4.1　MS SQL Server 数据库管理

数据库是 SQL Server 存放数据和数据对象的容器，一般可通过两种方法对它进行管理：一是通过企业管理器提供的可视化界面进行管理；二是使用 Transact SQL 语句，通过查询分期进行管理。本节将以"教学管理"数据库的创建和管理为例，介绍 SQL Server 数据库的创建、删除、更改以及日志文件的使用等知识。

4.1.1　使用 SQL Server 管理平台创建数据库

在对象资源管理器中，连接到 SQL Server 数据库引擎实例，再展开该实例。右键单击【数据库】，然后单击【新建数据库】，如图 4 – 1 所示。

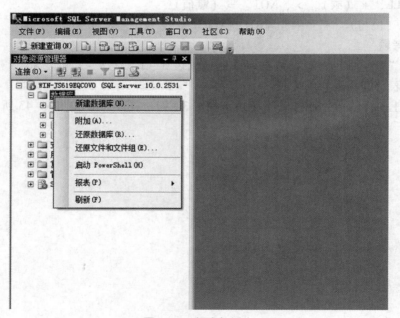

图 4 – 1　新建数据库

在【新建数据库】中，输入数据库名称，如【教学管理】。通过接受所有默认值创建数据库，请单击【确定】；否则，请继续后面的可选步骤。若要更改所有者名称，请单击

（...）选择其他所有者，如图 4 - 2 所示。

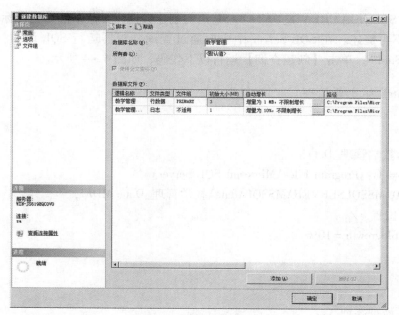

图 4 - 2 输入数据库名称

选择【选项】选项卡，还可以修改数据库的所有者、主数据文件和事务日志、数据库排序规则、更改恢复模式、更改数据库选项和添加文件组等的设置，如图 4 - 3 所示。

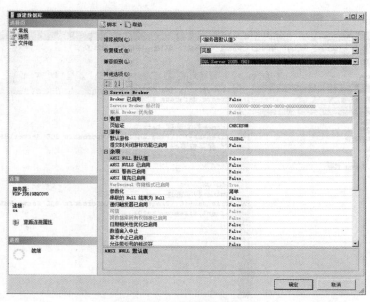

图 4 - 3 设置数据库选项

4.1.2 使用 T – SQL 命令创建数据库

Transact SQL 使用 CREATE DATABASE 语句创建数据库，其语法结构与标准 SQL 基本相同，此处不再赘述。在 SQL Server 中主要通过查询分析器运行 SQL 语句。打开 Server Management Studio，单击【新建查询】运行以下代码，如图 4 – 4 所示。

```
create database 教学管理


on
(name = 教学管理_Data,
filename = 'C:\Program Files\Microsoft SQL Server\
MSSQL10. MSSQLSERVER\MSSQL\data\教学管理_Data. MDF',
/*保存位置*/
size = 3,filegrowth = 10%
/* */
)
LOG ON
(name = 教学管理_log,
filename = 'C:\Program Files\Microsoft SQL Server\
MSSQL10. MSSQLSERVER\MSSQL\data\教学管理_Log. ldf',
size = 1,filegrowth = 10%
)
```

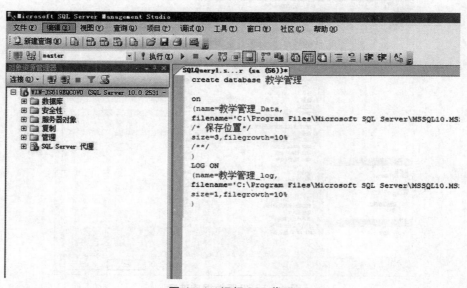

图 4 – 4　运行 SQL 代码

如果所有参数均采用默认值，那么我们还可以采用更简单的方法创建数据库：

create database 教学管理

由于没有指定任何参数，以上命令的结果在 SQL Server 安装路径的 Data 字母中创建了教学管理_Data. MDF 和教学管理_Log. LDF 两个操作系统文件，它们的初始大小为 1MB，并且按 10% 的幅度自动增长。

4.1.3 数据库的其他操作

1. 查看数据库信息

（1）使用 SQL Server Management Studio 的方法。在 SQL Server Management Studio 的属性目录中找到想要查看的数据库【教学管理】数据库的所有者、创建时间、大小、可用空间、用户个数、维护计划、排序规则和备份情况等。使用方法很简单，选定一个数据库，单击右键，选择【属性】选项，如图 4 - 5、图 4 - 6 所示。

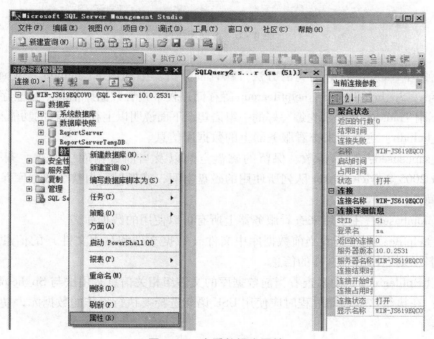

图 4 - 5 查看数据库属性

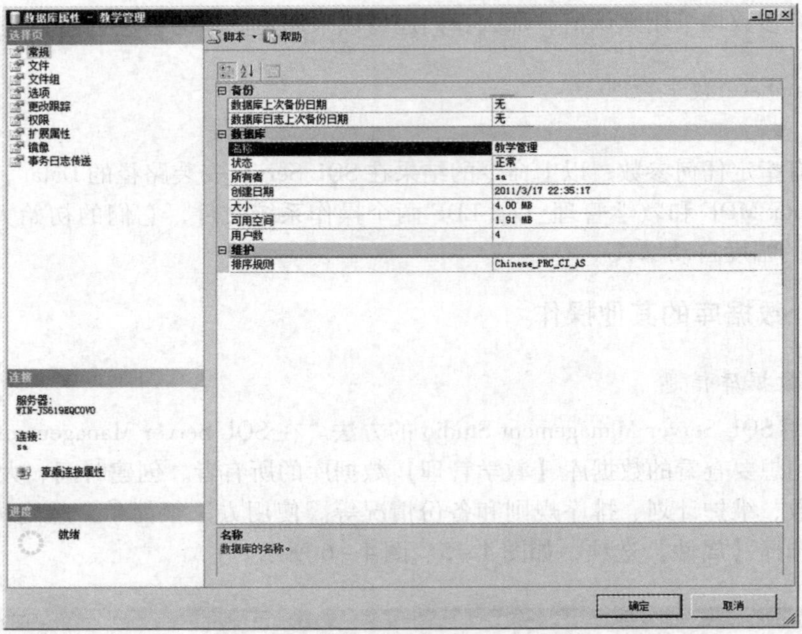

图 4-6 数据库属性

（2）使用 Transact SQL 语句的方法。在查询分析器中利用 Sp_helpdb、Sp_spaceused、Sp_databases、Sp_helpfile、Sp_helpfilegroup 等存储过程来查看数据库信息。这些存储过程是 SQL Server 用 Transact SQL 事先编写好的一组语句，下面说明以上存储过程的功能和语法。

①Sp_helpdb：主要用来查看服务器上的数据库信息。

②Sp_sapceused：显示行数、保留的磁盘空间以及当前数据库中的表、索引视图或 SQL Server 2005 Service Broker 队列所使用的磁盘空间，或者显示由整个数据库保留和使用的磁盘空间。

③Sp_databases：主要用来查看服务器上所有可以使用的数据库。

④Sp_helpfile：用来查看当前数据库中文件（数据文件和日志文件）的信息，如果不指定文件名，则返回所有文件的信息。

⑤Sp_helpfilegroup：用来查看当前数据库的文件组相关信息，用法与 Sp_helpfile 相同。

注意：在执行这些存储过程时应使用 USE 语句选择要执行操作的数据库，使之成为当前数据库。

2. 修改数据库

（1）使用 SQL Server Management Studio 的方法。在 SQL Server Management Studio 中主要是通过"数据库属性"对话框完成对数据库的修改工作。一个已存在的数据库的属性对话框包括九个选项卡，通过它们可以方便地完成增减数据文件和日志文件、修改文件属性、修改数据库选项等操作。

①增加数据文件和日志文件。用户可以使用"文件"链接增减数据文件和修改数据文件属性。比如增加一个数据文件或日志文件。

②修改数据库选项。使用属性对话框中的"选项"链接可以修改一些其他选项，比较常用的有以下几类：

限制访问：只允许特殊用户访问数据库，有两种限制访问类型：一是只允许 dbowner \ dbcreator 和 sysadmin 用户组的成员账号访问；二是设置数据库为单用户模式。

只读：表示数据库中的数据只能读取不能修改、删除，这对保护数据库非常重要。

自动关闭：用来指定数据库在没有用户访问并且所有进程结束时自动关闭，释放所有资源，当又有新用户要求链接时，数据库再自动打开。在多用户的网络环境下，最好不要设置该选项，因为频繁地关闭、打开会严重影响数据库的性能，如图 4 – 7 所示。

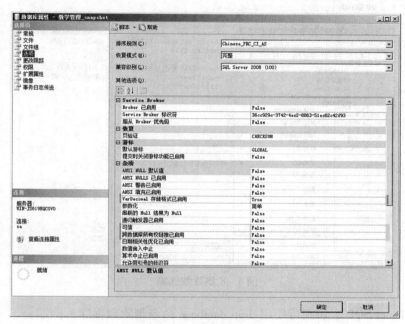

图 4 – 7　更改数据库选项

（2）使用 Transact SQL 语句的方法。Transact SQL 使用 ALTER DATABASE 语句修改数据库。若要修改其他数据库属性，也可以使用类似的方法。下面的语句，将数据库的最大容量限定为 50MB，并且每次以 5MB 容量增长。

```
alter database 教学管理
modify file
(
name = 教学管理_Data ,
maxsize = 50 ,
filegrowth = 5
)
```

alter database 只能修改数据库的一些属性，如果希望修改数据库的名字，则可以使用

sp_renamedb 系统存储过程，语法如下：sp_rename oldname，newname。

3. 删除数据库

当数据库及其中的数据失去价值后，可以删除数据库以释放被占用的磁盘空间。删除数据库同样可通过企业管理器和 Transact SQL 两种方式完成。

使用 SQL Server Management Studio 删除数据库的步骤非常简单，只需要用鼠标右键单击拟删除的数据库，从弹出的快捷菜单中选择【删除】命令并确认，如图 4 - 8 所示。

图 4 - 8 删除数据库

使用 Transact SQL 语句则可使用 drop database 命令删除数据库，例如：

drop database 教学管理

4.2 MS Access 数据库管理

Access 是 Office 办公套件中一个极为重要的组成部分，它是一种关系型数据库管理系统，是中小型信息管理系统的理想开发环境。利用 Access 系统开发数据库管理软件，一般不需要编写程序，只需要根据任务提出的要求，通过键盘和鼠标，作出相应的操作命令，就能够开发出简单、实用、界面友好的应用软件，有效地处理数据。

4.2.1 创建数据库及表

1. 数据库的建立

数据库是与特定主题或任务相关的数据的集合。Microsoft Office Access 2007 提供了大量可使创建新数据库的过程更加方便的改进功能。即使用户以前曾经创建过数据库,他也会欣赏这些功能加速创建过程的能力。

(1)使用模板创建数据库。Access 2007 提供了各种各样的模板,使用这些模板可以快速地创建数据库。模板是预设的数据库,其中包含执行特定任务时所需的所有表、查询、窗体和报表,它们都有一定的实用性。

在开始使用 Microsoft Office Access 时单击【本地模板】标签来选择本地机器中的模板,如图 4-9 所示。

图 4-9 Access 的本地模板

在出现的【本地模板】选择区中选择用户需要的数据库类型,在右侧的【文件名】文本框中输入要建立的数据库名称并选择合适的文件存放位置,然后单击【创建】按钮。如图 4-10 所示。

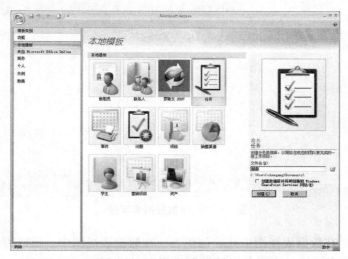

图 4-10 使用本地模板创建数据库

利用本地的【任务】模板创建的数据库就初步完成了。有关数据库中数据的一些操作在下面的内容中将逐一进行介绍。

（2）创建空数据库。

①在【开始使用 Microsoft Office Access】页中的【新建空白数据库】下，单击【空白数据库】，如图 4-11 所示。

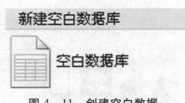

图 4-11　创建空白数据

②在【空白数据库】窗格的【文件名】框中，键入文件名。如果没有提供文件扩展名，Access 会自动添加扩展名。若要更改文件的默认位置，请单击【浏览到某个位置来存放数据库】（"文件名"框旁边），通过浏览找到新位置，然后单击【确定】。

③单击【创建】。Access 将创建含有名为 Table1 的空表的数据库，然后在数据表视图中打开 Table1。游标将置于"添加新字段"列中的第一个空单元格中，如图 4-12 所示。并开始进行数据输入，或者粘贴来自其他源的数据。

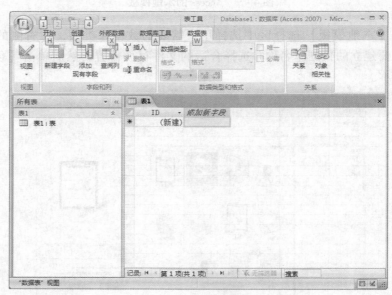

图 4-12　添加数据库字段

（3）创建表。在数据表视图中开始创建表。在数据表视图中，可以直接输入数据并使 Access 在后台生成表结构。字段名以编号形式指定（Field1、Field2 等），并且，Access 会根据输入的数据自动设置每个字段的数据类型。

在【创建】选项卡上的【表】组中，单击【表】，如图4－13所示。

图4－13 选择【创建】选项卡，单击【表】

Access将创建表，并选择【添加新字段】列中的第一个空单元格，如图4－14所示。

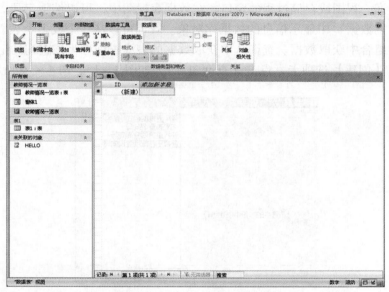

图4－14 开始添加字段

注意：如果没有看见【添加新字段】列，则可能是处于设计视图中，而不是处于数据表视图中。若要切换到数据表视图，请在导航窗格中双击该表。Access将提示保存新表，然后切换到数据表视图。

在【数据表】选项卡上的【字段和列】组中，单击【新建字段】。Access将显示【字段模板】窗格，其中包含常用字段类型列表。如果双击其中一个字段或者将其拖入数据表中，Access就会按其名称添加字段，并将其属性设置为适合该字段类型的相应值。以后如果需要，可以更改这些属性。如果拖动该字段，则必须将其拖入包含数据的数据表区域中。将出现一个垂直插入栏，其中显示将放置该字段的位置。

若要添加数据，在第一个空单元格中开始进行键入，或粘贴来自另一个源的数据。若要重命名列（字段），请双击对应的列标题，然后键入新名称。一种好的做法是为每个字段指定有意义的名称，以便在【字段列表】窗格中看见该字段时能够知道它包含的内容。要移动列，请单击对应的列标题选择该列，然后将该列拖至所需的位置。

也可以选择多个相邻的列，然后将这些列一起拖到新位置。为此，请单击第一列的列标题，然后在按住 Shift 的同时单击最后一列的列标题。

2. 查询及其应用

Access 中的查询种类很多，这里只介绍其中常用的五种查询：选择查询、交叉表查询、追加查询、更新查询、SQL 查询。

建立查询一般可先利用向导建立查询，再利用设计器修改查询。使用向导创建查询比较方便，但不够灵活，它只能对字段进行选择。在设计视图中创建或修改查询，不但可完成复杂的、任意条件的查询，而且还可对查询的结果进行排序。

（1）选择查询。选择查询是一种在数据表视图（数据表视图：以行列格式显示来自表、窗体、查询、视图或存储过程的窗口。在数据表视图中，可以编辑字段、添加和删除数据，以及搜索数据）中显示信息的数据库对象。查询可以从一个或多个表、现有查询或者表和查询的组合中获取数据。查询从中获取数据的表或查询称为该查询的记录源。

首先打开【创建】选项卡，点击【查询向导】，如图 4-15、图 4-16 所示。

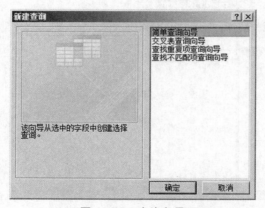

图 4-15　查询向导

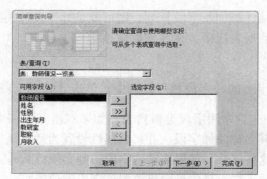

图 4-16　选择字段

选择要查询的字段，把字段从左选到右边去，然后按下【下一步】，如图 4 - 17 所示。

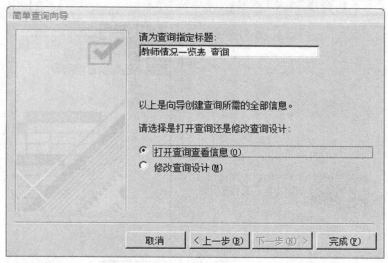

图 4 - 17 完成

选择按"姓名"和"月收入"进行查询，按下【完成】按钮后，可获得如下效果，如图 4 - 18 所示。

图 4 - 18 得到查询结果

（2）交叉查询。使用交叉表查询可以计算并重新组织数据的结构，这样可以更加方便地分析数据。交叉表查询可以计算数据的统计、平均值、计数或其他类型的总和。

首先打开【创建】选项卡，点击【查询向导】选择【交叉查询向导】并按下【确定】按钮，如图 4 - 19 所示。

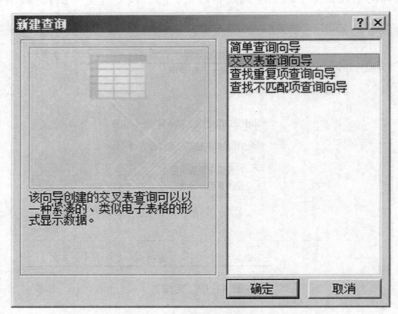

图 4 – 19   新建交叉查询

选择【表】视图的单选按钮，按【下一步】继续，如图 4 – 20 所示。

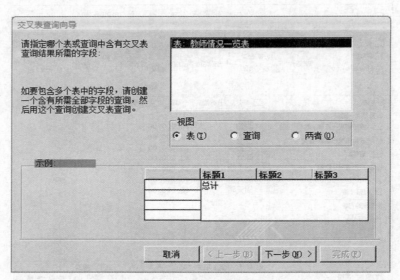

图 4 – 20   选择表视图

确定用作行标题的字段，这里试选用"教师编号"和"姓名"两个字段，如图 4 – 21 所示。

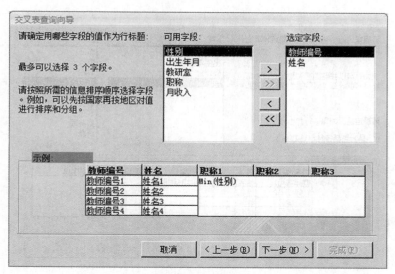

图 4 - 21　选择字段

确定作为列标值的字段，点击【下一步】按钮，如图 4 - 22 所示。

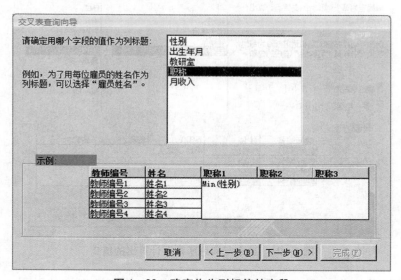

图 4 - 22　确定作为列标值的字段

确定行和列所需要计算出的值，然后点击【下一步】按钮，如图 4 - 23、图 4 - 24 所示。

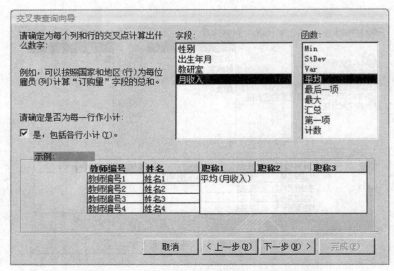

图 4 – 23　确定行和列所需要计算出的值 1

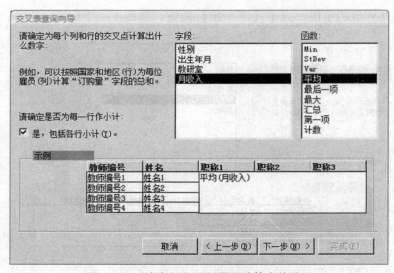

图 4 – 24　确定行和列所需要计算出的值 2

　　从最后得出的查询结果中可以看到关于各个职称的交叉查询的结果, 如图 4 – 25 所示。

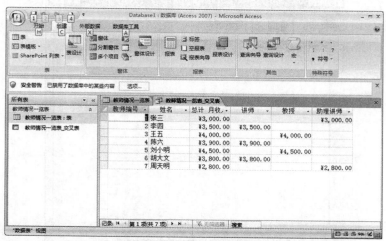

图 4 - 25　得出查询结果

（3）追加查询。追加查询可将一组记录（行）从一个或多个源表（或查询）添加到一个或多个目标表。通常，源表和目标表位于同一数据库中，但并非必须如此。例如，假设我们获得了一些新客户以及一个包含有这些客户的信息表的数据库。为了避免手动输入这些新数据，可以将这些新数据追加到数据库中相应的表中。追加查询还可用于根据条件追加字段和某一表中的某些字段在另一个表中没有匹配的字段时追加记录。

打开数据库后，转换至【创建】选项卡中的【其他】功能区中，单击【查询设计】按钮，如图 4 - 26 所示。

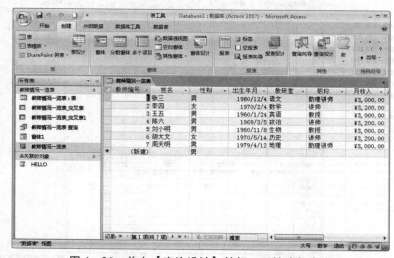

图 4 - 26　单击【查询设计】按钮，开始追加查询

在打开的【显示表】对话框中的【表】标签下选择【教师情况一览表】，然后单击【添加】按钮，如图 4 - 27 所示。

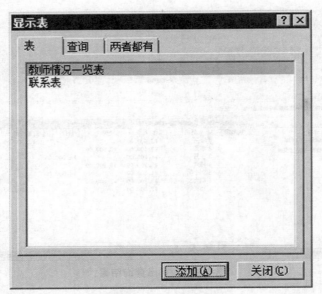

图 4 – 27　选择显示表

在窗口下端处添加需要查询的字段，单击倒三角的按钮即可添加，如图 4 – 28 所示。

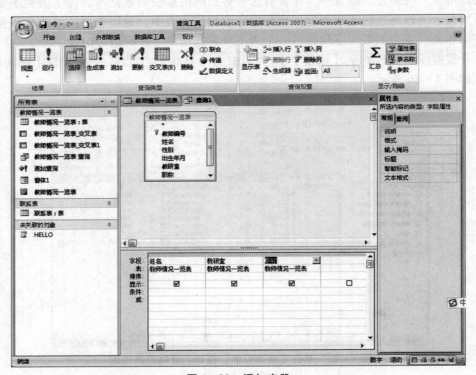

图 4 – 28　添加字段

转换至【设计】选项卡中的【查询类型】功能区中，单击【追加】按钮，如图 4 – 29 所示。

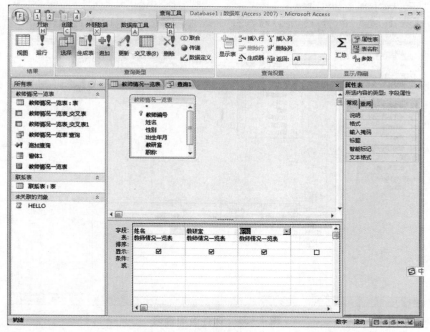

图 4 - 29   追加

在弹出的【追加】对话框中【表名称】下拉列表中选择一个表，然后单击【确定】
按钮，如图 4 - 30 所示。

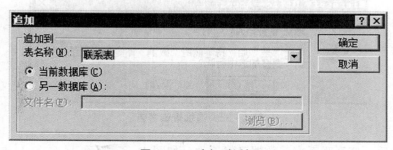

图 4 - 30   追加对话框

默认的匹配字段是两个名称完全相同的字段，因此最初设计视图中的"工作地点"和
"职称"并不是匹配的，需要手动去匹配。设计完成后，单击快速访问工具中的【保存】
按钮，如图 4 - 31 所示。

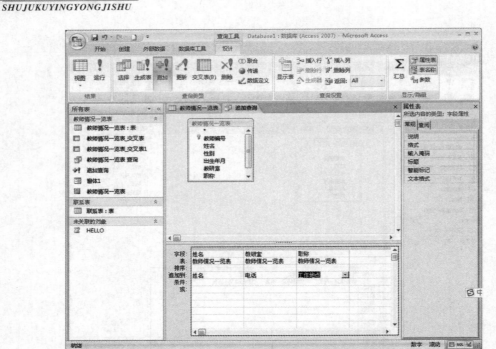

图 4 – 31　保存追加查询

运行查询，把教师情况一览表的内容追加到联系表中，此时出现警告，如图 4 – 32 所示。

图 4 – 32　追加查询警告

运行查询后，打开联系表，数据已经追加，如图 4 – 33 所示。

ID	姓名	电话	工作地点	职称	添加新字段
2	张强	13400000000	广州	讲师	
3	李明	13400000000	上海	教授	
4	陈平	13400000000	北京	副教授	
19	张三	0		助理讲师	
20	李四	0		讲师	
21	王五	0		教授	
22	陈六	0		讲师	
23	刘小明	0		教授	
24	胡大文	0		讲师	
25	周天明	0		助理讲师	

图 4 – 33　查看追加查询结果

（4）更新查询。使用更新查询的最可靠方法是先创建一个可测试选择条件的选择查询。例如，假设要为某一给定客户将一系列"是/否"字段从"否"更新为"是"。为此，可以向选择查询中添加条件，直到它为该客户返回所有在记录中包含"否"的记录。在确定该查询返回正确的记录后，可将其转换为更新查询，输入更新条件，然后运行查询以更改选定值。

按【开始】，打开包含要更新记录的数据库，并且打开表，如图 4 - 34 所示。

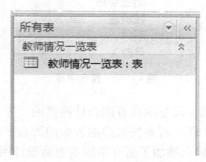

图 4 - 34 选择表

在【创建】选项卡上的【其他】组中，单击【查询设计】，然后打开【显示表】对话框，如图 4 - 35 所示。

图 4 - 35 打开查询设计

选择包含要更新的记录的表，单击【添加】，然后单击【关闭】，如图 4 - 36 所示。

图 4 - 36 添加表

每个表都会在查询设计器中显示为一个窗口，并且这些窗口会列出每个表中的所有字段。图4-37显示了包含一个典型表的查询设计器。

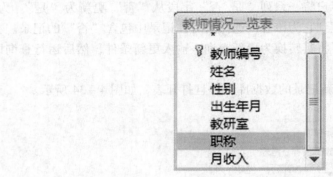

图4-37　显示字段

　　双击要更新的字段，所选字段显示在查询设计网格的"字段"行中。可以向查询设计网格中的每一列添加一个表字段。若要快速添加表中的所有字段，请双击表字段列表顶部的星号（"＊"）。图4-38显示添加了所有字段的查询设计网格。

图4-38　选择字段

　　可以选择在查询设计网格的"条件"行中输入一个或多个条件。图4-38显示了一些示例条件，并说明了它们对查询结果的影响。试为职称为讲师的人员增加200元的工资，设置好条件后单击【运行】按钮，如图4-39所示。

图4-39　单击【运行】按钮

　　显示需要更新3行的查询警告，如图4-40所示。

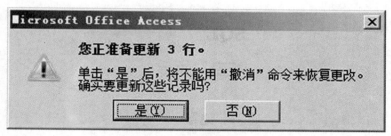

图 4 – 40 更新警告

现在，更新查询已经显示在视图中，如图 4 – 41 所示。

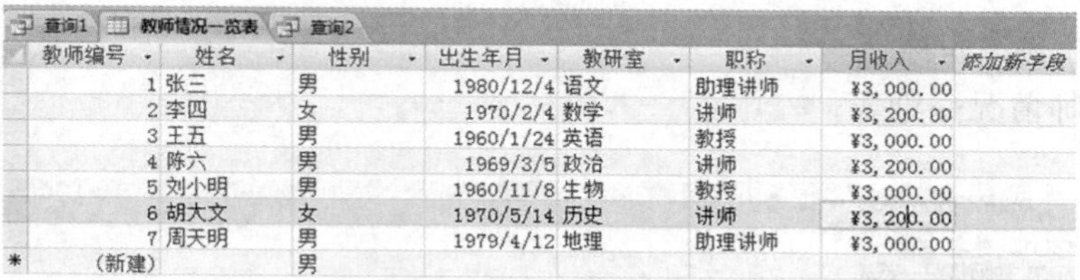

教师编号	姓名	性别	出生年月	教研室	职称	月收入	添加新字段
1	张三	男	1980/12/4	语文	助理讲师	¥3,000.00	
2	李四	女	1970/2/4	数学	讲师	¥3,200.00	
3	王五	男	1960/1/24	英语	教授	¥3,000.00	
4	陈六	男	1969/3/5	政治	讲师	¥3,200.00	
5	刘小明	男	1960/11/8	生物	教授	¥3,000.00	
6	胡大文	女	1970/5/14	历史	讲师	¥3,200.00	
7	周天明	男	1979/4/12	地理	助理讲师	¥3,000.00	
*	(新建)	男					

图 4 – 41 显示更新结果

（5）SQL 查询。SQL 查询是用户使用 SQL 语句直接创建的一种查询。实际上，Access 所有的查询都可以认为是一个 SQL 查询，因为 Access 查询就是以 SQL 语句为基础来实现查询功能的。不过在建立 Access 查询时并不是所有的查询都可以在系统所有提供的查询【设计】视图中进行创建。

SQL 特定查询有三种主要类型：联合查询（该查询使用 UNION 运算符来合并两个或更多选择查询的结果）、传递查询（可以用于直接向 ODBC 数据库服务器发送命令。通过使用传递查询，可以直接使用服务器上的表，而不用让 Microsoft Jet 数据库引擎处理数据）和数据定义查询（包含数据定义语言（DDL）语句的查询。这些语句可用来创建或更改数据库中的对象）。

联合查询举例：

打开数据库，转换至【创建】选项卡，单击【其他】功能中的【查询设计】，如图 4 – 42、图4 –43所示。

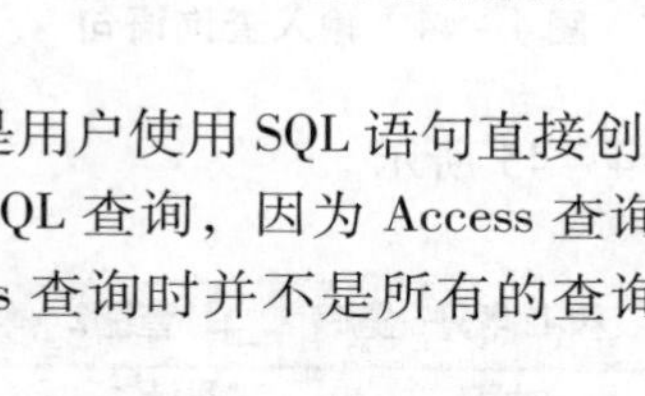

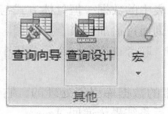

图 4 – 42 查询设计

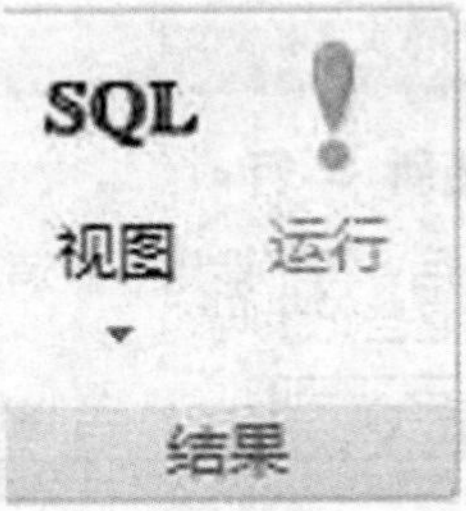

图 4 - 43 选择 SQL 视图

输入标准的 SQL 查询语句, 如图 4 - 44 所示:

SELECT 姓名, 职称
FROM 教师情况一览表;

图 4 - 44 输入查询语句

运行查询后得到的结果如图 4 - 45 所示。

姓名	职称
张三	助理讲师
李四	讲师
王五	教授
陈六	讲师
刘小明	教授
胡大文	讲师
周天明	助理讲师

图 4 - 45 运行查询结果

联合查询可合并两个或多个表中的数据, 但具体方式与其他查询不同。大多数查询通过连接行来合并数据, 而联合查询通过追加行来合并数据。联合查询与追加查询的不同之处在于: 联合查询不更改基础表。联合查询在一个记录集中追加行, 该记录集在查询关闭后不复存在。

传递查询不是由 Access 附带的数据库引擎处理的, 它们被直接传递到远程数据库服务器并由该服务器执行处理, 然后将结果传递回 Access。

数据定义查询是一种特殊类型的查询, 它不处理数据, 而是创建、删除或修改其他数据库对象 (Access 数据库包含表、查询、窗体、报表、页、宏和模块等对象; Access 项目包含窗体、报表、页、宏和模块等对象)。

3. 窗体

窗体是一个数据库对象,可用于输入、编辑或者显示表或查询中的数据。可以使用窗体来控制对数据的访问,如显示某些字段或数据行。例如,某些用户可能只需要查看包含许多字段的表中的几个字段。为这些用户提供仅包含那些字段的窗体,可以更便于他们使用数据库。还可以向窗体添加按钮和其他功能,自动执行常用的操作。

将窗体视作窗口,人们可以通过它查看和访问数据库。有效的窗体更便于人们使用数据库,因为省略了搜索所需内容的步骤。外观引人入胜的窗体可以增加使用数据库的乐趣和效率,还有助于避免输入错误的数据。Microsoft Office Access 2007 提供了一些新工具,可帮助用户快速创建窗体,并提供了新的窗体类型和功能,以提高数据库的可用性。

(1)建立窗体。在导航窗格中,单击包含要在窗体上显示的数据的表或查询,然后转换至【创建】选项卡上的【窗体】功能区,单击【窗体设计】按钮,如图4-46、图4-47所示。

图4-46 选择【窗体设计】

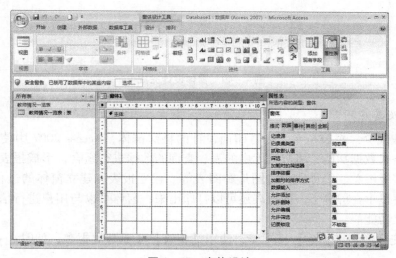

图4-47 窗体设计

(2)在窗体中输入和编辑数据,添加选定的字段,并拖动字段,如图4-48所示。

图4-48 添加字段

若有需要，可以拖动窗体中的控件对窗体进行美化，更改窗体的布局。最后完成好的简单窗体设置如图4-49所示。

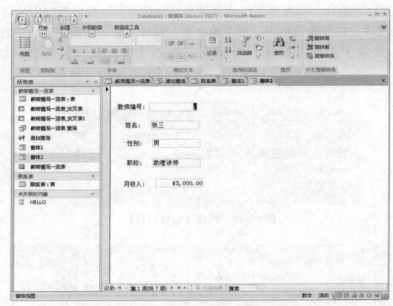

图4-49 窗体设计完成

4. 报表及其应用

（1）报表简介。报表是专门为打印而设计的特殊窗体，Access 2007 中使用报表对象来实现打印格式数据功能，将数据库中的表、查询的数据进行组合，形成报表。还可以在报表中添加多级汇总、统计比较、图片和图表等。建立报表和建立窗体的过程基本相同，只是窗体最终显示在屏幕上，而报表还可以打印出来；窗体可以与用户进行信息交互，而报表没有交互功能。

（2）首先切换到【创建】选项卡，使用【报表】工具建立报表，如图4-50所示。

图4-50 建立报表

单击【报表向导】，利用报表向导制作报表。在【报表向导】中，选择需要的字段，如图4-51所示。

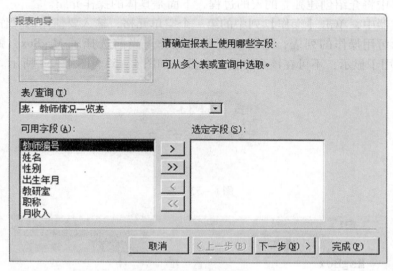

图4-51 报表向导

单击完成后，报表建立完成，如图4-52所示。

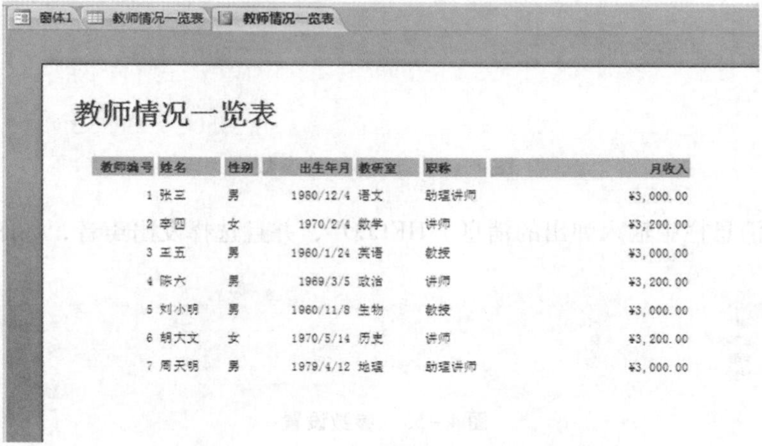

教师情况一览表

教师编号	姓名	性别	出生年月	教研室	职称	月收入
1	张三	男	1980/12/4	语文	助理讲师	￥3,000.00
2	李四	女	1970/2/4	数学	讲师	￥3,200.00
3	王五	男	1960/1/24	英语	教授	￥3,000.00
4	陈六	男	1969/3/5	政治	讲师	￥3,200.00
5	刘小明	男	1960/11/8	生物	教授	￥3,000.00
6	胡大文	女	1970/5/14	历史	讲师	￥3,200.00
7	周天明	男	1979/4/12	地理	助理讲师	￥3,000.00

图4-52 教师情况报表

5. 宏

宏是通过一次单击就可以应用的命令集。它们几乎可以自动完成用户在程序中执行的任何操作，甚至还可以执行用户认为不可能的任务。宏是一种多个操作的集合，其中每个操作实现特定的功能。我们把那些能自动执行某种操作的命令统称为"宏"。在 Access 中，可以将宏看作一种简化的编程语言，这种语言是通过生成一系列要执行的操作（宏的基本组成部分；这是一种自含式指令，可以与其他操作相结合来自动执行任务。在其他宏语言中有时称为命令）来编写的。生成宏时，从下拉列表中选择每一个操作，然后填写每个操作所必需的信息。使用宏以后，无需再编写代码，即可向窗体、报表和控件中添加功能。在这一节中将介绍创建独立的宏的过程，下面是具体的操作介绍。

在宏生成器中，单击【操作】列中的第一个空单元格，输入要使用的操作，或者单击下拉按钮显示可用操作的列表，选择要使用的操作。当前选择了 MsgBox，弹出消息框，【参数】列仅用于显示，不可在该列中输入参数。如图 4 – 53、图 4 – 54 所示。

图 4 – 53　宏

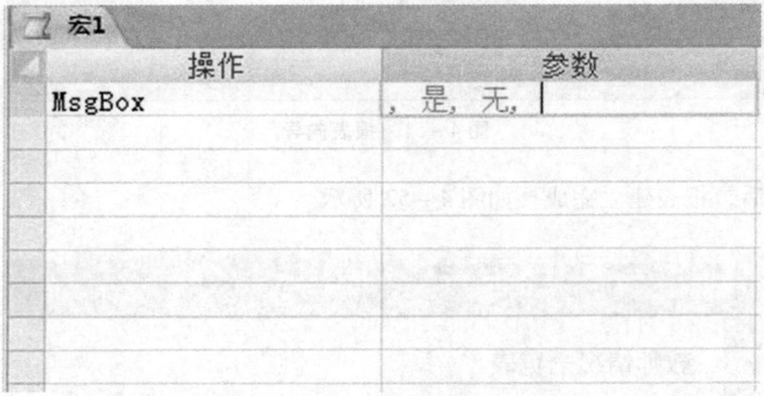

宏1	
操作	参数
MsgBox	，是，无，

图 4 – 54　Msgbox 的参数

在下面的消息栏中输入弹出的消息"HELLO"，并且选择发出声音，如图 4 – 55 所示。

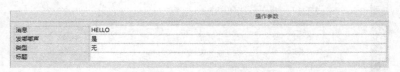

图 4 – 55　参数设置

这个简单的宏就这样做好了，马上对宏进行保存，命名为"HELLO"，如图 4 – 56 所示。

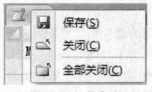

图 4 – 56　保存宏

最后在左侧的所有表中找到这个名为 "HELLO" 的宏，单击右键选择【运行】，宏开始运行了，弹出了消息框，单击【确定】，宏结束运行，如图 4 - 57 所示。通过这个最简单的宏的运行，我们了解到宏的基本作用和宏的简单制作方法。

图 4 - 57　宏的运行结果

4.3　MySQL 数据库管理

1. phpMyAdmin 管理器介绍

应用 MySQL 命令行方式需要对 MySQL 知识非常熟悉，对 SQL 语言也是同样的道理。不仅如此，如果数据库的访问量很大，列表中数据的读取就会相当困难。如果使用合适的工具，MySQL 数据库的管理就会变得相当简单。

当前出现很多 GUI MySQL 客户程序，其中最为出色的是基于 Web 的 phpMyAdmin 工具。这是一种 MySQL 数据库前台的基于 PHP 的工具。

从官方网站下载 phpMyAdmin 后，经过解压配置之后就可以马上使用。如果把 phpMy-Admin 这个文件解压在 "D:\www\phpMyAdmin"，我们只需要打开浏览器，输入 "http：//localhost/phpMyAdmin/index. php" 即可运行 phpMyAdmin，如图 4 - 58 所示。本节将使用 MySQL5. 1 和 phpMyAdmin3. 3. 1 版本进行介绍。

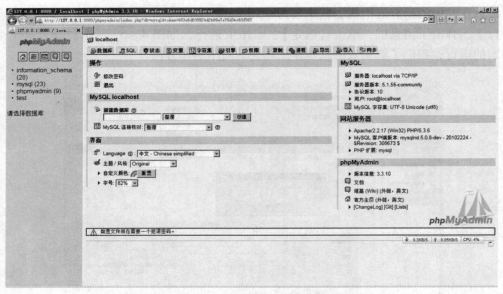

图4-58 phpMyAdmin 的基本界面

2. 修改数据库的密码

在 MySQL 数据库中的管理员账号为 root，现在我们就使用 phpMyAdmin 为这个账号加上密码。

首先，打开浏览器，在地址栏中输入"http：//localhost/phpMyAdmin/index. php"进入到 PHP 的管理界面。

然后单击【权限】文字连接，来设置管理员权限。用户列表中就有 root，用于管理本机的 MySQL。首先我们来修改 root 这个账号，如图4-59所示。

图4-59 修改 root 账号

从列表中看到 root 这个本机用户，单击【操作】下的图标进而编辑这个账号的内容，如图4-60所示。

图4-60 修改密码的操作

转到操作窗口，选择修改密码，出现修改密码的界面，如图4-61所示。

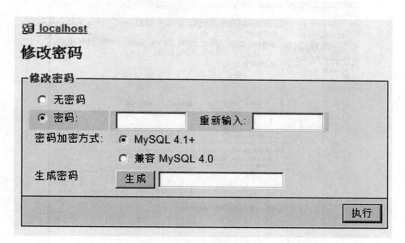

图 4 – 61 修改密码的界面

设置密码的方法有两种，一种是自定义密码，选择【密码】单选框，重复输入两次密码；另一种是由系统生成一个有一定复杂度的密码。按下执行按钮后得到修改密码已经成功的页面。如图 4 – 62 所示。

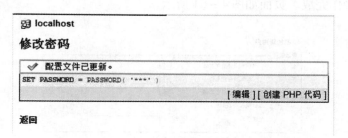

图 4 – 62 成功修改密码

3. 增删修查用户的权限

如果只用一个 root 用户来操作 MySQL 数据库是相当不便和危险的，因为 root 具有控制 MySQL 的所有权限。实际数据库使用时，并非所有人都能获得全部权限。下面介绍对用户权限的修改。

首先在首页选定【权限】，再点击【添加新用户】的网页超链接，如图 4 – 63 所示。

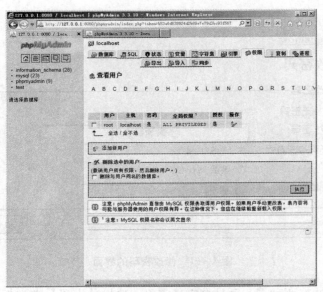

图 4 - 63　权限设置

现在按照要求填写用户名、主机名、密码，勾选相应的权限，最后点击右下角的【执行】，增加用户操作完成。页面如图 4 - 64 所示。

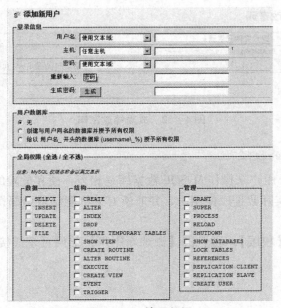

图 4 - 64　填写数据

4. 目录、配置文件和数据文件

（1）目录。首先介绍的是 MySQL 的文件目录，安装好 MySQL 后一般会产生两个目录。其中一个是 "C:\ProgramData\MySQL\MySQL Server 5.1\data"，主要是用于存放数据库、数据库表文件，如图 4 - 65 所示。

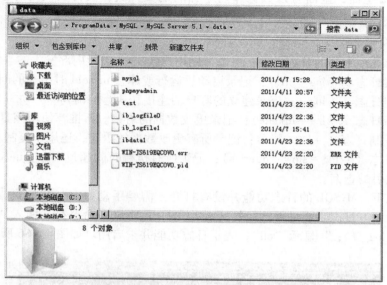

图 4 - 65　MySQL 文件目录

但是，把数据库的文件存放在 Windows 的 C 盘下，对数据库的备份和安全性等十分不利，可以考虑把这个目录转到其他的目录下。修改这个目录就要用到 MySQL 的重要配置文件 my. ini。

（2）my. ini。my. ini 是 MySQL 中一个重要的配置文件，它一般就存放在 MySQL 的安装目录下，例如："D:\Program Files\MySQL\MySQL Server 5. 1\my. ini"，这样可以帮助将配置文件与具体服务器实例关联起来。可用文本编辑器打开 my. ini 文件并进行必要的修改。下面介绍部分 my. ini 的配置：

#Path to installation directory. All paths are usually resolved relative to this.
#这里是 MySQL 的安装目录
basedir = "D:/Program Files/MySQL/MySQL Server 5. 1/"

#Path to the database root
这里是数据库文件的存放目录，可以通过修改路径达到修改数据库文件位置的目的
datadir = "C:/ProgramData/MySQL/MySQL Server 5. 1/Data/"

TheTCP/IP Port the MySQL Server will listen on
#为 MySQL 程序指定一个 TCP/IP 通信端口（通常是 3306 端口）
port = 3306

#The maximum amount of concurrent sessions the MySQL server will allow.
#允许的同时客户的数量。
max_connections = 100

（3）数据文件。MySQL 的数据文件一般都存放在 C：\ ProgramData \ MySQL \ MySQL Server 5.1\data 里面，里面有以数据库名字命名的文件夹，文件夹内部存放的是数据库的表。

5. 日志文件

MySQL 有几个不同的日志文件，可以帮助用户找出 mysqld 内部发生的事情：

（1）错误日志（ –log –err ）：记录启动、运行或停止 mysqld 时出现的问题。

（2）查询日志（ –log ）：记录建立的客户端连接和执行的语句。

（3）更新日志（ –log –update）：记录更改数据的语句。不推荐使用该日志。

（4）二进制日志（ –log –bin）：记录所有更改数据的语句，还用于复制。

（5）慢日志（ –log –slow –queries）：记录所有执行时间超过 long_query_time 秒的查询或不使用索引的查询。

一般情况下，MySQL 的日志功能并没有打开，需要手动打开。我们可以使用 MySQL 的命令行查看一下日志功能是否已经打开。首先打开 MySQL 命令行，输入"mysql > show variables like 'log_%'；"显示"off"，表示日志功能并未启用。如图 4 – 66 所示。

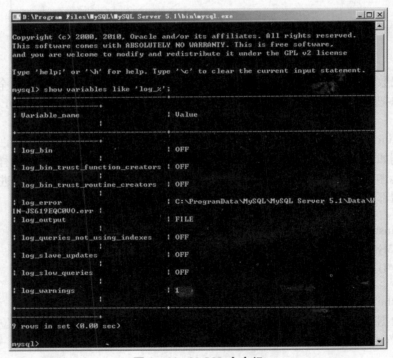

图 4 – 66　MySQL 命令行

要启用 MySQL 的日志必须在配置文件中指定 log 的输出位置，Windows 系统下 MySQL 的配置文件为 my. ini，一般在 MySQL 的安装目录下或者 C：\ Windows 下。找到 my. ini 文件，用记事本打开，在"mysqld"下添加关于 log 的设置：

#log

在 ［mysqld］ 中输入

\#log

log – error = ″D：/Program Files/MySQL/MySQL Server 5. 1/log/error. log″

log = ″D：/Program Files/MySQL/MySQL Server 5. 1/log/mysql. log″

long_ query_ time = 2

log – slow – queries = ″D：/Program Files/MySQL/MySQL Server 5. 1/log/slowquery. log″

long_ query_ time ＝2 ——指执行超过多久的 sql 会被 log 下来，这里是 2 秒

log – slow – queries ——将查询返回较慢的语句进行记录

log = mylog. log ——对所有执行语句进行记录

log – error ——记录

再次打开 D：\Program Files\MySQL\MySQL Server 5. 1\log，里面多了三个相应的日志文件，而且都使用文本形式，方便查看，如图 4 – 67 所示。其他的日志也可以使用类似的方式进行添加。

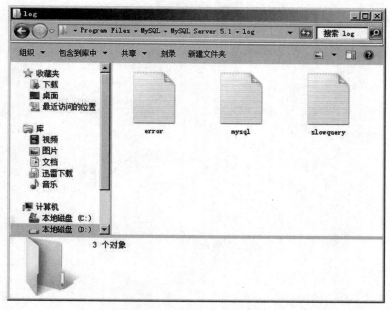

图 4 – 67 日志文件的配置

习题四

一、填空题

1. 关系数据库模型的数据操作主要包括插入、_____、_____ 和_____数据。

2. 窗体是数据库中用户和应用程序之间的_____，用户对数据库的任何操作都可以通过它来完成。

3. MS SQL 通常采用_____方式创建、操作数据库和数据对象，也可以通过_____方式创建、操作数据库和数据对象。

二、选择题

1. 在 T – SQL 语言中，修改表结构时，应使用的命令是（　　）。

　　A. UPDATE　　　　B. INSERT　　　　C. ALTER　　　　D. MODIFY

2. 下列哪个不是 sql 数据库文件的后缀（　　）。

　　A. .mdf　　　　　　B. .ldf　　　　　　C. .dbf　　　　　D. .ndf

3. 在 Access 中，将"名单表"中的"姓名"与"成绩表"中的"姓名"建立关系，且两个表中的记录都是唯一的，则这两个表之间的关系是（　　）。

　　A. 一对一　　　　　B. 一对多　　　　　C. 多对一　　　　D. 多对多

4. 使用下列哪种语句可以创建数据表（　　）。

　　A. CREATE　DATABASE　　　　　　B. CREATE　TABLE

　　C. ALTER　DATABASE　　　　　　　D. ALTER　TABLE

三、思考题

1. MS SQL 创建数据库有哪几种方法？

2. 什么是数据库备份和恢复？为什么要备份和恢复数据库？

第5章 数据库安全管理

5.1 安全管理概述

数据库的应用越来越广泛，存储的信息越来越有价值，一旦这些信息暴露，其后果不堪设想。因此，数据库中的数据必须得到有力的保护。数据库的特点之一是 DBMS 提供统一的数据保护功能来保证数据的安全可靠和正确有效。数据库的数据保护包括数据的安全性和数据的完整性。

数据库最大的特点是数据共享，但是数据共享必然带来数据库的安全性问题。例如，军事情报秘密、银行储蓄账户信息、科研实验数据、市场营销策略、客户档案资料等。作为数据库管理员，如何管理数据库系统，保证数据库中数据的安全可靠和正确有效，是一项非常重要的工作。

5.1.1 数据访问安全性控制

数据访问安全性主要是指允许那些具有相应的数据访问权限的用户能够登录到 SQL Server 2008 中，并访问数据以及对数据库对象实施各种权限范围内的操作，同时要拒绝所有的非授权用户的非法操作。因此，安全性管理与用户管理是密不可分的。SQL Server 2008 除了继承 SQL Server 2005 的可靠性、可编程性、易用性等方面的特点外，还在维护数据库系统的安全性方面提供了完善的管理机制和简单而丰富的操作方法。

数据访问控制模型，如图 5 – 1 所示。

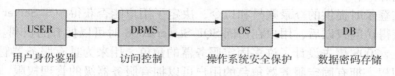

图 5 – 1　数据访问控制模型

其中，用户身份鉴别用来识别计算机或数据库用户是否为合法用户。访问控制的任务是在数据库系统为合法用户提供最大限度的资源共享基础上，对用户的访问权限进行管理，防止数据遭到非法的泄露、更改和破坏。

5.1.2 SQL Server 2008 的安全机制

SQL Server 2008 安全性主要是指允许那些具有相应的数据访问权限的用户能够登录到

SQL Server 并访问数据以及对数据库对象实施各种权限范围内的操作，同时要拒绝所有的非授权用户的非法操作。Microsoft SQL Server 2008 的安全体系模型功能强大、设计灵活，但难免显得复杂，如图 5-2 所示。

SQL Server 2008 的安全机制可分为 4 个等级：操作系统级；SQL Server 级；数据库级；数据库对象级。

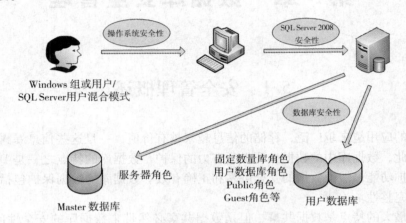

图 5-2   SQL Server 2008 的安全机制

1. 操作系统级的安全性

在用户使用客户计算机通过网络实现 SQL Server 2008 服务器的访问时，用户首先要获得计算机操作系统的使用权。

一般说来，在能够实现网络互联的前提下，用户没有必要向运行 SQL Server 2008 服务器的主机进行登录，除非 SQL Server 2008 服务器就运行在本地计算机上。SQL Server 2008 可以直接访问网络端口，所以可以实现对 Windows NT 安全体系以外的服务器及其数据库的访问。

2. SQL Server 级的安全性

SQL Server 的服务器级安全性建立在控制服务器登录账号和口令的基础上。SQL Server 2008 采用了标准 SQL Server 登录和集成 Windows NT 登录两种方式。无论是使用哪种登录方式，用户在登录时提供的登录账号和口令，决定了用户能否获得 SQL Server 2008 的访问权，以及在获得访问权以后，用户在访问 SQL Server 2008 时可以拥有的权利。

SQL Server 2008 事先设计了许多固定服务器的角色，用来为具有服务器管理员资格的用户分配使用权。拥有固定服务器角色的用户可以拥有服务器级的管理权限。

SQL Server 2008 在服务器和数据库级的安全级别上都设置了角色。角色是用户分配权限的单位。SQL Server 2008 允许用户在数据库级上建立新的角色，然后为角色赋予多个权限，最后再通过角色将权限赋予 SQL Server 2008 的用户。

SQL Server 2008 不允许用户建立服务器级的角色。

3. 数据库级的安全性

在用户通过 SQL Server 2008 服务器的安全性检验以后，将直接面对不同的数据库入口。这是用户将接受的第三道安全性检验。

在建立用户的登录账号信息时，SQL Server 2008 会提示用户选择默认的数据库。以后用户每次连接上服务器后，都会自动转到默认的数据库上。对任何用户来说，master 数据库的门总是打开的，如果在设置登录账号时没有指定默认的数据库，则用户的权限将局限在 master 数据库以内。

默认情况下，数据库的拥有者可以访问该数据库的对象，可以分配访问权给别的用户，以便让别的用户也拥有针对该数据库的访问权利。在 SQL Server 2008 中并不是所有的权利都可以自由转让和分配的。

4. 数据库对象的安全性

数据库对象的安全性是检查用户权限的最后一个安全等级。在创建数据库对象的时候，SQL Server 将自动把该数据库对象的拥有权赋予对象的创建者。对象的拥有者可以实现对该对象的完全控制。

5.2 SQL Server 服务器的安全性

SQL Server 服务器级的安全性建立在控制服务器登录账号和密码的基础上。SQL Server 采用了标准 SQL Server 登录和集成 Windows NT 登录两种方式。无论是使用哪种登录方式，用户在登录时提供的登录账号和口令密码，决定了用户能否获得 SQL Server 2008 的访问权，以及在获得访问权以后，用户在访问 SQL Server 2008 时可以拥有的权利。SQL Server 系统登录验证的过程如图 5−3 所示。

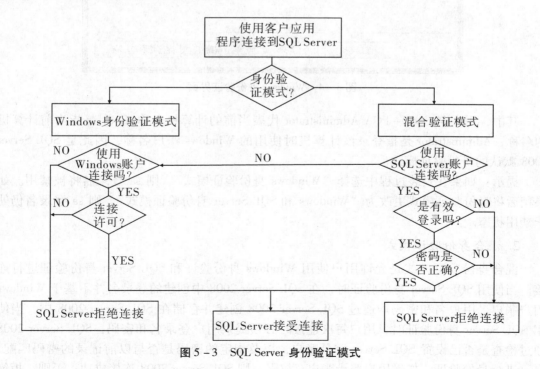

图 5−3 SQL Server 身份验证模式

5.2.1　SQL Server 2008 两种身份验证模式

1. Windows 身份验证模式

在 Windows 身份验证模式中，SQL Server 2008 完全依赖 Windows 操作系统提供登录安全性。SQL Server 2008 检测当前使用 Windows 的用户账户，并在系统的注册表中查找该用户，以确定该用户账户是否拥有登录权限，并根据这一验证来确定其访问权限。在这种方式下，用户不必提交登录名和密码让 SQL Server 2008 验证。SQL Server 2008 将自己的登录安全过程同 Windows 登录安全过程结合起来提供安全登录服务。网络安全性通过 Windows 提供复杂加密过程进行验证。用户登录一旦通过操作系统的验证，访问 SQL Server 2008 就不再需要其他的身份验证。Windows 身份验证界面如图 5－4 所示。

图 5－4　Windows 身份验证界面

其中，用户名 Cody－PC \ Administrator 代表当前的计算机名称，Cody 是指当前计算机的名称，Administrator 是指登录该计算机时使用的 Windows 账户名称，因此是 SQL Server 2008 默认的身份验证模式。

提示：如果在安装过程中选择"Windows 身份验证模式"，则 sa 登录名将被禁用。如果稍后将身份验证模式更改为"Windows 和 SQL Server 身份验证模式"，则 sa 登录名仍处于禁用状态。

2. 混合身份验证模式

混合身份验证模式是允许用户使用 Windows 身份验证和 SQL Server 身份验证进行连接。当使用 SQL Server 身份验证时，在 SQL Server 2008 中创建的登录名并不基于 Windows 用户账户。用户名和密码均通过 SQL Server 2008 创建并存储在 SQL Server 2008 中。当使用 SQL Server 身份验证时，用户每次连接时必须提供用户登录名和密码，SQL Server 2008 通过检查是否已设置 SQL Server 登录账户，以及指定的密码是否与以前记录的密码匹配，自己进行身份验证。如果用户登录账户有权限，则 SQL Server 2008 连接成功；否则，拒绝连接。图 5 – 5 所示为使用 SQL Server 混合身份验证的界面。

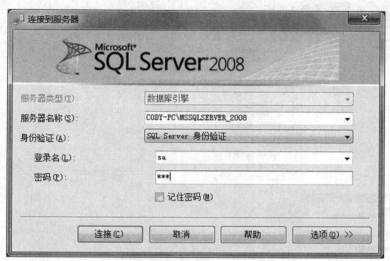

图 5 – 5　混合身份验证界面

提示：①使用 SQL Server 身份验证不会限制安装 SQL Server 2008 计算机上的本地管理员权限。②当选择混合模式身份验证时，输入并确认系统管理员（sa）密码。设置强密码对于确保系统的安全性至关重要，切勿设置空密码或弱 sa 密码。

注意：SQL Server 密码可包含 1 到 128 个字符，其中包括任何字母、符号和数字的组合。如果选择混合模式身份验证，则必须输入强 sa 密码，强密码不容易被猜到，也不容易被计算机程序破解。

5.2.2　登录名管理

登录是基于服务器级使用的用户名称，要连接到数据库，首先要存在一个合法的登录。用户是配置 SQL Server 服务器安全中的最小单位，使用不同用户的登录名可以配置不同的访问级别。

1. 创建登录名

在 Microsoft SQL Server 2008 系统中，许多操作都既可以通过 Microsoft SQL Server Management Studio 工具来完成，也可以通过 Transact SQL 语句完成。在创建登录名时，既可以通过将 Windows 登录名映射到 SQL Server 2008 系统中，也可以创建 SQL Server 2008 登录名。下面主要介绍如何使用 Microsoft SQL Server Management Studio 创建登录名。

（1）打开 SQL Server Management Studio 并连接到目标服务器，在【服务器】窗口中，单击【安全性】节点。

（2）右击【登录名】节点，弹出快捷菜单，从中选择【新建登录（N)】命令，弹出【登录名 – 新建】对话框。

（3）在【登录名 – 新建】|【常规】选择页上输入用户需要设置的登录名，单击需要创建的登录模式前的单选按钮，选定验证方式，并完成"登录名"、"密码"、"确认密码"和其他参数的设置。如图 5 – 6 所示。

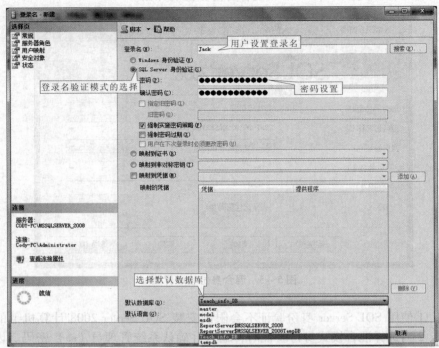

图 5-6 【登录名-新建】窗口

（4）在【登录名-新建】对话框中，打开【服务器角色】选择页，出现服务器角色设定页面，如图 5-7 所示，可以为此用户添加服务器角色。

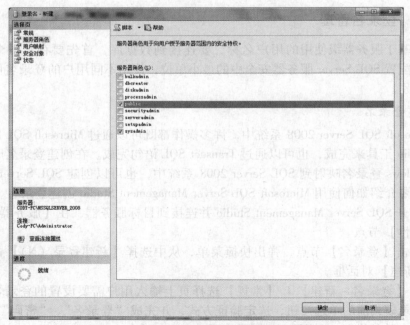

图 5-7 【登录名-新建-服务器角色】窗口

（5）在【登录名－新建】对话框中，打开【用户映射】选择页，进入映射设置页面，可以为这个新建的登录添加映射到此登录名的用户，并添加数据库角色，从而使该用户获得数据库的相应角色对应的数据库权限。如图 5－8 所示。

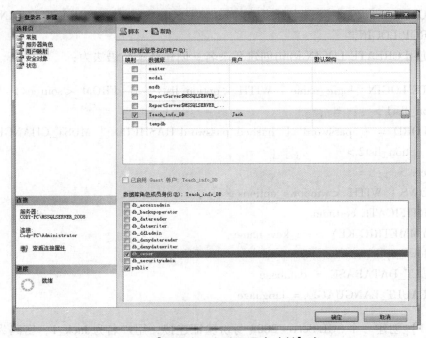

图 5－8　【登录名－新建－用户映射】窗口

（6）设置完成后，单击"登录名"对话框底部的"确定"按钮，完成登录名的创建。

（7）为测试创建的登录名是否正确，下面利用新建的 Jack 登录名进行测试。在 SQL Server Management Studio 窗口中，单击【新建查询】按钮，打开【连接到服务器】窗口，如图 5－9 所示。

图 5－9　【连接到服务器】测试

（8）单击【连接】按钮，将打开针对数据库【Teach_info_DB】的查询窗口。

2. 维护登录名

登录名创建之后，可以根据需要修改登录名的名称、密码、密码策略、默认的数据库等信息，SQL Server 2008 登录名维护的 Transact SQL 命令有：CREATE LOGIN、ALTER LOGIN、DROP LOGIN。

（1）使用 CREATE LOGIN 语句创建登录名。创建登录名语法为：

```
CREATE LOGIN   login_name ｛ WITH ＜ option_list1 ＞ ｜ FROM ＜ sources ＞ ｝
＜ option_list1 ＞ :: ＝
PASSWORD ＝ ｛ 'password' ｜ hashed_password HASHED ｝ ［ MUST_CHANGE ］
［ , ＜ option_list2 ＞ ［ , ... ］ ］
＜ sources ＞ :: ＝
WINDOWS ［ WITH ＜ windows_options ＞ ［ , ... ］ ］
｜ CERTIFICATE certname
｜ ASYMMETRIC KEY asym_key_name
＜ windows_options ＞ :: ＝
DEFAULT_DATABASE ＝ database
｜ DEFAULT_LANGUAGE ＝ language
```

【例5.1】创建一个 SQL Server 2008 身份验证连接，用户名为 Jack_1，密码为123，默认数据库为"Teach_info_DB"数据库。

```
CREATE LOGIN Jack_1 WITH PASSWORD ＝ '123', DEFAULT_DATABASE
＝ 'Teach_info_DB'
```

（2）使用 ALTER   LOGIN 语句修改登录名。修改登录名语法为：

```
ALTER   LOGIN   login_name ｛ ＜ status_option ＞ ｜ WITH ＜ set_option ＞ ［ , ... ］ ｝
```

参数说明：

login_name 指定正在更改的 SQL Server 登录的名称。

【例5.2】将【例5.1】中 Jack_1 的登录名更改为 Jack_2。

```
ALTER LOGIN Jack WITH NAME ＝ Jack_2
```

【例5.3】将【例5.1】中 Jack_1 的登录密码更改为456。

```
ALTER LOGIN Jack WITH PASSWORD ＝ '456'
```

（3）使用 DROP   LOGIN 语句删除登录名。删除登录名语法为：

```
DROP   LOGIN   login_name
```

其中参数 login_name 是指定要删除的登录名。

【例 5.4】 将【例 5.2】中的登录账户 Jack_2 删除。

        DROP LOGIN Jack_2

（4）使用 SP_ADDLOGIN 创建登录名。

基于 SQL Server 系统存储过程，可以由 SP_ADDLOGIN 和 SP_DROPLOGIN 分别创建和删除 SQL Server 的登录账户。存储过程 SP_ADDLOGIN 语法为：

sp_addlogin ［ @ loginame = ］ ′login′ ［ , ［ @ passwd = ］ ′password′ ］ ［ , ［ @ defdb = ］ ′database′ ］　　　［ , ［ @ deflanguage = ］ ′language′ ］ ［ , ［ @ sid = ］ sid ］ ［ , ［ @ encryptopt = ］ ′encryption_option′ ］

【例 5.5】 创建一个 SQL Server 身份验证连接，用户名为 Jack_3，密码为 789，并且默认数据库为 "Teach_info_DB" 数据库。

        EXEC SP_ADDLOGIN ′Jack3′,′789′,′Teach_info_DB′

（5）使用 SP_DROPLOGIN 删除登录名。存储过程 SP_DROPLOGIN 语法为：

sp_droplogin ［ @ loginame = ］ ′login′

【例 5.6】 将【例 5.5】中建立的登录名 Jack_3 删除。

        EXEC　SP_DROPLOGIN ′Jack3′

5.2.3　服务器角色管理

SQL Server 服务器角色是指根据 SQL Server 2008 的管理任务，以及这些任务相对的重要性等级来把具有 SQL Server 管理职能的用户划分为不同的用户组。每一组所具有的管理 SQL Server 2008 的权限都是系统内置的，即不能对其进行添加、修改和删除，只能向其中加入用户或者其他角色。SQL Server 2008 服务器角色存在于各个数据库之中，要想加入用户，该用户必须有登录账号。

固定服务器角色也是服务器级别的主体，其作用范围是整个服务器。固定服务器角色已经具备了执行指定操作的权限，可以把其他登录名作为成员添加到固定服务器角色中，这样该登录名可以继承固定服务器角色的权限。

因此，服务器角色是权限和登录名的集合。

1. 固定服务器角色

固定服务器角色的作用域在服务器范围内，它们存在于数据库之外，每个成员都能够向该角色中添加其他登录。Microsoft SQL Server 2008 系统提供了 9 个固定服务器角色，这些角色及其功能如表 5 - 1 所示。

表 5 - 1   固定服务器角色及其功能

固定服务器角色名称	说　明
sysadmin	可以在服务器中执行任何活动
serveradmin	可以更改服务器范围的配置选项和关闭服务器
securityadmin	可以管理登录名及其属性。他们可以具有 GRANT、DENY 和 REVOKE 服务器级权限。如果他们具有对数据库的访问权限，还可以具有 GRANT、DENY 和 REVOKE 数据库级权限
processadmin	可以终止在 SQL Server 实例中运行的进程
setupadmin	可以添加和删除链接服务器
bulkadmin	可以运行 BULK INSERT 语句
diskadmin	用于管理磁盘文件
dbcreator	可以创建、更改、删除和还原任何数据库
public	每个 SQL Server 登录名都属于 public 服务器角色。如果未向某个服务器主体授予或拒绝对某个安全对象的特定权限，该用户将继承授予该对象的 public 权。只有在希望所有用户都能使用对象时，才对对象分配 public 权限

2. 固定服务器角色成员的添加与删除

在 Microsoft SQL Server 2008 系统中，可以把登录名添加到固定服务器角色中，使得登录名作为固定服务器角色的成员继承固定服务器角色的权限。对于登录名来说，可以判断其是否是某个固定服务器角色的成员。固定服务器角色成员的添加与删除可以通过 SQL Server Management Studio 或是存储过程语句两种方法来完成。

（1）使用 SQL Server Management Studio 添加与删除固定服务器角色成员。

下面通过使用 SQL Server Management Studio 工具为固定服务器角色 sysadmin 添加角色成员。具体步骤如下：

①打开 SQL Server Management Studio 窗口并连接到目标服务器，在【对象资源管理器】中展开【服务器】 | 【安全性】 | 【服务器角色】，找到 sysadmin 固定服务器角色。

②右键单击 sysadmin 固定服务器角色，选择【属性】打开【服务器角色属性 - sysadmin】窗口。如图 5 - 10 所示。

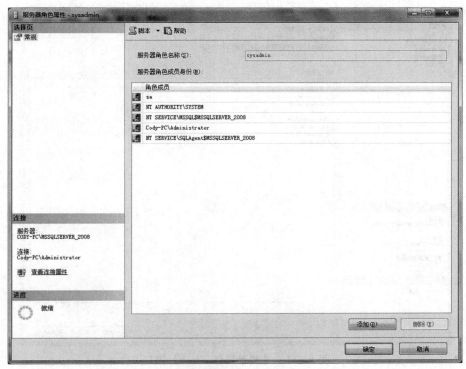

图 5 – 10　【服务器角色属性 – sysadmin】窗口

③在【服务器角色属性 – sysadmin】｜【常规】页面中，单击【添加】按钮为 sysad-min 固定服务器角色添加角色成员 Jack。

④最后单击【确定】按钮，完成固定服务器角色的添加。

⑤如果用户需要删除固定服务器中的角色成员，则在第②步骤中选中具体角色成员，然后单击【删除】按钮完成删除固定服务器中的角色成员。

上面是利用固定服务器角色添加与删除角色成员，同样可以为登录名添加与删除固定服务器角色，其具体步骤如下：

①打开 SQL Server Management Studio 窗口并连接到目标服务器，在【对象资源管理器】中展开【服务器】｜【安全性】｜【登录名】，找到登录名 Jack。

②右键单击 Jack 登录名，选择【属性】打开【登录属性 – Jack】窗口，在【登录属性 – Jack】｜【服务器角色】页面中，单击固定服务器角色前的单选按钮即可以完成服务器角色成员的添加与删除。如图 5 – 11 所示。

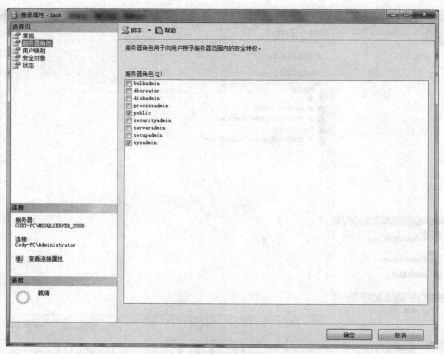

图 5 - 11　【登录属性 - Jack】窗口

③最后单击【确定】按钮，完成固定服务器角色的添加。

（2）使用存储过程语句添加与删除固定服务器角色成员。

固定服务器角色成员的添加与删除，可以通过系统存储过程语句：sp_addsrvrolemember、sp_dropsrvrolemember、sp_helpsrvrole、sp_helpsrvrolemember 等来实现。

①使用 sp_addsrvrolemember 为固定服务器角色添加登录成员。存储过程 sp_addsrvrolemember 语法为：

sp_addsrvrolemember ［ @ loginame = ］ ′login′

，［ @ rolename = ］ ′role′

参数说明：

［ @ loginame = ］ ′login′：添加到固定服务器角色中的登录名。login 的数据类型为 sysname，无默认值。login 可以是 SQL Server 登录或 Windows 登录。如果未向 Windows 登录授予对 SQL Server 的访问权限，则将自动授予该访问权限。

［ @ rolename = ］ ′role′：要添加登录的固定服务器角色的名称。role 必须为以下值之一：sysadmin、securityadmin、serveradmin、setupadmin、processadmin、diskadmin、dbcreator、bulkadmin。

【例 5.7】为固定服务器角色 sysadmin 添加登录名 Jack。

　　　　　EXEC sp_addsrvrolemember ′Jack′,′sysadmin′

②使用 sp_dropsrvrolemember 为固定服务器角色删除登录成员。存储过程 sp_dropsrv-rolemember 语法为：

sp_dropsrvrolemember〔@loginame ＝〕'login'，〔@rolename ＝〕'role'

参数说明：

〔@loginame ＝〕'login'：将要从固定服务器角色删除的登录名称。login 的数据类型为 sysname，无默认值。login 必须存在。

〔@rolename ＝〕'role'：服务器角色的名称。role 的数据类型为 sysname，默认值为 NULL。

【例5.8】将【例5.7】中固定服务器角色 sysadmin 的登录名 Jack 删除。
　　　　EXEC sp_dropsrvrolemember 'Jack'，'sysadmin'

③使用 sp_helpsrvrole 查看固定服务器角色列表。存储过程 sp_helpsrvrole 语法：

sp_helpsrvrole〔〔@srvrolename ＝〕'role'〕

参数说明：

〔@srvrolename ＝〕'role'：固定服务器角色的名称。role 的数据类型为 sysname，默认值为 NULL。

【例5.9】查看可用固定服务器角色列表。
　　　　EXEC sp_helpsrvrole

④使用 sp_helpsrvrolemember 查看固定服务器角色成员的信息。存储过程 sp_helpsrv-rolemember 语法为：

sp_helpsrvrolemember〔〔@srvrolename ＝〕'role'〕

参数说明：

〔@srvrolename ＝〕'role'：固定服务器角色的名称。role 的数据类型为 sysname，默认值为 NULL。如果未指定 role，则结果集将包括有关所有固定服务器角色的信息。

【例5.10】查看上例中 sysadmin 固定服务器角色的成员。
　　　　EXEC sp_helpsrvrolemember 'sysadmin'

5.3　数据库的安全性

数据库级的安全性是用户接受的第三次安全性检查。在计算机上输入口令后，登录 SQL Server 服务器，在用户通过 SQL Server 2008 服务器的安全性检查以后，将直接面对不同的数据库入口。

5.3.1 用户管理

用户是数据库级的安全策略，是登录名在数据库中的映射，是在数据库中执行操作和活动的行动者。在为数据库创建新的用户前，必须存在创建用户的一个登录或者使用已经存在的登录创建用户。

登录名：服务器方的一个实体，使用一个登录名只能进入服务器，但是不能让用户访问服务器中的数据库资源。每个登录名的定义存放在 master 数据库的 syslogins 表中。

用户名：一个或多个登录对象在数据库中的映射，可以对用户对象进行授权，以便为登录对象提供对数据库的访问权限。用户定义信息存放在每个数据库的 sysusers 表中。

SQL Server 把登录名与用户名的关系称为映射。用登录名登录 SQL Server 后，在访问各个数据库时，SQL Server 会自动查询此数据库中是否存在与此登录名关联的用户名，若存在就使用此用户的权限访问此数据库，若不存在就用 guest 用户访问此数据库（guest 是一个特殊的用户名，后面会讲到）。

一个登录名可以被授权访问多个数据库，但一个登录名在每个数据库中只能映射一次。即一个登录可对应多个用户，一个用户也可以被多个登录使用。好比 SQL Server 就像一栋大楼，里面的每个房间都是一个数据库。登录名只是进入大楼的钥匙，而用户名则是进入房间的钥匙。一个登录名可以有多个房间的钥匙，但一个登录名在一个房间只能拥有此房间的一把钥匙。

链接或登录 SQL Server 服务器时是用登录名而非用户名登录的，程序里面的链接字符串中的用户名也是指登录名。

5.3.2 系统数据库用户

使用数据库用户账户可以限制访问数据库的范围，SQL Server 2008 的数据库级别上也存在着两个特殊的数据库用户：dbo 用户和 guest 用户。

dbo 用户：即数据库所有者（database owner，简称 dbo），dbo 是具有在数据库中执行所有活动的暗示性权限的用户。将固定服务器角色 sysadmin 的任何成员都映射到每个数据库内称为 dbo 的一个特殊用户上。另外，由固定服务器角色 sysadmin 的任何成员创建的任何对象都自动属于 dbo。

例如，如果用户 Andrew 是固定服务器角色 sysadmin 的成员，并创建表 T1，则表 T1 属于 dbo，并以 dbo.T1 而不是 Andrew.T1 进行限定。相反，如果 Andrew 不是固定服务器角色 sysadmin 的成员，而只是固定数据库角色 db_owner 的成员，并创建表 T1，则 T1 属于 Andrew，并限定为 Andrew.T1。该表属于 Andrew，因为该成员没有将表限定为 dbo.T1。

无法删除 dbo 用户，且此用户始终出现在每个数据库中。只有由 sysadmin 固定服务器角色成员（或 dbo 用户）创建的对象才属于 dbo。由任何其他不是 syadmin 固定服务器角色成员的用户（包括 db_owner 固定数据库角色成员）创建的对象：属于创建该对象的用户，而不是 dbo。

guest 用户：guest 是 SQL Server 数据库中的一个特殊用户，它使任何已经登录到 SQL Server 服务器的用户都可以访问数据库。

在系统数据库中除 model 以外都有 guest 用户。而且 master 和 tempdb 系统数据库中的 guest 用户不能被删除，其他数据库中的 guest 用户都可以被创建或删除。但创建时必须使用 sp_grantdbaccess 命令。

5.3.3 数据库用户管理

创建数据库用户可以分为两个过程：首先创建数据用户使用的 SQL Server 2008 登录名，如果使用内置的登录名则可省略这一步。然后，再为数据库创建用户，指定到创建的登录名。一般有两种方法：一种是在创建登录账户的同时指定该登录账户允许访问的数据库，同时生成该登录账户在数据库中的用户；另一种方法是先创建登录账户，再将登录账户映射到某数据库，在其中创建同名用户名。

1. 使用 SQL Server Management Studio 创建用户

下面通过使用 SQL Server Management Studio 工具来创建数据库用户账户，然后给用户授予访问 "Teach_info_DB" 的权限。具体操作步骤如下：

（1）打开 SQL Server Management Studio 窗口并连接到目标服务器，在【对象资源管理器】中展开【服务器】|【数据库】|【Teach_info_DB】|【安全性】|【用户】。

（2）在【用户】上单击鼠标右键，弹出快捷菜单，从中选择【新建用户】命令，弹出【数据库用户–新建】窗口，在【数据库用户–新建】|【常规】页面中，在【用户名】文本框中输入 dur_Jack 来指定要创建的数据库用户名称，如图 5–12 所示。

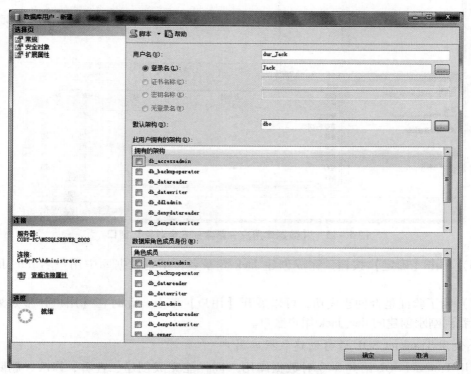

图 5–12 【数据库用户–新建】窗口

（3）单击【登录名】文本框旁边的 [...] 按钮，打开【选择登录名】对话框，然后单击【浏览】按钮，弹出【查找对象】对话框。在【查找对象】对话框中启用 Jack 旁边的复选框，单击【确定】按钮，返回【选择登录名】窗口，然后单击【确定】按钮，返回【数据库用户－新建】窗口中。

（4）用类似方式选择【默认架构】为 dbo，添加此用户拥有的架构，添加此用户的数据库角色。结果如图 5－12 所示。

（5）在【数据库用户－新建】窗口中，打开【安全对象】选择页，进入权限设置页面（即【安全对象】页面）。【安全对象】页面主要用于设置数据库用户拥有的能够访问的数据库对象以及相应的访问权限。单击【添加】按钮为该用户添加数据库对象，在【添加对象】对话框中选择【属于该架构的所有对象】按钮，为添加的对象添加显示权限。如图 5－13 所示。

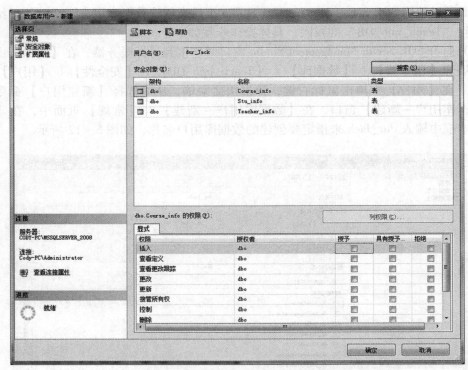

图 5－13 【数据库用户－新建－安全对象】窗口

（6）单击【确定】按钮，完成创建 Jack 登录名，指定数据库中用户名 dur_Jack 的创建。

（7）为了验证是否创建成功，可以展开【用户】节点，此时在【用户】节点列表中就可以看到刚刚创建的 dur_Jack 用户账户。

2. 使用 Transact SQL 语句创建数据库用户

利用 Transact SQL 语句命令对数据库用户同样能完成创建、查看、修改、删除等操作。主要使用到的 Transact SQL 语句有 CREATE USER、ALTER USER、DROP USER 等。

（1）利用 CREATE USER 语句创建数据库用户。使用 CREATE USER 语句能向当前数据库添加数据库用户。其具体语法格式为：

```
CREATE USER user_name          [ { FOR | FROM }
        {
        LOGIN login_name
            | CERTIFICATE cert_name
            | ASYMMETRIC KEY asym_key_name
        }
        | WITHOUT LOGIN
        ]
    [ WITH DEFAULT_SCHEMA = schema_name ]
```

参数说明：

user_name：指定在此数据库中用于识别该用户的名称。user_name 是 sysname。它的长度最多是 128 个字符。

LOGIN login_name：指定要创建数据库用户的 SQL Server 登录名。login_name 必须是服务器中有效的登录名。当此 SQL Server 登录名进入数据库时，它将获取正在创建的数据库用户的名称和 ID。

CERTIFICATE cert_name：指定要创建数据库用户的证书。

ASYMMETRIC KEY asym_key_name：指定要创建数据库用户的非对称密钥。

WITH DEFAULT_SCHEMA = schema_name：指定服务器为此数据库用户解析对象名时将搜索的第一个架构。

WITHOUT LOGIN：指定不应将用户映射到现有登录名。

【例 5.11】在 "Teach_info_DB" 数据库中创建一个登录名为 "Jack3"，并且该登录名的密码为：123，然后在 "Teach_info_DB" 数据库中创建对应的数据库用户 "dur1_ Jack"。

```
CREATE LOGIN Jack_6 WITH PASSWORD = '123'
USE Teach_info_DB
CREATE USER Jack6
```

（2）利用 ALTER USER 语句修改数据库用户。使用 ALTER USER 语句能重命名数据库用户或是更改它的默认架构。其具体语法格式为：

```
ALTER USER user_name
WITH < set_item > [ , ... n ]
 < set_item > :: =
NAME = new_user_name
| DEFAULT_SCHEMA = schema_name
|  LOGIN = login_name
```

参数说明：

user_name：指定在此数据库中用于识别该用户的名称。

LOGIN = login_name：通过更改用户的安全标识符（SID）以匹配登录名的 SID，将用户重新映射到另一个登录名。

NAME = new_user_name：指定此用户的新名称。new_user_name 不能是已存在于当前数据库中的名称。

DEFAULT_SCHEMA = schema_name：指定服务器在解析此用户的对象名时将搜索的第一个架构。

【例 5.12】针对【例 5.11】中将数据库用户"dur1_Jack"的名称更改为"dur2_Jack"。

ALTER USER dur1_Jack WITH NAME = dur2_Jack

（3）利用 DROP USER 语句删除数据库用户。使用 DROP USER 语句能删除数据库用户。其具体语法格式为：

DROP USER user_name

参数说明：

user_name：指定在此数据库中用于识别该用户的名称。

【例 5.13】删除上面实例中创建的数据库用户"dur2_Jack"。

DROP USER dur2_Jack

（4）利用系统存储过程 SP_GRANTDBACCESS 创建数据库用户。存储过程 SP_GRANTDBACCESS 语法为：

```
sp_grantdbaccess [ @ loginame = ] 'login'
[ , [ @ name_in_db = ] 'name_in_db' [ OUTPUT ] ]
```

参数说明：

[@ loginame =] 'login'：映射到新数据库用户的 Windows 组、Windows 登录名或 SQL Server 登录名的名称。Windows 组和 Windows 登录名的名称必须按"域\登录名"的形式（例如，LONDON\Joeb）以 Windows 域名进行限定。登录名不能已映射到数据库中的用户。

login 的数据类型为 sysname，无默认值。

[@ name_in_db =] 'name_in_db' [OUTPUT]：新数据库用户的名称。name_in_db 是 OUTPUT 变量，其数据类型为 sysname，默认值为 NULL。如果不指定，则使用 login。如果指定为值为 NULL 的 OUTPUT 变量，则 @ name_in_db 将设置为 login。name_in_db 不能已存在于当前数据库中。

【例 5.14】利用 SP_ADDLOGIN 系统存储过程创建了一个"Teach_info_DB"数据库的登录名 Jack_5，然后使用 SP_GRANTDBACCESS 系统存储过程将该登录名作为数据库用户进行添加。

```
EXEC SP_ADDLOGIN 'Jack_5','123','Teach_info_DB'
GO
USE Teach_info_DB
GO
EXEC SP_GRANTDBACCESS Jack_5
```

（5）利用系统存储过程 SP_REVOKEDBACCESS 删除所创建的数据库用户。存储过程 SP_REVOKEDBACCESS 语法为：

sp_revokedbaccess ［ @ name_in_db = ］ ′name′

参数说明：

［ @ name_in_db = ］ ′name′：要删除的数据库用户名称。name 的数据类型为 sysname，无默认值。name 可以是服务器登录、Windows 登录或 Windows 组的名称，并且必须存在于当前数据库中。指定 Windows 登录或 Windows 组时，请指定其在数据库中所使用的名称。

【例 5.15】从 "Teach_info_DB" 数据库中删除映射到 "Jack_5" 的数据库用户。
　　　　　EXECU SP_REVOKEDBACCESS　′Jack_5′

5.3.4　数据库角色

角色是 SQL Server 2008 用来集中管理数据库或服务器的权限。它们类似于 Windows 操作系统中的组。数据库角色的作用是为数据库用户设置对某个数据库的权限，SQL Server 2008 中提供三种类型的数据库级角色：固定数据库角色、应用程序角色和用户定义数据库角色。

1. 固定数据库角色

固定数据库角色是从数据库级别意义上来定义的，并且存在于每个数据库中，具有数据库级别的管理权力，用来完成常规的数据库任务。如表 5 - 2 所示。

表 5 - 2　固定数据库级别的角色

固定数据库级角色	角色说明
db_owner	可以执行数据库的所有配置和维护活动，还可以删除数据库
db_securityadmin	可以修改角色成员身份和管理权限，向此角色中添加主体可能会导致意外的权限升级
db_accessadmin	可以为 Windows 登录名、Windows 组和 SQL Server 登录名添加或删除数据库访问权限
db_backupoperator	可以备份数据库
db_ddladmin	可以在数据库中运行任何数据定义语言（DDL）命令
db_datawriter	可以在所有用户表中添加、删除或更改数据

（续上表）

固定数据库级角色	角色说明
db_datareader	可以从所有用户表中读取所有数据
db_denydatawriter	不能添加、修改或删除数据库内用户表中的任何数据
db_denydatareader	不能读取数据库内用户表中的任何数据

表 5 - 2 中是 9 个默认数据库角色的权限，且无法更改或删除这 9 个角色。除了上表 9 个角色外，还有 public 角色，这个角色有如下特点：

（1）拥有数据库中用户的所有默认权限；

（2）无法将用户、组或角色指派给它，因为所有用户都属于这个角色；

（3）系统及用户数据库都有 public 角色；

（4）无法删除；

（5）管理人员可以更改 public 角色的权限。

2. 应用程序角色

应用程序角色是一个数据库主体，它使应用程序能够用其自身的、类似用户的权限来运行。使用应用程序角色，可以只允许通过特定应用程序连接的用户访问特定数据。与数据库角色不同的是，应用程序角色默认情况下不包含任何成员，而且是非活动的。应用程序角色使用两种身份验证模式。可以使用 sp_setapprole 启用应用程序角色，该过程需要密码。因为应用程序角色是数据库级主体，所以它们只能通过其他数据库中为 guest 授予的权限来访问这些数据库。因此，其他数据库中的应用程序角色将无法访问任何已禁用 guest 的数据库。

应用程序角色是单向的，也就是说对于一个指定的连接，一旦确定已经激活应用程序角色，则这个连接就无法再回到用户自己的安全实体。为了回到用户自己的实体，他们必须终止这个连接，并再次登录。

应用程序角色的作用过程如下：

①用户登录（很可能使用应用程序提供的登录窗口）；验证登录，用户获得了他（或她）的访问权限；

②应用程序执行名为 sp_setapprole 的系统存储过程，并提供角色名和密码；

③验证应用程序角色，然后连接被切换到应用程序角色的安全实体（失去了用户拥有的所有权限——现在，他（或她）拥有的是应用程序角色的权限）；

④在整个连接期间，用户将继续保持基于应用程序角色的访问权限，而非基于他（或她）个人登录名的访问权限——用户不能回到他或她自己的访问信息。

应用程序角色的创建与删除操作可以通过 SQL Server Management Studio 或是 Transact SQL 语句两种方法来完成。

（1）使用 SQL Server Management Studio 创建与删除应用程序角色。

①打开 SQL Server Management Studio 窗口，在【对象资源管理器】|【数据库】下，打开【Teach_info_DB】|【安全性】|【角色】|【应用程序角色】节点，然后单击右键，从弹出的快捷菜单中选择【新建应用程序角色】，打开【应用程序角色 - 新建】窗

口，如图 5 – 14 所示。

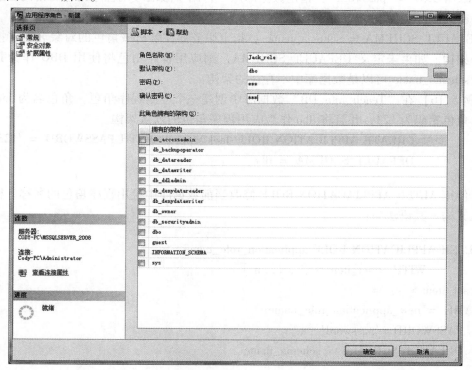

图 5 – 14 【应用程序角色 – 新建】窗口

②在【应用程序角色 – 新建】窗口中【常规】页面中，新建一个应用程序角色名称为 Jack_role，默认架构为 dbo，密码和确认密码为 123。

③根据应用程序角色的需要，用户可以为 Jack_role 在【安全对象】页面设置相关权限。

④最后单击【确认】按钮完成应用程序角色的创建。

⑤如果用户需要删除应用程序角色，则在第①步中【应用程序角色】节点处右键单击需要删除的角色即可。

（2）使用 Transact SQL 语句创建与删除应用程序角色。

用户创建、修改和删除应用程序角色，主要使用的 Transact SQL 语句有：CREATE APPLICATION ROLE、ALTER APPLIACATION ROLE 与 DROP APPLIACATION ROLE 等。

①使用 CREATE APPLICATION ROLE 向当前数据库中添加应用程序角色，其语法为：

CREATE APPLICATION ROLE application_role_name
WITH PASSWORD = ′password′〔, DEFAULT_SCHEMA = schema_name〕

参数说明：

application_role_name：指定应用程序角色的名称。该名称一定不能被用于引用数据库中任何主体。

PASSWORD = 'password'：指定数据库用户将用于激活应用程序角色的密码。应始终使用强密码。

DEFAULT_SCHEMA = schema_name：指定服务器在解析该角色的对象名时将搜索的第一个架构。如果未定义 DEFAULT_SCHEMA，则应用程序角色将使用 DBO 作为其默认架构。schema_name 可以是数据库中不存在的架构。

【例 5.16】在 "Teach_info_DB" 数据库中创建一个应用程序角色，角色名为 Jack_approle，角色密码为 123，并且将 dbo 作为应用程序角色的默认架构。

     CREATE APPLICATION ROLE Jack_approle WITH PASSWORD = '123',
     DEFAULT_SCHEMA = dbo

②使用 ALTER APPLIACATION ROLE 修改当前数据库中应用程序角色的名称、密码或是默认架构。其语法为：

```
ALTER APPLICATION ROLE application_role_name
        WITH  < set_item >  [ , ... n ]
< set_item > :: =
NAME = new_application_role_name
|  PASSWORD = 'password'
|  DEFAULT_SCHEMA = schema_name
```

参数说明：

application_role_name：要修改的应用程序角色的名称。

NAME = new_application_role_name：指定应用程序角色的新名称。该名称一定不能被用于引用数据库中任何主体。

PASSWORD = 'password'：指定应用程序角色的密码。将检查密码的复杂性。应始终使用强密码。

DEFAULT_SCHEMA = schema_name：指定服务器在解析对象名时将搜索的第一个架构。schema_name 可以是一个数据库中不存在的架构。

【例 5.17】将【例 5.16】在 "Teach_info_DB" 数据库中创建的应用程序角色名称修改为 Jack_applicationrole，角色密码修改为 456，以及默认架构修改为 db_owner。

     ALTER APPLICATION ROLE Jack_approle WITH NAME = Jack_applicationrole,
     PASSWORD = '456', DEFAULT_SCHEMA = db_owner

③使用 DROP APPLIACATION ROLE 从当前数据库中删除应用程序角色。其语法为：

DROP APPLICATION ROLE rolename

参数说明：

rolename：指定要删除的应用程序角色的名称。

【例 5.18】将【例 5.17】中在 "Teach_info_DB" 数据库中创建的应用程序角色 Jack_applicationrole 删除。

DROP APPLICATION ROLE Jack_applicationrole

3. 用户定义数据库角色

当固定服务器角色不能满足要求时，就可以自己创建数据库角色，定义一组用户具有相同的权限。可以使用 SQL Server Management Studio 的对象资源管理器创建用户定义数据库角色，其创建新的数据库角色操作的具体步骤如下：

（1）打开 SQL Server Management Studio 窗口，在【对象资源管理器】｜【数据库】下，打开【Teach_info_DB】｜【安全性】节，在【角色】节点单击右键，从弹出的快捷菜单中选择【新建数据库角色】按钮。

（2）在【新建数据库角色】｜【常规】页面中，添加一个角色名称为 Jack_role 和所有者为 dbo，选择此角色所拥有的架构为 db_owner，并为新创建的角色添加用户 jack，如图 5-15 所示。

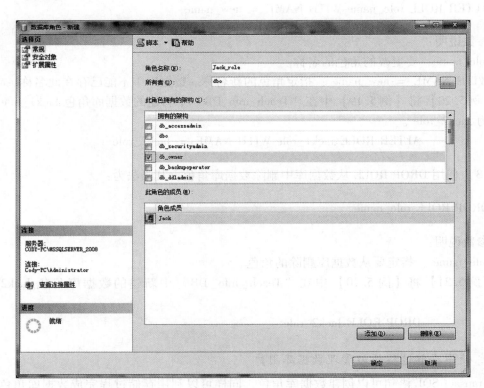

图 5-15　【数据库角色-新建】窗口

（3）最后单击【确定】按钮，完成数据库角色 Jack_role 的创建。

4. 使用 Transact SQL 语句管理数据库用户

除了使用 SQL Server Management Studio 的对象资源管理器创建用户定义数据库角色，

还可以用 Transact SQL 语句创建数据库角色。数据库角色的创建、修改或删除，主要使用的 Transact SQL 命令有：CREATE ROLE、ALTER ROLE、DROP ROLE 等。

（1）使用 CREATE ROLE 在数据库中创建数据库角色。其语法为：

CREATE ROLE role_name〔 AUTHORIZATION owner_name〕

参数说明：

role_name：待创建角色的名称。

AUTHORIZATION owner_name：将拥有新角色的数据库用户或角色。如果未指定用户，则执行 CREATE ROLE 的用户将拥有该角色。

【例 5.19】在"Teach_info_DB"数据库中创建一个名为 Jack1_role 的数据库角色，同时指定所有者为 dbo。

CREATE ROLE Jack1_role AUTHORIZATION dbo

（2）使用 ALTER ROLE 在数据库中修改数据库角色。其语法为：

ALTER ROLE role_name WITH NAME = new_name

参数说明：

role_name：要更改的角色的名称。

WITH NAME = new_name：指定角色的新名称。数据库中不能已存在此名称。

【例 5.20】将【例 5.19】中在"Teach_info_DB"中新建的数据库角色 Jack1_role 名称修改为 Jack2_role。

ALTER ROLE Jack1_role WITH NAME = Jack2_role

（3）使用 DROP ROLE 从数据库中删除数据库角色。其语法为：

DROP ROLE role_name

参数说明：

role_name：指定要从数据库删除的角色。

【例 5.21】将【例 5.20】中在"Teach_info_DB"中新建的数据库角色 Jack2_role 删除。

DROP ROLE Jack2_role

5. 使用存储过程语句管理数据库用户

Transact SQL 语句可以创建数据库角色，同样可以利用存储过程完成数据库角色的管理，主要是使用 SP_ADDROLE、SP_DROPROLE、SP_HELPROLE 对数据库角色进行创建、删除与查看。

（1）利用 SP_ADDROLE 在数据库中创建数据库角色。存储过程 SP_ADDROLE 语法为：

sp_addrole［＠rolename ＝］′role′［，［＠ownername ＝］′owner′］

参数说明：

［＠rolename ＝］′role′：新数据库角色的名称。role 的数据类型为 sysname，没有默认值。role 必须是有效标识符（ID），并且不能已经存在于当前数据库中。

［＠ownername ＝］′owner′：新数据库角色的所有者。owner 的数据类型为 sysname，默认值为当前正在执行的用户。owner 必须是当前数据库的数据库用户或数据库角色。

【例 5. 22】在"Teach_info_DB"数据库中创建一个名为 Jack3_role 的数据库角色。
　　　　　　　　EXEC SP_ADDROLE ′Jack3_role′

（2）利用 SP_DROPROLE 在数据库中删除数据库角色。存储过程 SP_DROPROLE 语法为：

sp_droprole［＠rolename ＝ ］′role′

参数说明：

［＠rolename ＝ ］′role′：要从当前数据库中删除的数据库角色的名称。role 的数据类型为 sysname，无默认值。role 必须已经存在于当前数据库中。

【例 5. 23】将【例 5. 22】中在"Teach_info_DB"数据库中创建的数据库角色 Jack3_role删除。
　　　　　　　　EXEC SP_DROPROLE ′Jack3_role′

（3）利用 SP_HELPROLE 查看当前数据库中有关角色的信息。存储过程 SP_HELPROLE 语法为：

sp_helprole［［＠rolename ＝ ］′role′］

参数说明：

［＠rolename ＝ ］′role′：当前数据库中的角色的名称。role 的数据类型为 sysname，默认值为 NULL。在当前数据库中必须存在 role。未指定 role，则将返回当前数据库中所有角色的信息。

【例 5. 24】查看【例 5. 22】中在"Teach_info_DB"数据库中创建的一个名为 Jack3_role的数据库角色。
　　　　　　　　EXEC SP_HELPROLE

6. 数据库角色的添加与删除

角色是指一组具有固定权限的描述。数据库角色成员的添加与删除操作可以通过 SQL Server Management Studio 或 Transact SQL 语句两种方法实现。

（1）使用 SQL Server Management Studio 添加与删除数据库角色成员。在 SQL Server Management Studio 中，通过相应角色的属性对话框可以方便地添加用户，使用户成为角色成员，其添加与删除数据库角色成员的具体步骤如下：

①打开 SQL Server Management Studio 窗口，在【对象资源管理器】|【数据库】下，打开【Teach_info_DB】|【安全性】|【角色】|【数据库角色】节点。

②在【数据库角色】节点下找到 Jack1_role 数据库角色，单击右键，在快捷菜单中选择【属性】按钮，打开【数据库角色属性】窗口，如图 5 – 16 所示。

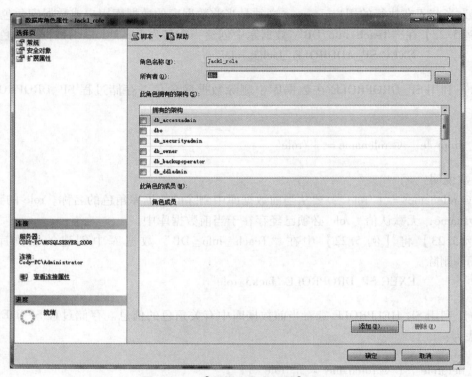

图 5 – 16   【数据库角色属性】窗口

③在【常规】页面上单击【添加】按钮为数据库角色 Jack1_role 添加相关角色成员。

④选择相关数据库角色成员后，单击【确定】按钮完成角色成员的添加。

⑤如果用户需要删除数据库角色 Jack1_role 所添加的成员，则只需要在上面的步骤②中选择需要删除的角色成员，然后单击【删除】按钮完成角色成员的删除。

用户可以为数据库角色添加与删除角色成员，同样数据库用户也可以选择相关的数据库角色，添加与删除数据库角色的具体步骤如下：

①打开 SQL Server Management Studio 窗口，在【对象资源管理器】|【数据库】下，打开【Teach_info_DB】|【安全性】|【用户】节点。

②在【用户】节点下找到 Jack 数据库用户，单击右键，在快捷菜单中选择【属性】按钮，打开【数据库用户】窗口，如图 5 – 17 所示。

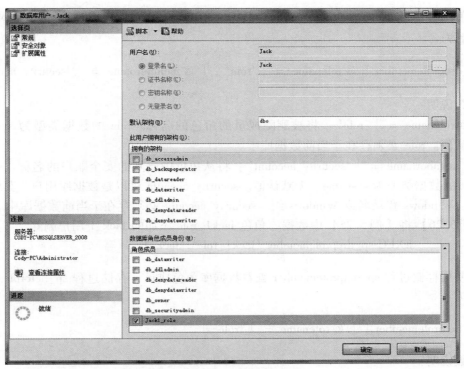

图 5 - 17　【数据库用户】窗口

③在【数据库用户】窗口中【常规】页面上，单击【数据库角色成员身份】中相关数据库角色前面的单选按钮，用户可以添加与删除数据库角色。

④最后单击【确定】按钮完成角色成员的添加与删除。

（2）使用存储过程语句添加与删除数据库角色成员。数据库角色成员的添加与删除，主要使用的存储过程语句命令有 sp _ addrolemember、sp _ droprolemember、sp _ helprolemember 等。

①使用存储过程 sp_addrolemember 为数据库角色添加成员，存储过程 sp_addrolemember 语法为：

sp_addrolemember ［@ rolename ＝ ］′role′,
［@ membername ＝ ］′security_account′

参数说明：

［@ rolename ＝ ］′role′：当前数据库中的数据库角色的名称。role 的数据类型为 sysname，无默认值。

［@ membername ＝ ］′security_account′：是添加到该角色的安全账户。security_account 的数据类型为 sysname，无默认值。security_account 可以是数据库用户、数据库角色、Windows 登录或 Windows 组。

【例 5.25】在【例 5.19】中创建的数据库角色 Jack1_role 中添加一个用户 Jack_1。

　　　　　EXEC sp_addrolemember ′Jack1_role′,′Jack_1′

②使用存储过程 sp_droprolemember 为数据库角色删除成员，存储过程 sp_droprolemem-ber 语法为：

sp_droprolemember〔@rolename = 〕'role'，〔@membername = 〕'security_account'

参数说明：

〔@rolename = 〕'role'：将被删除成员的角色的名称。role 的数据类型为 sysname，没有默认值。role 必须存在于当前数据库中。

〔@membername = 〕'security_account'：将从角色中删除的安全账户的名称。security_account 的数据类型为 sysname，无默认值。security_account 可以是数据库用户、其他数据库角色、Windows 登录名或 Windows 组。security_account 必须存在于当前数据库中。

【例 5.26】将【例 5.25】中数据库角色 Jack1_role 添加的 Jack_1 用户删除。

　　　　EXEC sp_droprolemember 'Jack1_role'，'Jack_1'

③使用存储过程 sp_helprolemember 查看数据库角色成员，存储过程 sp_helprolemember 其语法为：

sp_helprolemember〔〔@rolename = 〕'role'〕

参数说明：

〔@rolename = 〕'role'：当前数据库中的角色的名称。role 的数据类型为 sysname，默认值为 NULL。在当前数据库中必须存在 role。如果不指定 role，则返回当前数据库中至少包含一个成员的所有角色。

【例 5.27】查看上例中数据库角色成员的情况。

　　　　EXEC sp_helprolemember 'Jack1_role'

5.4　数据库对象的安全性

数据库对象的安全性是核查用户权限的最后一个安全等级。在创建数据库对象的时候，SQL Server 自动将该数据库对象的拥有权赋予该对象的创建者。对象的拥有者可以实现对该对象的完全控制。数据对象访问的权限定义了用户对数据库中数据对象的引用、数据操作语句的许可权限。默认情况下，只有数据库的拥有者才可以在该数据库下进行操作。当一个非数据库拥有者的用户想访问数据库里的对象时，必须事先由数据库的拥有者赋予该用户某指定对象的指定操作权利。例如，一个用户想访问数据库中的信息，则他必须在成为数据库的合法用户的前提下，获得由数据库拥有者分配的针对表的访问权限。

5.4.1　架构管理

架构是形成单个命名空间的数据库实体的集合。命名空间是一个集合，其中每个元素的名称都是唯一的。架构是数据库级的安全对象，是数据库对象的容器，可以包含如表、视图、存储过程等数据库对象。架构独立于创建它们的数据库用户而存在。

用户使用架构分离的好处：①多个用户可以通过角色成员身份或 Windows 组成员身份拥有一个架构。这扩展了允许角色和组拥有对象的用户熟悉的功能。②极大地简化了删除数据库用户的操作。③删除数据库用户不需要重命名该用户架构所包含的对象。④多个用户可以共享一个默认架构以进行统一名称解析。

管理架构包括创建架构、修改架构及删除架构等。

1．创建架构

在创建架构前，首先应该考虑为架构定义一个有意义的名称。架构名称可以长达 128 个字符，而且必须是以英文字母开头，其中可以包括 _、@ 、#以及数字。架构名存储于数据库中，因此创建的架构名称在数据库中必须是唯一的，但在不同的数据库中可以是相同名称的架构。创建架构可以通过 SQL Server Management Studio 或 Transact SQL 语句两种方法实现。

（1）使用 SQL Server Management Studio 创建架构。在 SQL Server Management Studio 中，通过数据库创建架构的具体步骤如下：

①打开 SQL Server Management Studio 窗口，在【对象资源管理器】|【数据库】下，打开【Teach_info_DB】|【安全性】|【架构】节点。

②在【架构】节点单击右键，在快捷菜单中选择【新建架构】按钮，打开【架构 -新建】窗口，如图 5 - 18 所示。

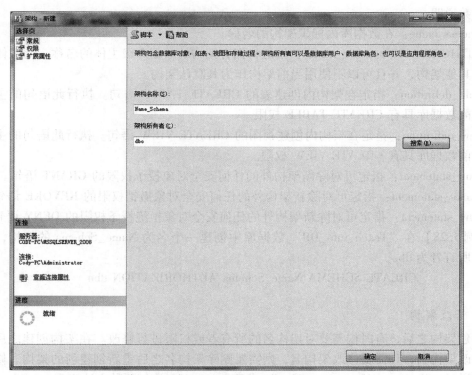

图 5 - 18　【架构 - 新建】窗口

③在【架构–新建】窗口中【常规】页面上，创建架构名称为 Name_Schema，架构所有者为 dbo。根据用户需求对【架构–新建】|【权限】进行设置。

④最后单击【确定】按钮完成架构的创建。

（2）使用 Transact SQL 语句创建架构。创建架构还可以通过 Transact SQL 语句的 CREATE SCHEMA 来完成，其语法为：

CREATE SCHEMA schema_name_clause [< schema_element > [... n]]

　< schema_name_clause > :: =

　　　{

　　schema_name

　　　| AUTHORIZATION owner_name

　　　| schema_name AUTHORIZATION owner_name

　　　}

　< schema_element > :: =

　　　{

　　　　table_definition | view_definition | grant_statement |

　　　　revoke_statement | deny_statement

　　　}

参数说明：

schema_name：在数据库内标识架构的名称。

AUTHORIZATION owner_name ：指定将拥有架构的数据库级主体的名称。此主体还可以拥有其他架构，并且可以不使用当前架构作为其默认架构。

table_definition：指定在架构内创建表的 CREATE TABLE 语句。执行此语句的主体必须对当前数据库具有 CREATE TABLE 权限。

view_definition：指定在架构内创建视图的 CREATE VIEW 语句。执行此语句的主体必须对当前数据库具有 CREATE VIEW 权限。

grant_statement：指定可对除新架构外的任何安全对象授予权限的 GRANT 语句。

revoke_statement：指定可对除新架构外的任何安全对象撤销权限的 REVOKE 语句。

deny_statement：指定可对除新架构外的任何安全对象拒绝授予权限的 DENY 语句。

【例 5.28】在 "Teach_info_DB" 数据库中创建一个名为 Name_Schema 的架构，并设置架构所有者为 dbo。

　　　　CREATE SCHEMA Name_Schema AUTHORIZATION dbo

2. 修改架构

创建架构之后，有时候需要对架构名的所有者或权限进行修改。在架构创建之后，就不能修改架构名，如需要修改架构名，则需要删除架构名之后重新创建新的架构。修改架构可以通过 SQL Server Management Studio 或 Transact SQL 语句两种方法实现。

（1）使用 SQL Server Management Studio 修改架构。在 SQL Server Management Studio

中，通过数据库修改架构名 Name_Schema 的所有者或是权限的具体步骤如下：

①打开 SQL Server Management Studio 窗口，在【对象资源管理器】|【数据库】下，打开【Teach_info_DB】|【安全性】|【架构】节点。

②单击【架构】节点，在展开的架构列表中右键单击 Name_Schema，选择【属性】按钮，打开【架构属性 – dbo】。

③在【架构属性 – dbo】|【常规】页面中，可以通过【搜索】按钮对【架构所有者】进行修改。

④在【架构属性 – dbo】|【权限】页面中，可以设置架构的相关权限。

⑤最后单击【确定】按钮完成对架构的修改。

（2）使用 Transact SQL 语句修改架构。创建架构还可以通过 Transact SQL 语句的 ALTER SCHEMA 来完成，其语法为：

ALTER SCHEMA schema_name
　　TRANSFER [< entity_type > ::] securable_name [;]
　< entity_type > :: =
　　　　{
　　　　　Object ｜ Type ｜ XML Schema Collection
　　　　}

参数说明：

schema_name：当前数据库中的架构名称，安全对象将移入其中。其数据类型不能为 SYS 或 INFORMATION_SCHEMA。

< entity_type >：更改其所有者的实体的类。Object 是默认值。

securable_name：要移入架构中的架构包含安全对象的一部分或两部分名称。

【例 5.29】在 "Teach_info_DB" 数据库中再创建一个名为 Name_Schema2 的架构，并设置架构所有者为 dbo，再在 "Teach_info_DB" 数据库中将表 "Stu_info" 从架构 Name_Schema2 传输到 Name_Schema 架构中修改该架构。

　　　　ALTER SCHEMA Name_Schema TRANSFER Name_Schema1. Stu_info；

3. 删除架构

如果架构已经没有存在的必要了，则可以删除架构，以此来从数据库中移除它。删除架构时需要注意，如果架构中包含有任何对象，那么删除操作会失败。只有当架构中不再包含对象时才可以被删除。

（1）使用 SQL Server Management Studio 删除架构。在 SQL Server Management Studio 中，通过数据库删除架构名 Name_Schema 的具体步骤如下：

①打开 SQL Server Management Studio 窗口，在【对象资源管理器】|【数据库】下，打开【Teach_info_DB】|【安全性】|【架构】节点。

②单击【架构】节点，在展开的架构列表中右键单击 Name_Schema，选择【删除】按钮完成架构的删除。

（2）使用 Transact SQL 语句修改架构。删除架构还可以通过 Transact SQL 语句的 DROP SCHEMA 来完成，其语法为：

DROP SCHEMA schema_name

参数说明：

schema_name：架构在数据库中所使用的名称。

【例5.30】将上例"Teach_info_DB"数据库中的架构 Name_Schema 删除。

DROP SCHEMA Name_Schema

5.4.2 权限管理

权限是执行操作、访问数据的通行证，用于控制对数据库对象的访问，以及指定用户对数据库可以执行的操作。用户可以设置服务器和数据库的权限。只有拥有了针对某种安全对象的指定权限，才能对该对象执行相应的操作。在 Microsoft SQL Server 2008 系统中，用户在登录到 SQL Server 之后，其安全账号（用户账号）所归属的 NT 组或角色所被授予的权限决定了该用户能够对哪些数据库对象执行哪种操作以及能够访问、修改哪些数据。不同的对象有不同的权限。

1. 权限类型

在 SQL Server 2008 中可以使用的权限分为 3 种类型：对象权限、语句权限和隐式权限。表5-3列出了主要的权限类别以及可应用这些权限的安全对象的种类。

表5-3　权限类型

权　　限	适用对象
SELECT	同义词、表和列、表值函数和列、视图和列
UPDATE	同义词、表和列、视图和列
REFERENCES	标量函数和聚合函数、SQL Server 2008 Service Broker 队列、表和列、表值函数和列、视图和列
INSERT	同义词、表和列、视图和列
DELETE	同义词、表和列、视图和列
EXECUTE	过程、标量函数和聚合函数、同义词
RECEIVE	Service Broker 队列
VIEW DEFINITION	过程、Service Broker 队列、标量函数和聚合函数、同义词、表、表值函数、视图
ALTER	过程、标量函数和聚合函数、Service Broker 队列、表、表值函数、视图
TAKE OWNERSHIP	过程、标量函数和聚合函数、同义词、表、表值函数、视图
CONTROL	过程、标量函数和聚合函数、Service Broker 队列、同义词、表、表值函数、视图

2. 权限管理

权限管理在 SQL Server 2008 中非常重要，它决定着整个数据库的安全与有效使用。权限管理主要负责指定用户的权限，例如可以使用哪些对象以及对这些对象可以进行哪些操作，有没有执行如创建数据库对象语句的权限等。通常将权限分为 3 种状态：授予、拒绝与撤销。

（1）利用 SQL Server Management Studio 工具管理权限。权限管理可以通过在 SQL Server Management 中对用户的权限进行交互式设置，可以从权限相关的主体与安全对象这两者的任何一方考虑实现。例如，对某个数据库中的数据库用户添加对象权限，其具体操作步骤如下：

①打开 SQL Server Management Studio 窗口，在【对象资源管理器】｜【数据库】下，打开【Teach_info_DB】｜【安全性】｜【用户】节点。

②单击【用户】节点，在展开的用户列表中右键单击 Jack，选择【属性】按钮，打开【数据库用户 – Jack】窗口，如图 5 – 19 所示。

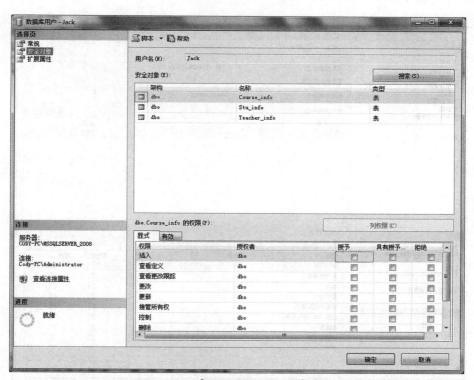

图 5 – 19　【数据库用户 – Jack】窗口

③在【数据库用户 – Jack】｜【安全对象】页面中，单击【添加】按钮出现【添加对象】对话框，选择 dbo 架构，然后单击【确定】按钮返回。

④在【数据库用户 – Jack】｜【安全对象】页面中对"Teach_info_DB"数据库中的表进行显式权限的设置。

⑤最后单击【确定】完成权限的设置。

对象权限使用用户能够访问存在于数据库中的对象，除了数据库对象权限外，还可以给用户分配数据库权限。SQL Server 2008 对数据库权限进行了扩充，增加了许多新的权限，这些数据库权限除了授权用户可以创建数据库对象和进行数据库备份外，还增加了一些更改数据库对象的权限。例如，对"Teach_info_DB"数据库进行相关权限设置，其具体步骤如下：

①打开 SQL Server Management Studio 窗口，在【对象资源管理器】|【数据库】下，右键单击【Teach_info_DB】节点，选择【属性】按钮，打开【数据库属性 – Teach_info_DB】窗口，如图 5 – 20 所示。

②在【数据库属性 – Teach_info_DB】|【权限】页面中，单击【添加】按钮出现【选择用户或角色】对话框，单击【浏览】按钮选择 Jack 用户，然后单击【确定】按钮返回【数据库属性 – Teach_info_DB】|【权限】页面。

③在【数据库属性 – Teach_info_DB】|【权限】页面中通过显示权限设置"Teach_info_DB"数据库的相关权限。

④最后单击【确定】完成权限的设置。

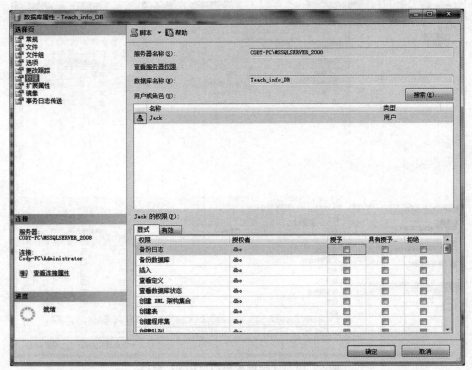

图 5 – 20   【数据库属性 – Teach_info_DB】窗口

（2）利用 Transact SQL 语句管理权限。管理权限同样可以通过 Transact SQL 语句来完成，主要命令有 GRANT、REVOKE、DENY 等。

①利用 GRANT 授予权限。其语法为：

GRANT { ALL ［ PRIVILEGES ］}

　　　　| permission [（column [，...n]）][，...n]
　　　　[ON [class ::] securable] TO principal [，...n]
　　　　[WITH GRANT OPTION][AS principal]

参数说明：

ALL：不推荐使用此选项，保留此选项仅用于向后兼容。它不会授予所有可能的权限。授予 ALL 参数相当于授予以下权限。

PRIVILEGES：包含此参数是为了符合 ISO 标准，请不要更改 ALL 的行为。

permission：权限的名称。下面列出的子主题介绍了不同权限与安全对象之间的有效映射。

column：指定表中将授予其权限的列的名称。需要使用括号"（）"。

class：指定将授予其权限的安全对象的类。需要范围限定符"::"。

securable：指定将授予其权限的安全对象。

TO principal：主体的名称。可为其授予安全对象权限的主体随安全对象而异。有关有效的组合，请参阅下面列出的子主题。

GRANT OPTION：指示被授权者在获得指定权限的同时还可以将指定权限授予其他主体。

【例 5.31】授予角色 Jack_role 对"Teach_info_DB"数据库中"学生"表的 INSERT、UPDATE 和 DELETE 权限。

　　　　GRANT SELECT，UPDATE，DELETE
　　　　ON 学生
　　　　TO Jack_role

②利用 REVOKE 撤销权限。其语法为：

REVOKE [GRANT OPTION FOR]
　　　{
　　　　[ALL [PRIVILEGES]]
　　　|
　　　　　　permission [（column [，...n]）][，...n]
　　　}
　　　[ON [class ::] securable]
　　　{ TO | FROM } principal [，...n]
　　　[CASCADE][AS principal]

参数说明：

GRANT OPTION FOR：指示将撤销授予指定权限的能力。在使用 CASCADE 参数时，需要具备该功能。

ALL：该选项并不撤销全部可能的权限。撤销 ALL 相当于撤销以下权限。

PRIVILEGES：包含此参数是为了符合 ISO 标准，请不要更改 ALL 的行为。

permission：权限的名称。本主题后面的特定于安全对象的语法部分所列出的主题介绍了权限和安全对象之间的有效映射。

column：指定表中将撤销其权限的列的名称。需要使用括号"（ ）"。

class：指定将撤销其权限的安全对象的类。需要范围限定符"∷"。

securable：指定将撤销其权限的安全对象。

TO ｜ FROM principal：主体的名称。可撤销其对安全对象的权限的主体随安全对象而异。有关有效组合的详细信息，请参阅本主题后面的特定于安全对象的语法部分所列出的主题。

CASCADE：指示当前正在撤销的权限也将从其他被该主体授权的主体中撤销。使用 CASCADE 参数时，还必须同时指定 GRANT OPTION FOR 参数。

【例 5.32】在"Teach_info_DB"数据库中，撤销 Jack_role 对"Teach_info_DB"数据库中"Stu_info"INSERT、UPDATE 和 DELETE 的权限。

```
          REVOKE SELECT，UPDATE，DELETE
          ON OBJECT：：Stu_info
          FROM Jack_role CASCADE
```

③利用 DENY 拒绝授予权限。其语法为：

```
DENY ｛ ALL ［ PRIVILEGES ］｝
       ｜ permission ［（ column ［ ，…n ］）］［ ，…n ］
       ［ ON ［ class ：： ］ securable ］ TO principal ［ ，…n ］
       ［ CASCADE］［ AS principal ］
```

参数说明：

ALL：该选项不拒绝所有可能权限。拒绝 ALL 相当于拒绝下列权限。

PRIVILEGES：包含此参数是为了符合 ISO 标准，请不要更改 ALL 的行为。

Permission：权限的名称。下面列出的子主题介绍了不同权限与安全对象之间的有效映射。

column：指定拒绝将其权限授予他人的表中的列名。需要使用括号"（ ）"。

class：指定拒绝将其权限授予他人的安全对象的类。需要范围限定符"∷"。

securable：指定拒绝将其权限授予他人的安全对象。

TO principal：主体的名称。可以对其拒绝安全对象权限的主体随安全对象而异。

CASCADE：指示拒绝授予指定主体该权限，同时，对该主体授予了该权限的所有其他主体，也拒绝授予该权限。当主体具有带 GRANT OPTION 的权限时，为必选项。

【例 5.33】在"Teach_info_DB"数据库中的"Stu_info"表中执行 INSERT 操作的权限授予了 public 角色，这样所有的数据库用户都拥有了该项权限。然后，又拒绝了用户 guest 拥有该项权限。

```
          GRANT INSERT ON Stu_info TO public
          DENY INSERT ON Stu_info TO guest
```

5.5　SQL Server Profiler 对数据库的跟踪

Microsoft SQL Server Profiler 是图形化实时监视工具，用于监视 SQL Server Database Engine 或 SQL Server Analysis Services 的实例，能帮助系统管理员监视数据库和服务器的行为。比如死锁的数量，致命的错误，跟踪 Transact SQL 语句和存储过程。可以把这些监视数据存入表或文件中，并在以后某一时间重新显示这些事件来一步一步地进行分析。

通常我们使用 SQL Server Profiler 仅监视某些插入事件，这些事件主要有：①登录连接的失败、成功或断开连接；②DELETE、INSERT、UPDATE 命令；③远程存储过程调用（RPC）的状态；④存储过程的开始或结束，以及存储过程中的每一条语句；⑤写入 SQL Server 错误日志的错误；⑥打开的游标；⑦向数据库对象添加锁或释放锁。

SQL Server 事件探查器（Profiler）可以帮助数据库管理员跟踪 SQL Server 数据库所执行的特定事件，监视数据库的行为；并将这些有价值的信息保存到文件或表中，以便以后用来分析解决数据库出现的问题，对数据库引擎性能进行优化。

5.5.1　预定义模板

SQL Server Profiler 提供了预定义的跟踪模板，如表 5-4 所示，使用户可以轻松配置特定跟踪可能最需要的事件类。例如，Standard 模板可帮助用户创建通用跟踪，用于记录登录、注销、已完成的批处理和连接信息。用户可以使用此模板来运行跟踪而无需修改，也可以基于该模板创建具有不同事件配置的其他模板。

除了通过预定义模板进行跟踪以外，SQL Server Profiler 还允许用户从空模板（默认情况下不包含任何事件类）创建跟踪。当计划的跟踪与任何预定义模板的配置都不相符时，使用空跟踪模板会十分有用。

表 5-4　预定义模板

模板名称	模板用途
SP_Counts	捕获一段时间内存储过程的执行行为
Standard	创建跟踪的通用起点。捕获所运行的全部存储过程和 Transact SQL 批处理。用于监视常规数据库服务器活动
TSQL	捕获客户端提交给 SQL Server 的所有 Transact SQL 语句及其发出时间。用于调试客户端应用程序
TSQL_Duration	捕获客户端提交给 SQL Server 的所有 Transact SQL 语句以及执行这些语句所需的时间（毫秒），并按照持续时间将它们分组。用于识别执行速度慢的查询
TSQL_Grouped	捕获提交给 SQL Server 的所有 Transact SQL 语句及其发出时间。信息按提交语句的用户或客户端分组。用于调查某客户端或用户发出的查询

（续上表）

模板名称	模板用途
TSQL_Replay	捕获重播跟踪所需的 Transact SQL 语句的详细信息。用于执行迭代优化，例如基准测试
TSQL_SPs	捕获有关执行的所有存储过程的详细信息。用于分析存储过程的组成步骤。如果怀疑过程正在重新编译，请添加 SP: Recompile 事件
Tuning	捕获有关存储过程和 Transact SQL 批处理执行的信息。用于生成跟踪输出，数据库引擎优化顾问可以将该输出用作工作负荷来优化数据库

5.5.2 创建跟踪

在 SQL Server 中可以使用 SQL Server Profiler 创建跟踪，也可以使用跟踪创建向导或是扩展存储过程。在这里我们将介绍如何使用 SQL Server Profiler 来创建跟踪。

（1）单击【开始】|【程序】|【Microsoft SQL Server 2008】|【性能工具】|【SQL Server Profiler】打开 SQL Server Profiler 窗口。

（2）在 SQL Server Profiler 窗口中单击【文件】菜单，从快捷菜单中单击【新建跟踪】按钮，在【连接到数据库】窗口中单击【连接】按钮，弹出【跟踪属性】窗口，如图 5 – 21 所示。

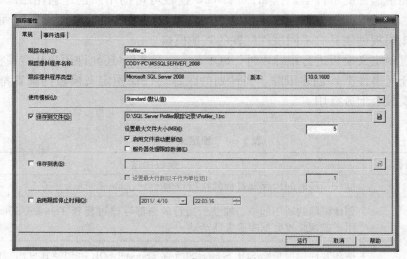

图 5 – 21   【跟踪属性】窗口

（3）在【跟踪属性】|【常规】选项卡中，新建一个名称为 Profiler_1 的跟踪，跟踪模板使用 Standard，并设置保存跟踪文件的路径。

（4）在【跟踪属性】|【常规】选项卡中，单击【保存到表】选项前的单选按钮后，弹出【连接到服务器】窗口，再单击连接弹出【目标表】窗口，如图 5 – 22 所示。

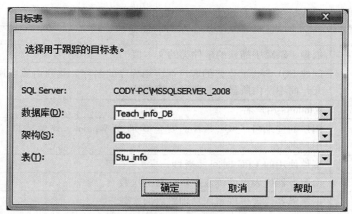

图 5 - 22　【目标表】窗口

（5）在【目标表】窗口中选择数据库"Teach_info_DB"，所有者为 dbo，并且选择"Teach_info_DB"中的"学生"表，然后单击【确定】返回【跟踪属性】窗口中。

（6）在【跟踪属性】｜【事件选择】选项卡中，用户根据需要设置跟踪的事件或事件列，如图 5 - 23 所示。

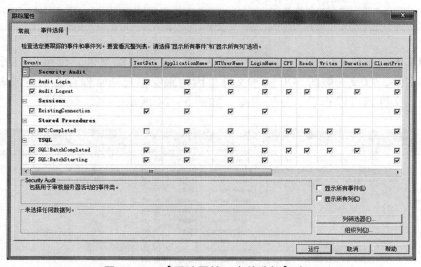

图 5 - 23　【跟踪属性 - 事件选择】窗口

（7）最后单击【运行】按钮完成 SQL Server Profiler 的跟踪创建。

5.5.3　查看与分析跟踪

使用 SQL Server Profiler 可以查看跟踪中的事件数据，跟踪中的每一行代表一个事件，这些事件数据是由跟踪的属性决定的。可以把 SQL Server 数据拷贝到其他的应用程序中，如 SQL Server Query Analyzer 或 Index Tuning Wizard，然后利用它们进行数据分析，但通常我们使用 SQL Server Profiler 来进行跟踪分析，如表 5 - 5 所示。

表 5 – 5　SQL Server Profiler 事件探测表

事　件	含　义
TextDate	依赖于跟踪中捕获的事件类的文本值
ApplicationName	创建 SQL Server 连接的客户端应用程序的名称。此列由该应用程序传递值填充，而不是由所显示的程序名填充的
NTusername	Windows 用户名
LoginName	用户的登录名（SQL Server 安全登录或 Windows 登录凭据，格式为"域 \ 用户名"）
CPU	事件使用的 CPU 时间（毫秒）
Reads	由服务器代表事件读取逻辑磁盘的次数
Writes	由服务器代表事件写入物理磁盘的次数
Duration	事件占用的时间。尽管服务器以微秒计算持续时间，SQL Server Profiler 却能够以毫秒为单位显示该值，具体情况取决于"工具" > "选项"对话框中的设置
ClientProcessID	调用 SQL Server 的应用程序的进程 ID
SPID	SQL Server 为客户端的相关进程分配的服务器进程 ID
StartTime	事件（如果可用）的启动时间
EndTime	事件结束的时间。对指示事件开始的事件类（例如 SQL：BatchStarting 或 SP：Starting）将不填充此列
BinaryData	依赖跟踪中捕获的事件类的二进制值

　　利用 SQL Server Profiler 既可以打开扩展名为 . trc 的跟踪文件，也可以打开扩展名为 . log 的日志文件，以及一般的 SQL 脚本文件。因为跟踪信息通常保存在文件或表中，所以通过打开表或文件就可以查看、分析跟踪。如图 5 – 24 所示。

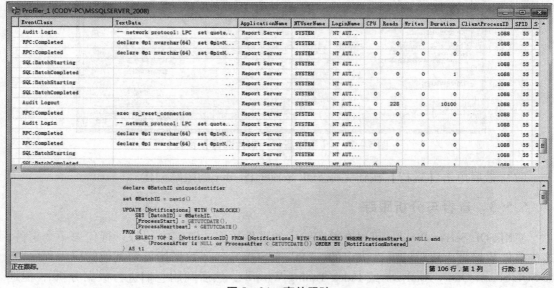

图 5 – 24　事件跟踪

5.5.4　数据库引擎优化顾问

数据库引擎优化顾问是一种工具，用于分析在一个或多个数据库中运行的工作负荷的性能效果。工作负荷是对在优化的数据库执行的一组 T – SQL 语句。分析数据库的工作负荷效果后，数据库引擎优化顾问会提供在 SQL Server 2008 数据库中添加、删除或修改物理设计结构的建议。这些物理性能结构包括聚集索引、非聚集索引、索引视图和分区。实现这些结构之后，数据库引擎优化顾问使查询处理器能够用最短的时间执行工作负荷任务。

数据库引擎优化顾问的使用步骤如下：

（1）单击【开始】｜【程序】｜【Microsoft SQL Server 2008】｜【性能工具】｜【数据库引擎优化顾问】按钮，弹出【连接到数据库】窗口，单击【连接】按钮进入【数据库引擎优化顾问】窗口，如图 5 – 25 所示。

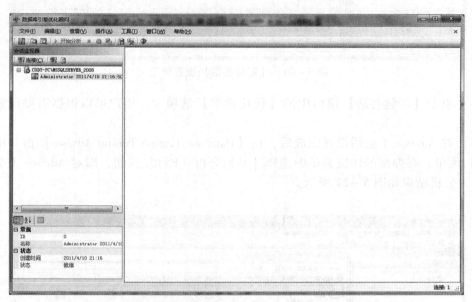

图 5 – 25　【数据库引擎优化顾问】窗口

（2）在【数据库引擎优化顾问】窗口中单击【文件】菜单，从快捷菜单中单击【新建会话】按钮，在【新建会话】窗口中设置会话名称 Advisor_1，设置工作负荷为 SQL Server Profiler 创建跟踪的 Profiler_1 文件，并设置"Teach_info_DB"数据库为要优化的数据库和表，如图 5 – 26 所示。

图 5-26 【新建会话】设置窗口

（3）单击【新建会话】窗口中的【优化选项】选项卡，用户可以根据需要设置相关参数。

（4）对 Advisor_1 会话设置完成后，在【Database Engine Tuning Advisor】窗口中单击【操作】菜单，在弹出的快捷菜单中选择【开始分析（F5）】按钮，即对 Advisor_1 会话进行分析，分析结果如图 5-27 所示。

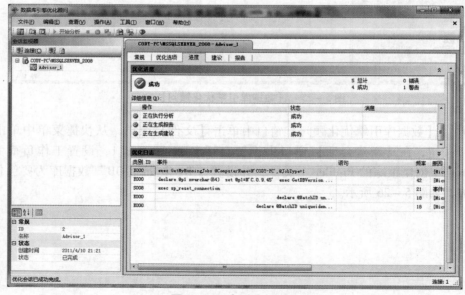

图 5-27 会话分析结果

（5）同样，在图 5-27 会话分析结果中可以查看分析建议与报告。

习题五

一、选择题

1. "保护数据库，防止未经授权的或不合法的使用造成的数据泄露、更改破坏。"这是指数据的（　　　）。

　　A. 完整性　　　　　　B. 安全性　　　　　C. 恢复　　　　　D. 并发控制

2. SQL Server 中，为便于管理用户及权限，可以将一组具有相同权限的用户组织在一起，这一组具有相同权限的用户就称为（　　　）。

　　A. SQL Server 用户　B. 角色　　　　　　C. 登录　　　　　D. 账户

3. 在 SQL Server 的安全体系结构中，下列哪个等级是用户接受的第三次安全性检验？（　　　）。

　　A. 客户机操作系统的安全性　　　　　B. 数据库的使用安全性

　　C. SQL Server 的登录安全性　　　　　D. 数据库对象的使用安全性

二、填空题

1. 数据的安全性是指_____。

2. SQL Server 2008 的安全机制可以划分为_____、_____、_____和_____四个等级。

3. SQL Server 2008 有两种安全认证模式，即 Windows 安全认证模式和_____。

4. SQL Server 2008 的用户或角色分为两级：一级为服务器级用户或角色；另一级为_____。

三、思考题

1. 登录账号和用户账号的联系与区别是什么？

2. 数据库对象的安全性主要包括哪些内容？

第6章　备份和恢复数据库

6.1　MS SQL 数据库备份和恢复

计算机技术的广泛应用，一方面大大提高了人们的工作效率，另一方面又为人们和组织的正常工作带来了巨大的隐患。作为数据库管理员，执行备份和恢复操作是数据库管理的一项重要工作，以确保数据库中数据的安全性和完整性。无论是计算机硬件系统的故障，还是计算机软件系统的瘫痪，都有可能对人们和组织的正常工作带来极大的冲击，甚至出现灾难性的后果。备份和恢复是解决这种问题的有效机制。备份是恢复的基础，恢复是备份的目的。

6.1.1　数据库备份和恢复的概念

在数据库运行过程当中，难免会遇到诸如人为错误、硬盘损坏、电脑病毒、断电或其他灾难。这些都会影响数据库的正常使用和数据的正确性，甚至破坏数据库，导致部分数据或是全部数据的丢失。因此，数据库的备份技术在于建立冗余数据，也就是备份数据。

一般数据库的故障可分为四类：

（1）事务故障：事务故障是指一个正在执行的事务发生中断，没能够完全执行并提交。比如非法输入、数据溢出、超出资源限制、死锁以及网络中断等。

（2）系统故障：系统故障通常称为软故障，指造成系统停止运行的任何事件，比如系统重启、操作系统故障、突然停电以及数据库系统出现异常等。

（3）磁盘故障：磁盘故障是指存放数据库数据的磁盘设备出现故障，造成磁盘中数据全部或者部分无法读写。比如硬盘损坏、强磁场干扰以及磁盘控制器损坏等。

（4）人为故障：人为故障是一种人为的故障或破坏方式，比如病毒感染、用户操作失误等。

所谓数据库备份，就是为了保证在异常情况下数据库的一致性遭到破坏而无法使用，把数据库的结构、对象和数据复制到转储设备的过程，简单地说备份就是数据的"副本"。其中，转储设备是指用于放置数据库拷贝的磁带或磁盘。通常也将存放于转储设备中的数据库的拷贝称为原数据库的备份或转储。

6.1.2　数据库备份类型

SQL Server 2008 数据库主要提供了四种备份类型，如表 6-1 所示。其中，完整备份、差异备份以及事务日志备份都是用户经常使用的备份方式。完整备份将数据的完整副本以及事务日志中捕捉完整备份过程中的改动写到备份文件中。差异备份存储上一个完整备份以来的改动数据。差异备份的大小取决于自上一个完整备份以来改动的数据量。完整和差异备份可以用于整个数据库、一个文件组或单独的数据库文件。

表 6 - 1　SQL Server 2008 数据库的备份类型

备份类型	描　　　述
完整备份	完整备份将备份整个数据库，包括事务日志部分（以便可以恢复整个备份）
差异备份	自从上次的全库备份以来的变化的部分
事务日志备份	全部数据库变化都会记录在日志文件中
文件及文件组备份	指定的文件或者文件组

1. 完整备份

完整备份包括对整个数据库、部分事务日志、数据库结构和文件结构的备份。通过包括在完整备份中的事务日志，可以使用备份恢复到备份完成时的数据库。实际上，备份数据库的过程就是首先将事务日志写到磁盘上，然后根据事务创建相同的数据库和数据库对象以及拷贝数据的过程。完整备份使用的存储空间比差异备份使用的存储空间大，由于完成完整备份需要更多的时间，因此创建完整备份的频率常常低于创建差异备份的频率。完整备份是备份的基础，它提供了任何其他备份的基准，其他备份如差异备份只是在执行完整备份之后才能被执行的。简单地说，如果没有执行数据库完整备份，就不能够执行数据库差异备份和事务日志备份等。

完整备份主要有以下三个特点：

（1）完整备份备份数据及数据库中所有表的架构和相关的文件结构；

（2）完整备份备份在备份期间的所有活动；

（3）完整备份备份在事务日志中未确定的事务。

2. 差异备份

差异备份是指将最近一次数据库完整备份以来发生的数据变化备份起来，因此差异备份实际上是一种增量数据库备份。与完整备份相比，差异备份由于备份的数据量较小，所以能够加快备份操作速度，缩短备份时间。通过增加差异备份的备份次数，可以降低丢失数据的风险，将数据库恢复至进行最后一次差异备份的时刻。但是，它无法像事务日志备份那样提供到失败点的无数据损失备份。例如，用户可以每周执行一次数据库完整备份，然后在该周内每天执行数据库差异备份。那么，如果在星期一执行了数据库完整备份，并在星期二执行了数据库差异备份，则该差异备份将记录自星期一的完整备份以来发生的所有修改，而星期三的另一个差异备份则是记录自星期一的完整备份以来发生的所有修改。因此，差异备份随着时间推移可能越来越大，从而失去备份更快、数据量更小的优势。

在数据库恢复过程中，恢复差异备份之前，必须先恢复完整备份，然后只需还原最新的差异备份，即可将数据库前滚到创建差异备份的时间。通常，应该先恢复最新的完整备份，然后再恢复基于该完整备份的最新差异备份。

3. 事务日志备份

事务日志备份是指对数据库发生的事务进行备份，包括从上次进行事务日志备份、差异备份和数据库完全备份之后，所有已经完成的事务。通常，事务日志备份比完整备份使用的资源少。因此，为了减少数据丢失的风险，可以比完整备份更频繁地创建事务日志备份。在利用事务日志文件进行数据库恢复时，可以指定恢复到某一个事务，例如可以将其恢复到某个破坏性操作执行的前一个事务，这是完整备份与差异备份做不到的。

由于事务日志备份仅对数据库事务日志进行备份，所以其需要的磁盘空间和备份时间都比数据库备份（备份数据和事务）少得多，这是它的优点所在。但是，在使用事务日志对数据库进行恢复操作时，必须有一个完整的数据库备份，而且事务日志备份恢复时必须要按一定的顺序进行。所以，事务日志备份通常与完整备份和差异备份结合起来使用。例如，每周做一次完整备份，每天做一次差异备份，每小时做一次事务日志备份，这样即使在发生故障的情况下最多也只会丢失一个小时的数据。

在以下情况我们常选择事务日志备份：

（1）不允许在最近一次数据库备份之后发生数据丢失或损坏现象；

（2）存储备份文件的磁盘空间很小或者留给用户进行备份操作的时间有限，例如兆字节级的数据库需要很大的磁盘空间和备份时间；

（3）准备把数据库恢复到发生失败的前一点；

（4）数据库变化较为频繁。

4. 数据库文件和文件组备份

文件或文件组备份是指对数据库文件或文件夹进行备份，但其不像完整的数据库备份那样同时也进行事务日志备份。与完整数据库备份相比，文件备份的主要优点是对大型的数据库备份和还原的速度提升很多，主要的缺点是管理起来比较复杂。使用该备份方法可提高数据库恢复的速度，因为其仅对遭到破坏的文件或文件组进行恢复。

如果某个损坏的文件未备份，那么媒体介质故障可能导致整个数据库无法恢复。但是在使用文件或文件组进行恢复时，仍要求有一个自上次备份以来的事务日志备份来保证数据库的一致性。所以在进行完文件或文件组备份后，应再进行事务日志备份。否则，备份在文件或文件组备份中所有数据库变化将无效。

如果需要恢复的数据库部分涉及多个文件或文件组，则应把这些文件或文件组都进行恢复。例如，如果在创建表或索引时，表或索引是跨多个文件或文件组，则在事务日志备份结束后应再对表或索引有关的文件或文件组进行备份，否则在文件或文件组恢复时将会出错。另外，一次只能进行一个文件备份操作。可以在一次操作中备份多个文件。

6.1.3 数据库备份设备

备份设备（backup device）是指 SQL Server 中存储数据库、事务日志或者文件和文件组备份的物理设备。SQL Server 2008 数据库备份的设备类型包括磁盘备份设备、磁带备份设备和命名管道备份设备。

1. 磁盘备份设备

磁盘备份设备是指被定义成备份设备文件的硬盘或其他磁盘存储媒体，一般按照普通的操作系统文件进行管理。磁盘备份设备可以定义在数据库服务器的本地磁盘上，也可以定义在通过网络连接的远程磁盘上。

如果在网络上将文件备份到远程计算机上的磁盘，则使用通用方式引用文件（UNC），格式如下：\\ < Servername > \ < Sharename > \ < Path > \ < FileName > ，此格式指定文件的位置。将文件写入远程硬盘时，SQL Server 用户账户则需要被远程系统授予在远程磁盘上读写文件的权限。

在网络上备份数据可能受网络数据传输错误的影响，因此在完成备份操作后应该进行备份的测试。同时，用户最好不要将磁盘备份设备定义在存放 SQL Server 2008 数据库的磁盘上，如果包含数据库的磁盘设备发生故障，用户将永久地失去数据和备份信息。

2. 磁带备份设备

磁带备份设备的用法与磁盘设备相同，磁带设备必须物理连接在运行 SQL Server 2008 服务器的计算机上，不支持远程设备备份。如果磁带设备在备份操作过程中被填满，系统会提示更换新的磁带。

在使用磁带驱动器时，备份操作可能会写满一个磁带，并继续在另一个磁带上进行，每个磁带包含一个介质标头。使用的第一个介质称为"起始磁带"，每个后续磁带称为"延续磁带"，其介质序列号比前一磁带的介质序列号大一。例如，与四个磁带设备相关联的介质集至少含有四个起始磁带。在追加备份集时，必须在序列中装入最后一个磁带。如果没有装入最后一个磁带，数据库引擎将向前扫描到已装入磁带的末尾，然后要求更换磁带。此时，请装入最后一个磁带。

提示：如果要备份 SQL Server 2008 数据库中的数据到磁带设备上，应该使用支持 Windows NT 的磁带设备，并且只能使用该种磁带设备指定的磁带类型。

3. 命名管道备份设备

命名管道备份设备是微软专门为使用第三方的备份软件和设备提供的一个灵活强大的通道。当用户使用命名管道备份设备进行备份和恢复操作时，需要在 BACKUP 或 RESTORE 语句中给出客户端应用程序中使用的命名管道备份设备的名称。

在创建备份之前，必须选择存放备份数据的备份设备。创建一个备份设备时，需要分配一个逻辑名和一个物理名。物理名是操作系统用来标识备份设备的名称，逻辑名是用来标识物理备份设备的别名或公用名。逻辑设备名称永久地存储在 SQL Server 的系统表中。使用逻辑备份设备名的优点是引用它比引用物理名简单，逻辑名最多由 30 个字符组成并且必须遵守 SQL Server 的命名约定。备份或还原数据库时，可以交替使用物理名和逻辑名。

提示：命名管道设备不能使用 SQL Server Management Studio 工具来建立和管理。

6.1.4 数据库备份管理

数据库备份是一项重要的日常性质的工作，是为了以后能够顺利地将被破坏的数据库安全地还原的基础性工作。数据库备份管理主要包括备份设备管理和数据备份管理。

1. 备份设备管理

（1）使用 SQL Server Management Studio 工具创建备份设备。在进行数据备份以前，首先必须创建备份设备。下面介绍使用 SQL Server Management Studio 创建备份设备，其具体操作步骤如下：

①打开 SQL Server Management Studio 窗口，在【对象资源管理器】窗口中，选择【服务器】|【服务器对象】节点，单击【备份设备】右键，在弹出的快捷菜单中单击【新建备份设备】命令，打开【备份设备】属性窗口，如图 6-1 所示。

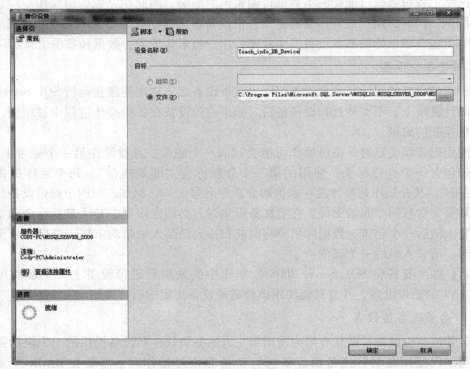

6-1 【备份设备】属性窗口

②在【设备名称】文本框中输入名称，如"Teach_info_DB_Device"，在【文件】文本框中，输入或更改备份设备的路径和文件名。

③最后单击【确定】，完成备份设备的创建。

④如果用户需要删除备份设备，则在第①步中展开【备份设备】节点，然后右键单击需要删除的备份设备名称，在弹出的快捷菜单中单击【删除】命令，最后在打开的【删除对象】窗口中单击【确定】按钮就可以完成删除操作。

（2）使用系统存储过程 SP_ADDUMPDEVICE 创建备份设备。在 SQL Server 2008 中，还可以使用系统存储过程 SP_ADDUMPDEVICE 创建备份设备，其语法为：

sp_addumpdevice [@devtype =] 'device_type'

　　, 〔 @ logicalname = 〕′logical_name′
　　, 〔 @ physicalname = 〕′physical_name′
〔 , │〔 @ cntrltype = 〕controller_type │
　　〔 @ devstatus = 〕′device_status′│
〕

参数说明：

〔 @ devtype = 〕′device_type′：备份设备的类型。device_type 的数据类型为 varchar （20），无默认值，可以是 disk、pipe 与 tape。

〔 @ logicalname = 〕′logical_name′：在 BACKUP 和 RESTORE 语句中使用的备份设备的逻辑名称。logical_name 的数据类型为 sysname，无默认值，且不能为 NULL。

〔 @ physicalname = 〕′physical_name′：备份设备的物理名称。物理名称必须遵循操作系统文件名规则或网络设备的通用命名约定，并且必须包含完整路径。

〔 @ cntrltype = 〕′controller_type′：已过时。如果指定该选项，则忽略此参数。

〔 @ devstatus = 〕′device_status′：已过时。如果指定该选项，则忽略此参数。

【例 6.1】利用 SP_ADDUMPDEVICE 语句在本地磁盘 D：\ BACKUP 中创建一个名称为 "Teach_info_DB_Device" 的备份设备。

> EXEC SP_ADDUMPDEVICE 　′disk′,′Teach_info_DB_Device′,′D：\ BACKUP \
> Teach_info_DB_Device. bak′

【例 6.2】利用 SP_ADDUMPDEVICE 语句在远程磁盘中创建一个名称为 "Teach_info_DB_ Device" 的备份设备。

> EXEC SP_ADDUMPDEVICE ′disk′,′Teach_info_DB_Device′,′\ \ < Servername > \
> < Sharename > \ < Path > \ < FileName > . bak ′

（3）使用系统存储过程 SP_DROPDEVICE 删除备份设备。在 SQL Server 2008 中，还可以使用系统存储过程 SP_DROPDEVICE 删除备份设备，其语法为：

sp_dropdevice 〔 @ logicalname = 〕′device′
〔 , 〔 @ delfile = 〕′delfile′〕

参数说明：

〔 @ logicalname = 〕′device′：在 master. dbo. sysdevices. name 中列出的数据库设备或备份设备的逻辑名称。device 的数据类型为 sysname，无默认值。

〔 @ delfile = 〕′delfile′：指定物理备份设备文件是否应删除。delfile 的数据类型为 varchar （7）。如果指定为 DELFILE，则删除物理备份设备磁盘文件。

【例 6.3】利用 SP_DROPDEVICE 删除 "Teach_info_DB_Device" 备份设备。

> EXEC SP_DROPDEVICE ′Teach_info_DB_Device′

2. 数据备份管理

在 SQL Server 2008 中，数据备份主要有完整备份、差异备份与事务日志备份。

（1）完整备份。完整备份将备份整个 SQL Server 2008 数据库，包括事务日志部分。进行数据库的完整备份后，SQL Server 2008 数据库的所有内容将包含在备份文件中，所以在恢复时可以恢复所有的数据库状态。用户可以通过 SQL Server Management Studio 工具或 BACKUP DATABASE 语句来完成数据库的完整备份。

利用 SQL Server Management Studio 工具创建数据库完整备份的步骤如下：

①打开 SQL Server Management Studio 窗口，在【对象资源管理器】中展开【服务器】｜【数据库】节点，右击数据库【Teach_info_DB】，选择【任务】｜【备份】命令，打开【备份数据库 – Teach_info_DB】窗口。

②在【备份数据库 – Teach_info_DB】窗口中，【备份类型】项选择"完整"；保留【名称】文本框的内容不变，在【备份集过期时间】文本框中输入备份周期，然后设置备份到磁盘的目标位置，通过单击【删除】按钮，删除已存在的目标，然后单击【添加】按钮，打开【选择备份目标】窗口，选择【备份设备】选项，然后从下拉菜单中选择备份【Teach_info_DB_Device】。如图 6 – 2 所示。

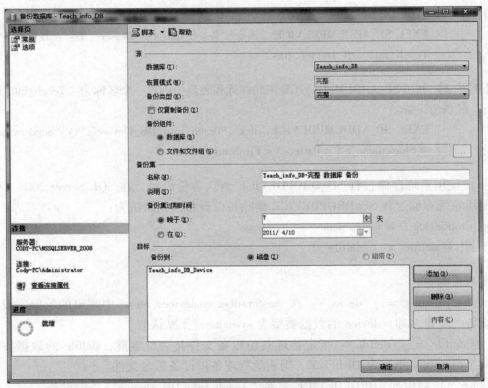

图 6 – 2　【备份数据库 – Teach_info_DB】窗口

③打开【选项】页面，启用【覆盖所有现有备份集】按钮和【完成后验证备份】复选框。

④完成设置后，单击【确定】开始备份，完成备份将弹出图 6-3 所示的备份完成提示信息。

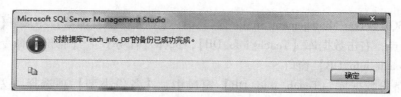

图 6-3 备份完成提示信息

⑤现在已经对【Teach_info_DB】数据库执行了一个完整备份。在【对象资源管理器】中，展开【服务器】｜【服务器对象】｜【备份设备】节点，右击备份设备【Teach_info_DB_Device】，选择【属性】命令，打开【备份设备】窗口。

⑥打开【媒体内容】页面，可以看到刚刚创建的【Teach_info_DB】数据库的完整备份。

利用 Transact SQL 语句创建数据库完整备份，创建数据库完整备份 Transact SQL 语法为：

```
BACKUP DATABASE database_name
TO backup_device [ , . . . n ]
[ WITH
[ [ , ] NAME  = backup_set_name ]
[ [ , ] DESCRIPTION  = TEXT ]
[ [ , ] {INIT ｜ NOINIT} ]
]
```

参数说明：

DATABASE：指定一个完整数据库备份。

backup_device：指定用于备份操作的逻辑备份设备或物理备份设备。

WITH：指定要用于备份操作的选项。

DESCRIPTION：指定说明备份集的自由格式文本。该字符串最长可达 255 个字符。

INIT｜NOINIT：控制备份操作是追加到还是覆盖备份介质中的现有备份集。默认为追加到介质中最新的备份集（NOINIT）。

【例 6.4】 使用 backup 命令完整备份 "Teach_info_DB_FB" 数据库。

```
        BACKUP DATABASE Teach_info_DB_FB
        TO DISK  = 'E： \ MSSQL \ BACKUP \ Teach_info_DB_FB. bak'
```

（2）差异备份。创建差异备份需要具备完整备份的基础。如果选定的数据库从未进行完整备份，则必须先执行一次完整备份才能创建差异备份。用户可以通过 SQL Server Management Studio 工具或 BACKUP DATABASE 语句来完成数据库的差异备份。

利用 SQL Server Management Studio 工具创建数据库差异备份。在上一节我们创建的完整备份的基础上，利用 SQL Server Management Studio 工具创建一个差异备份，其具体操作步骤如下：

①打开 SQL Server Management Studio 窗口，在【对象资源管理器】中展开【服务器】｜【数据库】节点，右击数据库【Teach_info_DB】，选择【任务】｜【备份】命令，打开【备份数据库－Teach_info_DB】窗口。

②在【备份数据库－Teach_info_DB】窗口中，【备份类型】项选择"差异"；保留【名称】文本框的内容不变，在【备份集过期时间】文本框中输入备份周期，然后设置备份到磁盘的目标位置，通过单击【删除】按钮，删除已存在的目标，然后单击【添加】按钮，打开【选择备份目标】窗口，选择【备份设备】选项，然后从下拉菜单中选择备份【Teach_info_DB_Device】。如图 6－4 所示。

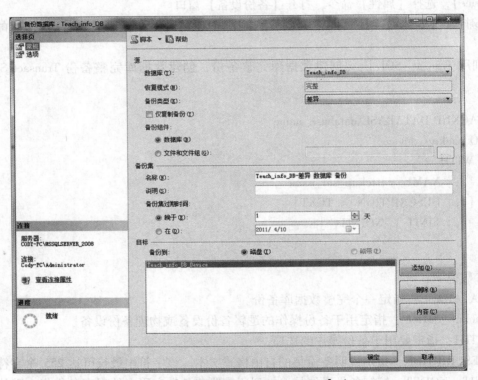

图 6－4　【备份数据库－Teach_info_DB】窗口

③打开【选项】页面，启用【追加到现有备份集】按钮和【完成后验证备份】复选框。

④完成设置后，单击【确定】开始备份，完成备份将弹出备份完成提示信息。

⑤现在已经对【Teach_info_DB】数据库执行了一个完整备份。在【对象资源管理器】中，展开【服务器】｜【服务器对象】｜【备份设备】节点，右击备份设备【Teach_info_DB_Device】，选择【属性】命令，打开【备份设备】窗口。

⑥打开【媒体内容】页面，可以看到刚刚创建的【Teach_info_DB】数据库的这个差异备份。

利用 Transact SQL 语句创建数据库差异备份，创建数据库差异备份 Transact SQL 语法为：

BACKUP DATABASE database_name
TO backup_device〔，…n〕
〔WITH
DIFFERENTIAL
〔〔，〕NAME ＝ backup_set_name〕
〔〔，〕DESCRIPTION ＝ TEXT〕
〔〔，〕｛INIT ｜ NOINIT｝〕
〕

参数说明：

DIFFERENTIAL：只能与 BACKUP DATABASE 一起使用，指定数据库备份或文件备份应该只包含上次完整备份后更改的数据库或文件部分。差异备份一般会比完整备份占用更少的空间。

【例6.5】使用 backup 命令对"Teach_info_DB"数据库进行追加差异备份。

BACKUP DATABASE Teach_info_DB_CB
TO DISK ＝ 'E：\ MSSQL \ BACKUP \ Teach_info_DB_CB. bak'
WITH　DIFFERENTIAL

（3）事务日志备份。事务日志包含创建最后一个备份之后对数据库进行的更改。因此，在进行事务日志备份前，先要进行一次完整的数据库备份才可以。事务日志备份有3种类型：纯日志备份、大容量操作日志备份和尾日志备份。如果要进行事务日志备份，要求数据库的恢复模式必须是完整恢复模式或大容量日志恢复模式。在简单恢复模式下是不能进行数据库的备份的，这是因为在简单恢复模式中，数据库的日志记录是不完整的。

用户可以通过 SQL Server Management Studio 工具或 BACKUP DATABASE 语句来完成数据库的事务日志备份。

利用 SQL Server Management Studio 工具创建数据库事务日志备份。在上一节中我们创建的完整备份的基础上，利用 SQL Server Management Studio 工具创建一个差异备份，其具体操作步骤如下：

①打开 SQL Server Management Studio 窗口，在【对象资源管理器】中展开【服务器】｜【数据库】节点，右击数据库【Teach_info_DB】，选择【任务】｜【备份】命令，打开【备份数据库 – Teach_info_DB】窗口。

②在【备份数据库 – Teach_info_DB】窗口中，【备份类型】项选择"事务日志"；保留【名称】文本框的内容不变，在【备份集过期时间】文本框中输入备份周期，然后设置备份到磁盘的目标位置，通过单击【删除】按钮，删除已存在的目标，然后单击【添加】按钮，打开【选择备份目标】窗口，选择【备份设备】选项，然后从下拉菜单中选择备份【Teach_info_DB_Device】。如图 6 – 5 所示。

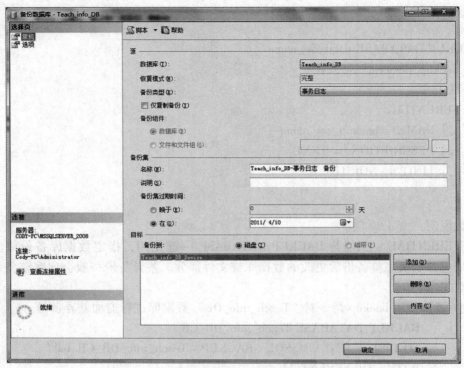

图 6-5　【备份数据库-Teach_info_DB】窗口

　　③打开【选项】页面，启用【追加到现有备份集】按钮和【完成后验证备份】复选框，该选项用来核对实际数据库与备份副本，确保它们在备份完成之后是一致的。

　　④完成设置后，单击【确定】开始备份，完成备份将弹出备份完成提示信息。

　　⑤现在已经对【Teach_info_DB】数据库执行了一个事务日志备份。在【对象资源管理器】中，展开【服务器】｜【服务器对象】｜【备份设备】节点，右击备份设备【Teach_info_DB_Device】，选择【属性】命令，打开【备份设备】窗口。

　　⑥打开【媒体内容】页面，可以看到刚刚创建的【Teach_info_DB】数据库的这个事务日志备份。

　　利用 Transact SQL 语句创建数据库事务日志备份，创建数据库事务日志备份 Transact SQL 语法为：

```
BACKUP LOG database_name
TO backup_device [ , ... n ]
[WITH
[ [ ,] NAME = backup_set_name ]
[ [ ,] DESCRIPTION = TEXT]
[ [ ,] {INIT | NOINIT} ]
]
```

参数说明：

LOG ：指定仅备份事务日志。该日志是从上一次成功执行的日志备份到当前日志的末尾。必须创建完整备份，才能创建第一个日志备份。

【例 6.6】使用 backup 命令对"Teach_info_DB"数据库进行追加事务日志备份。

BACKUPLOG Teach_info_DB_LB

TO DISK = 'E：\ MSSQL \ BACKUP \ Teach_info_DB_LB. bak'

6.1.5 数据库恢复模式

数据库的恢复模式是数据库遭到破坏时还原数据库中数据的数据存储方式，它与可用性、性能、磁盘空间等因素相关。每一种恢复模式都按照不同的方式维护数据库中的数据和日志。Microsoft SQL Server 2008 系统提供了以下 3 种数据库的恢复模式：简单恢复模式、完全恢复模式与大容量日志记录的恢复模式。

1. 简单恢复模式

所谓简单恢复就是指在进行数据库恢复时仅使用了数据库备份或差异备份，而不涉及事务日志备份。简单恢复模式需要的维护最少，但是在系统故障时潜在的数据丢失可能性最大。简单恢复模式可使数据库恢复到上一次备份的状态，但由于不使用事务日志备份来进行恢复，所以无法将数据库恢复到失败点状态。当选择简单恢复模式时常使用的备份策略是：首先进行数据库备份，然后进行差异备份。

简单恢复模式适用于以下情况：

（1）在系统故障时，丢失上一个完整备份以来的信息是可以接受的；

（2）备份事务日志的维护开销与它能够带来的好处相比较得不偿失；

（3）数据库是用来测试，或是只读的，并且可以很容易地重建。

2. 完全恢复模式

完全恢复模式是指通过使用数据库备份和事务日志备份将数据库恢复到发生失败的时刻，因此几乎不造成任何数据丢失，这成为对付因存储介质损坏而数据丢失的最佳方法。如果数据库使用完整恢复模式，那么在完成第一次的完整数据库备份之后，所有对数据库所做的修改都记录在事务日志中。事务日志的规模很大程度上取决于修改的数量和类型，以及事务日志备份的频率。选择完全恢复模式时常使用的备份策略是：①进行完全数据库备份；②进行差异数据库备份；③进行事务日志的备份。

完整恢复模式适用于下列情况：

（1）需要在系统故障时尽量减少数据丢失；

（2）希望能将数据库恢复到故障点；

（3）希望能将数据库恢复到某个时间点；

（4）希望能还原单独的数据库页面；

（5）愿意承受定期备份事务日志的管理开销。

3. 大容量日志记录的恢复模式

大容量日志记录恢复模式是使用数据库和日志备份来恢复数据库。在使用了大容量日志记录的恢复模式的数据库中，其事务日志耗费的磁盘空间远远小于使用完整恢复模式的数据库的事务日志。在大容量日志记录的恢复模式中，CREATE INDEX、BULK INSERT、SELECT INTO 等操作不记录在事务日志中。

在该恢复模式下，只对大容量操作进行最小记录，在保护大容量操作不受媒体故障的危害下，提供最佳性能并占用最小日志空间。例如，一次在数据库中插入数十万条记录时，在完整恢复模式下每一个插入记录的动作都会记录在日志中，那么数十万条记录将会使日志文件变得非常大。在大容量日志恢复模式下，只记录必要的操作，不记录所有日志，这么一来，可以大大提高数据的性能，但是由于日志不完整，一旦出现问题，数据将有可能无法恢复。因此，一般只有在需要进行大量数据操作时才将恢复模式改为大容量日志恢复模式，将数据处理完毕之后，马上恢复到完整恢复模式。

每种恢复模式对可用性、性能、磁盘和磁带空间以及防止数据丢失等都有特别的要求。根据所执行的操作，可能存在多个适合的模式，表 6 - 2 概述了三种恢复模式的优点和影响。

表 6 - 2　三种恢复模式的优点和影响

恢复模式	优　点	数据丢失情况	能否恢复到时间点
简单恢复模式	允许执行高性能大容量复制操作。回收日志空间以使空间要求较小	必须重做自最新数据库或差异备份后所做的更改	可以恢复到任何备份的结尾，随后必须重做更改
完全恢复模式	数据文件丢失或损坏不会导致丢失工作。可以恢复到任意时间点	正常情况下没有。如果日志文件损坏，则必须重做自最新日志备份后所做的更改	可以恢复到任何时间点
大容量日志记录的恢复模式	允许执行高性能大容量复制操作。大容量操作使用的最小日志空间	如果日志文件损坏或自最新日志备份后执行了大容量操作，则必须重做自上次备份后所做的更改。否则不丢失任何工作	可以恢复到任何备份的结尾，随后必须重做更改

6.1.6　数据库恢复管理

数据库恢复要考虑恢复方案，恢复方案是从一个或多个备份中恢复数据，并在恢复最后一个备份后恢复数据库的过程。恢复方案选择主要取决于恢复模式。恢复方案可以恢复三个级别的数据：数据库、数据文件和数据页。每个级别的作用如下：

（1）数据库级别：恢复整个数据库，并且数据库在恢复操作期间处于离线状态。

（2）数据文件级别：恢复一个数据文件或一组文件。在文件恢复过程中，包含相应文件的文件组在恢复过程中自动变为离线状态。访问离线文件组的任何尝试都会导致错误。

（3）数据页级别：可以对任何数据库进行页面恢复，而不管文件组数为多少。

恢复方案一般分为简单恢复模式下的恢复方案与完整恢复模式下的恢复方案。

1. 恢复完整备份

恢复完整备份通常可以恢复到日志备份中的某一时间点，但是在大容量日志恢复模式下，如果事务日志备份包含大容量更改，则不能进行时点恢复，这里以还原"Teach_info_DB"中的数据为例，介绍还原完整备份的方法，具体步骤如下：

（1）打开 SQL Server Management Studio 窗口，在【对象资源管理器】中展开【服务器】|【数据库】节点，右击数据库【Teach_info_DB】，选择【任务】|【还原】|【数据库】命令，打开【还原数据库 – Teach_info_DB】窗口。

（2）在【还原数据库 – Teach_info_DB】窗口中，【目标数据库】选项中选择【Teach_info_DB】；【目标时间点】文本框的内容不变，在【还原的源】选项中选中【源设备】单选按钮，在【源设备】单选按钮后的选择器中打开【指定备份】窗口，在【备份媒体】文本框中选择【备份设备】，然后在【备份位置】中单击【添加】按钮，在弹出的【选择备份设备】窗口中【备份设备】中选中【Teach_info_DB_Device】后，单击【确定】按钮返回到【指定备份】窗口中，如图 6–6 所示。

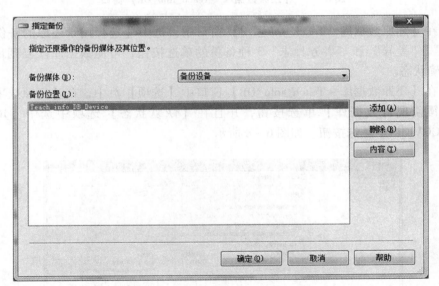

图 6–6　【指定备份】窗口

（3）在【指定备份】窗口中单击【确定】按钮返回到【还原数据库 – Teach_info_DB】窗口中，如图 6–7 所示。

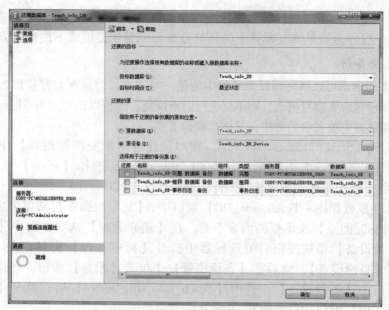

图6-7　【还原数据库-Teach_info_DB】窗口

（4）在【还原数据库-Teach_info_DB】窗口中，选中【选择用于还原的备份集】中的"完整"、"差异"和"事务日志"3种备份的单选按钮，可使数据库恢复到最近一次备份的正确状态。

（5）在【还原数据库-Teach_info_DB】窗口中【选项】页中，在【还原选项】选项中选中【覆盖现有数据库】单选按钮，并且在【恢复状态】选项中选中【RESTORE WITH RECOVERY】单选按钮。如图6-8所示。

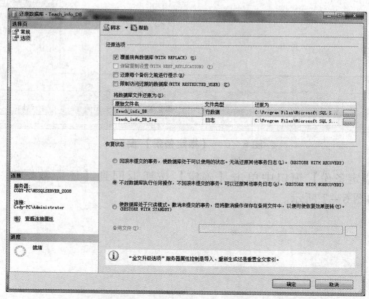

图6-8　【还原数据库-Teach_info_DB】窗口中【选项】页

（6）设置完成后，单击【确定】按钮开始恢复数据，恢复完成后将弹出还原成功的对话框。如图 6 – 9 所示。

图 6 – 9　数据库恢复成功对话框

2. 恢复差异备份和恢复事务日志备份

恢复差异备份和恢复事务日志备份的操作步骤与恢复完整备份基本相似，其区别在于恢复完整备份的过程中第（4）步中选择差异备份数据集或是事务日志备份数据集。

注意：如果用户在备份数据时使用备份设备作为备份目标，那么在恢复数据库时则可以单独选择恢复"完整"、"差异"或是"事务日志"中的一种方式进行数据恢复。如果用户在对数据库备份时数据是通过 SQL Server 系统默认的路径完成备份过程，那么在恢复完整备份的过程中第（4）步如果选中差异数据集后完整数据集会自动被选中，或是如果选中事务日志备份数据集后完整备份数据集与差异备份数据集会同时自动被选中，因为完整备份是差异备份的备份准备，而事务日志备份的备份准备则是完整备份和差异备份。恢复操作完成后，可以看到做好完整备份后数据库的数据增加变化。

3. 按时间点恢复数据

在数据备份过程中，如果数据库备份的备份集是通过具体时间完成备份过程，那么在数据库恢复过程中则可以通知时间点进行数据恢复，其恢复过程的具体步骤如下：

（1）打开 SQL Server Management Studio 窗口，在【对象资源管理器】中展开【服务器】│【数据库】节点，右击数据库【Teach_info_DB】，选择【任务】│【还原】│【数据库】命令，打开【还原数据库 – Teach_info_DB】窗口。

（2）在【还原数据库 – Teach_info_DB】窗口中，单击【目标时间点】文本框后的选择按钮，打开【时点还原】窗口，如图 6 – 10 所示。

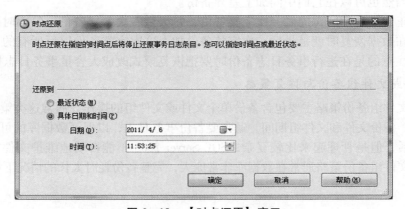

图 6 – 10　【时点还原】窗口

（3）在【时点还原】窗口中，单击【具体日期和时间】单选按钮，在【日期】和【时间】文本框中设置具体时间。

（4）设置完成以后，单击【确定】按钮返回【还原数据库 – Teach_info_DB】窗口中，其步骤与恢复完整备份相同。

6.1.7　数据库备份与恢复策略

备份策略是用户根据数据库运行的业务特点，制定的备份类型的组合。在实际工作中，针对不同的数据库，数据库的备份方式与恢复方式往往是相互结合起来使用的。下面提供了几种参考策略：

1. 完全数据库备份与恢复策略

完全数据库备份策略是定期执行数据库的"完整备份"，备份数据只依赖于"备份完整"。这种策略适合：①小型数据库；②数据库很少改变；③只读数据库。等到数据改变以后，就是时间很久了改变了一下数据库，这个时候就得做好一次完整备份。例如，定期修改数据的小型数据库，每天下午进行数据的少量修改，可以在每天 18：00 进行数据库的完整备份。完整备份的恢复就是当发生意外时，直接还原最后一次完整备份就可以恢复数据库数据，这种备份策略不支持时间点还原。

2. 完整备份 + 差异备份与恢复策略

完整备份 + 差异备份策略是用于数据库有一定的规模，数据库定期更改但不频繁的情况。如果每次做完整备份占用的时间比较长，这时就可以使用这种策略定期做完整备份，之后再定期做差异备份来保证数据库数据的安全。恢复数据库的过程则为：首先恢复数据库的完整备份，其次是最新一次的差异备份。

3. 完整备份 + 差异备份 + 事务日志备份与恢复策略

完整备份 + 差异备份 + 事务日志备份策略是用于数据库频繁更改且要保持数据库的高可用性，但做差异或者完整备份占用数据库时间比较长，影响正常工作的情况下，可以考虑使用的一种策略，即在数据库完整备份的基础上，增加事务日志备份，以记录全部数据库的活动。当然也可以在它们中间加上差异备份。

例如，正常工作期间每周做一次完整备份，每天做一次差异备份，每小时做一次事务日志备份。在数据恢复时就是最后一次完整备份加上这次完整备份以后所有的日志备份来还原。需要注意的是在进行事务日志备份时要把恢复模式改成大容量事务日志模式。

4. 文件或文件组备份与恢复策略

文件或文件组备份策略主要包含备份单个文件或文件组的操作。通常这类策略用于备份读写文件组。备份文件和文件组期间，通常要备份事务日志，以保证数据库的可用性。这种策略虽然灵活，但是管理起来比较复杂，SQL Server 2008 不能自动地维护文件关系的完整性。文件或文件组备份策略通常在数据库非常庞大，完整备份耗时太长的情况下使用。

6.2 MySQL 数据库备份和恢复

MySQL 是一个适合于中、小型网站的免费后台数据库，对于数据流量不大的网站运行效率很高。同时 MS SQL 是基于 Windows 平台的产物，而 MySQL 是个开源的后台数据库，可运行在 Windows 平台、Unix 平台、Linux 平台等。

6.2.1 MySQL 图形界面工具介绍

一般来说，用户以命令行的方式来使用 MySQL，但很多用户很难掌握命令行操作方式。因此，为了方便用户对 MySQL 数据库进行管理，在 Windows 环境中使用图形用户界面（GUI）来操作和管理 MySQL 服务器，这大大提高了数据库管理、备份、迁移和查询效率。MySQL GUI Tools 是一套图形化桌面应用工具，该工具包含三个部分：MySQL Query Browser、MySQL Administrator 和 MySQL Migration Toolkit。

1. MySQL Query Browser（数据查询的图形化客户端）

MySQL Query Browser 是一个可视化工具，用于创建、执行以及最优化 MySQL 数据库查询，为用户提供了一个更简便、更有力的途径来存取、分析存储在 MySQL 数据库服务器中的信息。此外，集成环境还提供了：查询工具栏、脚本编辑器、结果窗口、对象浏览器、表编辑器、内置帮助等。

MySQL Query Browser 主要有以下优点：

（1）直观的、易于使用的界面。MySQL 查询浏览器提供了一个易于使用的网络浏览器一样的界面，即时访问所有查询浏览器的功能。浏览查询历史，检查及重新执行以前的查询。

（2）可视化界面，以迅速建立查询。MySQL Query Browser 具有完成灵活性。可以使用可视化工具编辑和文本编辑；此外，当建立一个 master – detail 查询时，主查询数据可作为详细查询的参数。

（3）管理多个查询，使用结果窗口。支持比较多个查询结果。比较键允许用户快速比较两个查询的结果，以确定在哪一行已插入、更新或删除。

（4）可视化地创建和修改表。MySQL Table Editor 支持可视化创建和修改表格和表格的列和索引信息，以及建立外键关系，指定表的存储引擎和表的默认字符集。

（5）轻松地创建、编辑和调试 SQL 语句。Script Editor 提供了一个稳健的界面，创建、编辑和调试涉及多个 SQL 语句的大型 SQL 脚本，支持语法高亮、设置断点、控制脚本执行等。

2. MySQL Administrator（MySQL 管理器）

MySQL Administrator 是一个强大的图形管理工具，用户可以方便地管理和监测 MySQL 数据库服务器，比如说配置、控制、开启和关闭 MySQL 服务。MySQL Administrator 是用来执行数据库管理操作的程序，几乎所有的任务都可以用命令提示符下的 mysqladmin 和 mysql 命令来完成。

MySQL Administrator 主要优点有：

（1）它的图形化的用户界面为用户提供了非常直观的接口。

（2）它提供了较好的全局设置，这对于 MySQL 服务器的可执行性、可信度和安全性是相当重要的。

（3）它提供了图形化的性能显示，使中止服务器和更改服务器的设置更加简单。

3. MySQL Migration Toolkit（数据库迁移）

MySQL Migration Toolkit 是一个功能强大的迁移工具台，帮助用户从私有数据库快速迁移至 MySQL。通过向导驱动接口，可以针对 Microsoft Access、Microsoft SQL Server、Oracle、MySQL、Sybase Server、MaxDB Database Server 数据库向 MySQL 数据库迁移数据。

MySQL Administrator 支持的数据库迁移包括：

（1）Access – to – MySQL；　　　　　　（2）DBF – to – MySQL；

（3）Excel – to – MySQL；　　　　　　　（4）MS SQL – to – MySQL；

（5）MySQL – to – Access；　　　　　　（6）MySQL – to – Excel；

（7）MySQL – to – MS SQL；　　　　　　（8）MySQL – to – Oracle；

（9）Oracle – to – MySQL。

6.2.2　利用 MySQL Administrator 备份与恢复数据库

随着 PHP 技术的逐步发展，MySQL 数据库的使用率也呈上升趋势。可 MySQL 数据库的实际操作一般都是基于命令行的，而没有像微软 MS SQL 数据库的企业管理器这样的 GUI 可视图形化工具操作来得容易方便。因此，利用 MySQL Administrator 备份与恢复 MySQL 数据库，使得 MySQL 的管理变得十分容易，就像使用 MS SQL 的企业管理器一样方便。

下面介绍在 MySQL Administrator 中备份和恢复 "Teach_info_DB" 数据库的过程。

1. 在 MySQL Administrator 中备份的具体步骤

（1）打开【开始】丨【程序】丨【MySQL】丨【MySQL Administrator】登录窗口，填写登录数据库 IP，用户名和密码，如图 6 – 11 所示。

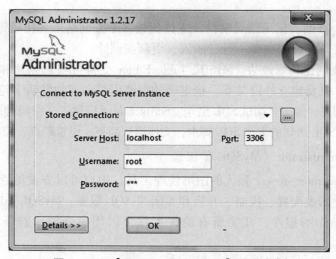

图 6 – 11　【MySQL Administrator】登录窗口

（2）单击【MySQL Administrator】｜【OK】按钮，打开【MySQL Administrator】管理器主界面，如图 6 – 12 所示。

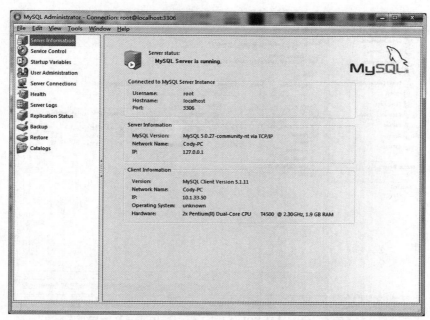

图 6 – 12　【MySQL Administrator】管理器主界面

（3）在【MySQL Administrator】管理器主界面中单击【Catlogs】查看 MySQL 数据库，如图 6 – 13 所示。

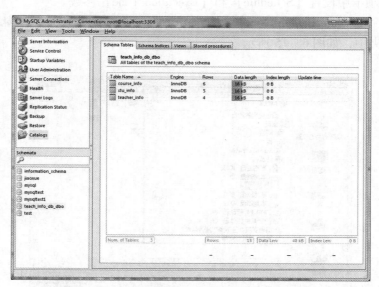

图 6 – 13　【MySQL Administrator – Catlogs】窗口

（4）在【MySQL Administrator】管理器主界面中单击【Backup】按钮，并打开

【MySQL Administrator – Backup】 | 【New Project】窗口，在【Backup Project】选项卡中设置【Project Name】及从【Schemata】中选定【Backup Content】数据库，如图6－14所示。

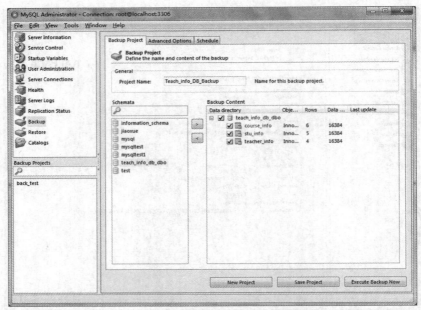

图6－14　【MySQL Administrator – Backup】窗口

（5）在【Advanced Options】选项卡中设置【Backup Execution Method】，选择备份方式【Normal Backup】（正常备份）和【Complete Backup】（完整备份），另外还可以在【Schedule】选项卡中设置【Schedule】和【Execution Time】参数。

（6）单击【Execute Backup Now】按钮备份数据库并弹出【另存为】窗口，设置在数据库备份文件夹中，如图6－15所示。

图6－15　【另存为】窗口

（7）最后单击【保存】完成 MySQL 数据库的备份过程，另外单击【MySQL Adminis-trator – Backup】窗口中【Save Project】将备份保存在【MySQL Administrator – Backup】|【Backup Project】中。

2. MySQL Administrator 中恢复过程的具体步骤

（1）打开【开始】|【程序】|【MySQL 】|【MySQL Administrator】登录窗口，填写登录数据库 IP，用户名和密码，单击【OK】按钮，打开【MySQL Administrator】管理器主界面。

（2）打开【MySQL Administrator】管理器主界面，在【MySQL Administrator】管理器主界面中单击【Restore】按钮，并打开【MySQL Administrator – Restore】|【General】窗口，如图 6 – 16 所示。

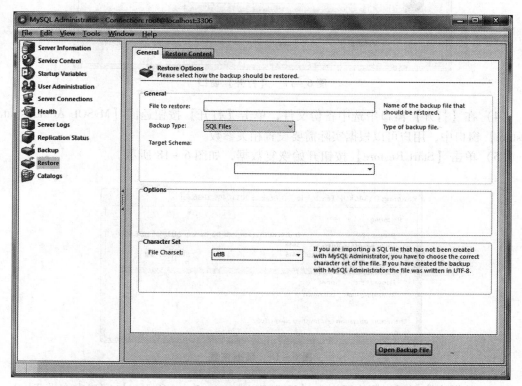

图 6 – 16 【MySQL Administrator – Restore】窗口

（3）单击【Open Backup File】按钮，打开【打开】窗口，查找 MySQL 数据库备份文件，如图 6 – 17 所示。

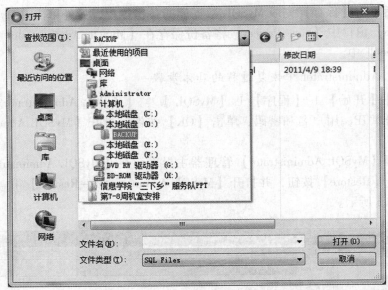

图 6 – 17　【打开】窗口

（4）在【打开】窗口中选中备份文件，单击【打开】按钮返回【MySQL Administrator-Restore】窗口中，用户可以根据实际需要设置相关参数。

（5）单击【Start Restore】按钮开始恢复数据，如图 6 – 18 所示。

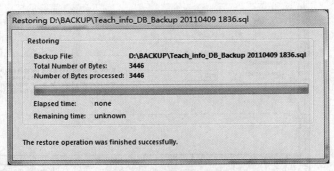

图 6 – 18　数据恢复

（6）数据库恢复后，用户可以在【MySQL Administrator – Catlogs】窗口中查看 Teach_info_DB 数据库备份前的数据。

6.2.3　利用 mysqldump 备份与利用 source 恢复数据库

MySQL 使用命令行方式对数据库进行管理，而数据库的备份与恢复主要是使用 mysqldump 命令完成的。mysqldump 命令是 MySQL 用于转存储数据库的实用程序，可以把整个数据库装载到一个单独的文本文件中。mysqldump 命令主要产生一个 SQL 脚本文件，其中包含从头重新创建数据库所必需的命令 CREATE TABLE INSERT 等。因为所有的东西都被包含在一个文本文件中，这个文本文件可以用一个简单的批处理和一个合适的 SQL 语句导回到 MySQL 中。

1. 利用 mysqldump 命令备份数据库

备份 MySQL 数据库的 mysqldump 命令语法：

mysqldump － h hostname － u username databasename ＞ backupfile. sql

参数说明：

－h 是要连接的服务器主机名或 IP 地址，可以是远程的一个服务器主机，也可以是
－hlocalhost 方式没有空格。

hostname：服务器主机名或 IP 地址。

－u 是服务器要验证的用户名，这个用户一定是数据库中存在的，并且具有连接服务
器的权限，也可以是 － uroot 方式没有空格。

username：服务器要验证的用户名。

databasename：备份数据库的名称。

backupfile. sql：备份数据库的文件名及扩展名。

下面以数据库"Teach_info_DB"为例，将 mysqldump 命令产生的备份文件存放在
E:\MySQLBAK\中，其具体步骤如下：

（1）在计算机的【我的电脑】｜【本地磁盘（E）】下创建一个【MySQL_BAK】文
件夹。

（2）打开【开始】｜【运行】，【运行】中输入"cmd"命令，进入"cmd"命令行
模式。

（3）在"cmd"命令行模式中，输入 mysqldump 命令行：C:\＞mysqldump － h local-
host － u root － p Teach_info_DB ＞E:\MySQL_BAK\Teach_backup. sql。

（4）回车后，输入 MySQL 对应账户 root 密码，完成 mysqldump 命令备份数据库过程。

（5）打开 E:\ MySQL_BAK\ 检查是否存在 Teach_backup. sql 数据库备份。

2. 利用 source 命令恢复数据库

恢复 MySQL 数据库的 source 命令语法：

source "路径名" ＋/backupfile. sql

下面以前面数据库"Teach_info_DB"创建的备份为例，使用 source 命令恢复数据库，
其具体步骤如下：

（1）打开【开始】｜【程序】｜【MySQL】｜【MySQL Server 5. 0】｜【MySQL
Command Line Client】，输入登录用户密码进入【MySQL】数据库控制台。

（2）在【MySQL】数据库控制台输入如下命令：

mysql ＞ use Teach_info_DB；
mysql ＞ set utf8；
mysql ＞ source E:\MySQLBAK\Teachbackup. sql

（3）使用如下命令检查是否恢复了数据库中的数据：

use Teach_info_DB;
Show tables;

6.3　数据库的导入导出

在 SQL Server 2008 中对数据库数据的保护可以使用备份与恢复的方法，还可以利用数据库数据导入与导出的方法。在 SQL Server 2008 中与外界交换数据的过程称为导入或导出。导入数据是指从 SQL Server 的外部数据源中检索出数据，并将数据插入到 SQL Server 表的过程。导出数据是将 SQL Server 实例中的数据在某些特定的环境中，需要转换成某些用户指定格式的过程，如转换成 DB2、MySQL、Access 与 Excel 等格式。

6.3.1　将 Access 数据库中的外部数据源导入到 SQL Server 2008 中

SQL Server 2008 提供了多种工具用于各种数据源的数据导入与导出，在这里以 Access 数据库为外部数据源，将 Access 数据库中的数据导入到 SQL Server 2008 中。例如，在 SQL Server 2008 中创建一个数据库名为 Teach_info_DB 的新数据库，通过 Access 数据库中的外部数据源向 Teach_info_DB 中导入三个数据表。其具体数据导入的过程如下：

（1）打开 SQL Server Management Studio 窗口，在【对象资源管理器】中展开【服务器】｜【数据库】节点，右击【数据库】节点，在弹出的快捷菜单中单击【新建数据库】按钮。

（2）在【新建数据库】窗口中，完成【数据库名称】和【数据库文件】等相关参数设置，然后单击【确定】完成数据的创建。如图 6–19 所示。

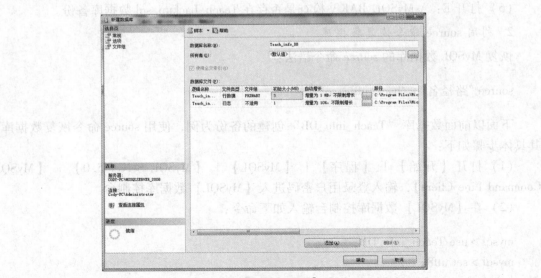

图 6–19　【新建数据库】窗口

（3）右击数据库【Teach_info_DB】节点，选择【任务】｜【导入数据】命令，打开
【SQL Server 导入和导出向导】窗口，如图 6－20 所示。

图 6－20 【SQL Server 导入和导出向导】窗口

（4）单击【下一步】打开【SQL Server 导入和导出向导－选择数据源】窗口，在
【数据源】文本框中选择 Microsoft Access 作为数据源，单击【文件名】｜【浏览】按钮在
计算机中选择 Access 数据库文件 "Teach_info_DB. mdb"，如图 6－21 所示。

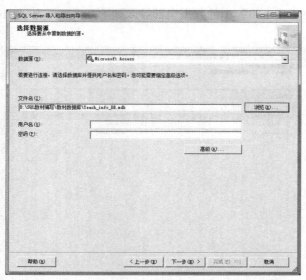

图 6－21 【SQL Server 导入和导出向导－选择数据源】窗口

（5）单击【下一步】打开【SQL Server 导入和导出向导－选择目标】窗口，在【目
标】文本框中选择 "SQL Native Client"，在【数据库】中选择 "Teach_info_DB"，如图

6-22所示。

图6-22 【SQL Server 导入和导出向导-选择目标】窗口

（6）单击【下一步】打开【SQL Server 导入和导出向导-指定复制或查询】窗口，在这里通常默认选择【复制一个或多个表和视图的数据】选项。

（7）单击【下一步】打开【SQL Server 导入和导出向导-选择源表和源视图】窗口，在表和视图中显示 Access 数据库文件 "Teach_info_DB.mdb" 中的数据表内容，在这里全部勾选，把 "Teach_info_DB.mdb" 中的数据全部导入到 SQL Server 2008 中，如图6-23所示。

图6-23 【SQL Server 导入和导出向导-选择源表和源视图】窗口

（8）单击【下一步】打开【SQL Server 导入和导出向导 – 保存并执行包】窗口，选中【立即执行】按钮，然后单击【下一步】打开【SQL Server 导入和导出向导 – 完成该向导】窗口确认导入的数据是否确。

（9）单击【完成】打开【SQL Server 导入和导出向导 – 执行成功】窗口，即将 Access 数据库文件作为数据源导入到 SQL Server 2008 中，如图 6 – 24 所示。

图 6 – 24　【SQL Server 导入和导出向导 – 执行成功】窗口

（10）单击【关闭】完成数据导入过程。

（11）在【对象资源管理器】中展开【服务器】|【数据库】节点，打开【Teach_info_DB】检查是否导入 Access 数据库文件中的数据表。

上面是将 Access 数据库中的外部数据源导入到 SQL Server 2008 中，那么 SQL Server 2008 中数据库的表也可以导出为 Access 数据库文件，其操作步骤与导入数据的步骤类似，主要是在第（4）步中【数据源】为 SQL Native Client 和第（5）步中【目标】为 Microsoft Access，这样就可以完成 SQL Server 2008 数据库导出为 Access 数据库文件的操作。

6.3.2　利用 SQL Server 2008 中的外部数据源导入到 MySQL 中

MySQL Migration Toolkit 是 MySQL 官方提供的数据库移植工具，可以将诸如 Access、MS SQL、Oracle、Sybase、MaxDB 等数据库源迁移到 MySQL 数据库中。下面将 SQL Server

2008 中 "Teach_info_DB" 数据库迁移到 MySQL 中，其具体步骤如下：

（1）打开【开始】|【程序】|【MySQL】|【MySQL Migration Toolkit】数据库迁移主界面，如图 6 – 25 所示。

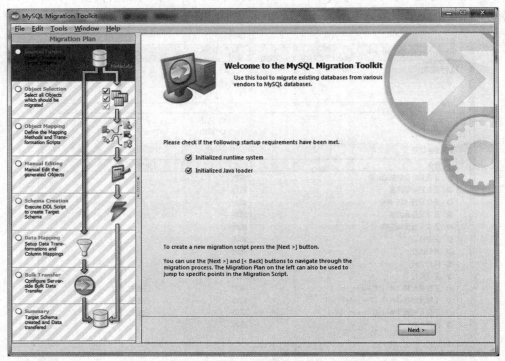

图 6 – 25　【MySQL Migration Toolkit】主界面

（2）单击【Next】按钮，进入【Configuration Type】页面，已默认选中【Direct Migration】单选按钮。

（3）单击【Next】按钮，进入【Source Database】页面，在【Database System】文本框中选择【MS SQL Server】，然后在【Hostname】、【Port】、【Username】、【Password】、【Database】以及【Domain】中设置相关参数，重点是【Connection String】文本框中设置以下参数：

jdbc：jtds：sqlserver：//cody – pc：1433/Teach_info_DB；user = sa；password = 123；charset = gbk。如图 6 – 26 所示。

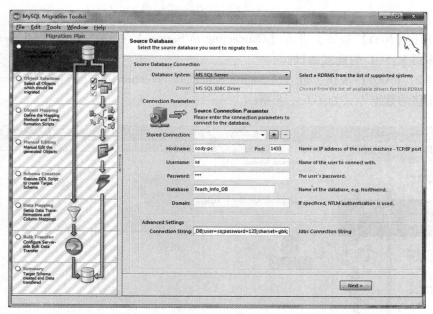

图 6 - 26 【Source Database】页面

（4）单击【Next】按钮，进入【Target Database】页面，在【Database System】文本框中选择【MySQL Server】，然后在【Hostname】、【Port】、【Username】以及【Password】中设置相关参数，重点是在【Connection String】文本框中设置以下参数：

jdbc：mysql：//127.0.0.1：3306/？user = root&password = 123&useServerPrepStmts = false&characterEncoding = UTF - 8，如图 6 - 27 所示。

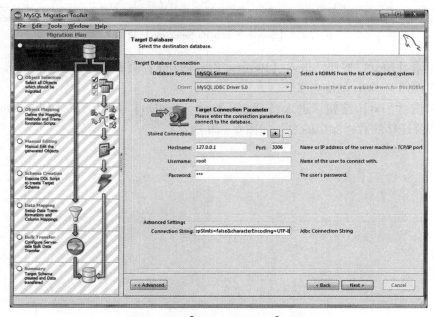

图 6 - 27 【Source Database】页面

（5）单击【Next】按钮，进入【Connecting to Servers】页面，从 MS SQL Server 中将数据库迁移到 MySQL 的连接测试。

（6）单击【Next】按钮，进入【Source Schemata Selection】页面，在【Schemata】中选中需要迁移的数据库，如图 6－28 所示 。

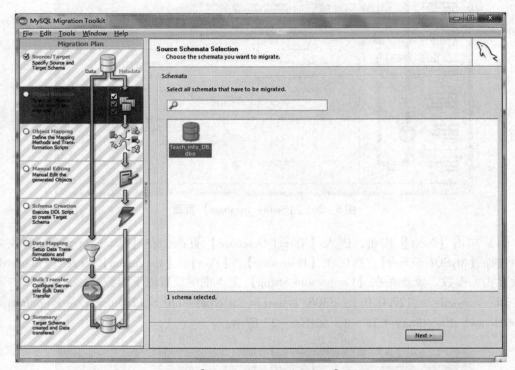

6－28　【Source Schemata Selection】页面

（7）单击【Next】按钮，进入【Reverse Engineering】页面，进行从 MS SQL Server 中将数据库迁移到 MySQL 的准备工作。

（8）单击【Next】按钮，进入【Object Type Selection】页面，在【Object to Migate】中选择不需要迁移的数据库中的表，如图 6－29 所示。

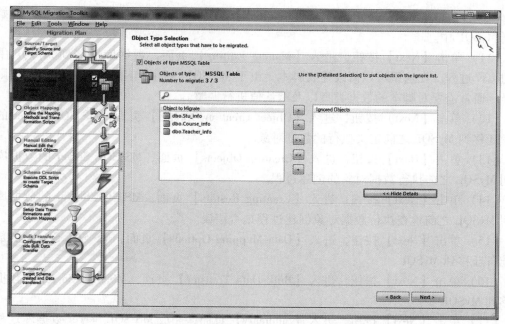

图 6 – 29   【Object Type Selection】页面

（9）单击【Next】按钮，进入【Object Mapping】页面，在【Parameter】中选择【User defined】单选按钮，在其文本框中设置：charset = gbk，collation = gbk_chinese_ci，如图 6 – 30 所示。

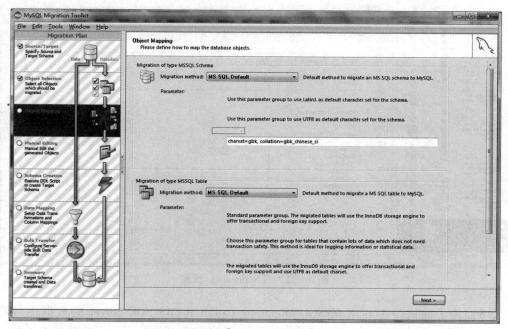

图 6 – 30   【Object Mapping】页面

（10）单击【Next】按钮，进入【Migration】页面，MS SQL Server 中的数据库开始迁移到 MySQL 中。

（11）单击【Next】按钮，进入【Manual Editing】页面，数据库迁移到 MySQL 中的自动编译过程。在这里可以修改建表脚本，由于 MS SQL Server 与 MySQL 之间语法规则的差异，通常需要对脚本的数据类型以及默认值进行调整。

（12）单击【Next】按钮，进入【Object Creation Options】页面，MS SQL Server 的数据库迁移到 MySQL 之前定义执行的数据对象。

（13）单击【Next】按钮，进入【Creating Objects】页面，MS SQL Server 的数据库迁移到 MySQL 之前执行数据对象的创建过程。

（14）单击【Next】按钮，进入【Creating Results】页面，MS SQL Server 的数据库迁移到 MySQL 之前检查执行数据对象创建过程是否错误。

（15）单击【Next】按钮，进入【Data Mapping Options】页面，MS SQL Server 的数据库准备迁移到 MySQL。

（16）单击【Next】按钮，进入【Bulk Data Transfer】页面，MS SQL Server 的数据库迁移到 MySQL 中。

（17）单击【Next】按钮，进入【Summary】页面，完成 MS SQL Server 数据库迁移到 MySQL 的过程，如图 6 – 31 所示。

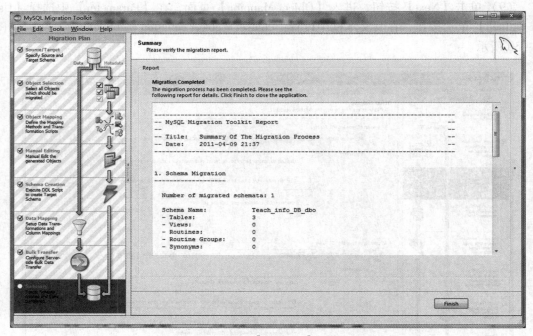

图 6 – 31　【Summary】页面

（18）为了确认是否利用 MySQL Migration Toolkit 将 MS SQL Server 的数据库迁移到 MySQL 中，用户可以登录 MySQL Query Browser 或 MySQL Administrator 查看是否增加了数据库。

习题六

一、填空题

1. 一般数据库的故障可分为_____、_____、_____和_____四类。

2. SQL Server 2008 数据库主要提供了_____、_____、_____和_____四种备份类型。

3. MySQL GUI Tools 是一套图形化桌面应用工具，该工具包含_____、_____和_____。

二、选择题

1. 在 SQL Server 2008 数据库中，用户应备份如下内容（　　　）。
   A. 记录用户数据的所有用户数据库　　B. 记录系统信息的系统数据库
   C. 记录数据库改变的事物日志　　　　D. 以上所有

2. 数据库备份设备是用来存储备份数据的存储介质，下面（　　　）设备不属于常见的备份设备类型。
   A. 磁盘设备　　　　　　　　　　　　B. 软盘设备
   C. 磁带设备　　　　　　　　　　　　D. 命名管道设备

3. SQL Server 2008 数据库备份类型有（　　　）。
   A. 完整备份　　　　　　　　　　　　B. 差异备份
   C. 事务日志备份　　　　　　　　　　D. 以上都是

4. 以下哪项不是 Microsoft SQL Server 2008 系统提供的数据库恢复模式（　　　）。
   A. 简单恢复模式　　　　　　　　　　B. 完全恢复模式
   C. 差异恢复模式　　　　　　　　　　D. 大容量日志记录的恢复模式

5. SQL Server 2008 备份过程是动态的，这意味着（　　　）。
   A. 你不必计划备份工作，SQL Server 2008 会自动为你完成
   B. 允许用户在备份的同时访问数据
   C. 不允许用户在备份的同时访问数据
   D. 备份需要不断地进行

三、思考题

1. 简述利用 mysqldump 备份数据库的步骤。

2. 利用 SQL Server 2008 中的外部数据源导入到 MySQL 中有哪些主要步骤？

第 7 章　数据库管理应用实例

一般完成了数据库的逻辑设计之后，就要进行数据库的物理设计。在 SQL Server 2008 中，数据库的物理设计就是指为每一个数据库创建并实现其所包含的数据库对象的过程，通常这些数据库对象包括表、视图、存储过程、用户、角色、规则、缺省、用户自定义数据类型、用户自定义函数和全文目录等。SQL Server 2008 将利用和组织这些数据库对象，来发挥数据库存储及处理数据的能力。

7.1　校园信息管理系统

新闻管理、学生管理、成绩查询管理、学生考勤管理、讨论园地、网上评优投票等校园信息管理系统根据实现功能的不同，采用模块化的方式来建设该系统，每个模块具有一个相对独立的功能。这样，既减少了各模块间的相互依赖性，增强了各模块的独立性，又降低了编码的复杂性，并考虑到系统升级与维护的特点，因此把该系统分为七个模块进行详细设计。

7.1.1　校园新闻管理模块

校园新闻管理模块负责校内、校外重大新闻的发布和管理。用户可以通过该系统浏览系统提供的各种新闻。而新闻系统管理员则可以通过该系统把校内、校外最新、最快的新闻及时发布到系统中，供用户阅览。结合本系统要实现的功能对该模块作如下详细设计。

1. 模块结构

根据系统功能将新闻管理模块分为新闻浏览和新闻信息管理两部分。普通用户浏览新闻，新闻管理员发布新闻和对新闻信息进行管理，如图 7-1 所示。

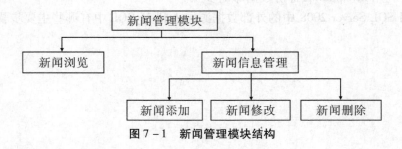

图 7-1　新闻管理模块结构

2．模块功能

（1）新闻列表。新闻列表按新闻类别和新闻发布时间显示新闻标题，最新发布的则显示在最前列。

（2）新闻浏览。新闻浏览通过新闻标题，浏览感兴趣的新闻。

（3）新闻信息管理。新闻信息管理实现新闻管理员登录新闻管理界面添加、修改、删除新闻。

（4）新闻详细显示。选中新闻标题，则显示该标题的详细新闻内容。

3．数据库

（1）数据库表。

Newscategory 表：新闻类别表如表 7-1 所示。该表为新闻分类：一类为校内新闻，新闻类别号设为 0；一类为校外新闻，新闻类别号设为 1。

表 7-1 新闻类别表

字段名	数据类型	属　性	说　明
C_id	Char（1）	不允许为空	新闻类别号，主键
C_name	Char（10）		新闻类别名

News 表：新闻表如表 7-2 所示，用来存放要发布的新闻。其中 Newsid 字段类型为 int，初始种子为 1，增量为 1。字段 Datetime 类型为 datetime 型，默认值设为函数 getdate（），即取当前时间。

表 7-2 新闻表

字段名	数据类型	属　性	说　明
Newsid	Int	不允许为空	新闻编号，设为标识，主键
Newstitle	Char（200）		新闻标题
Content	Char（2000）		新闻内容
Datetime	Datetime		发布时间，默认值设为函数 getdate（）
C_id	Char（1）		新闻类别号，外键

（2）表之间的关系。News 表和 Newscategory 表之间的关系如图 7-2 所示，两个表通过 C_id（新闻类别号）建立一对多联系。

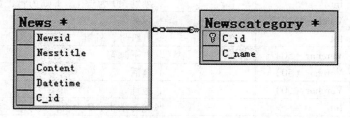

图 7-2　News 表和 Newscategory 表之间的关系

7.1.2 学生管理模块

学生管理模块负责对在校学生进行管理。学生可以登录该系统浏览自己的公开信息，该模块提供按学号、姓名、班级进行查询的功能。管理员则对学生信息进行维护和对班级信息进行管理操作。

1．模块结构

根据系统功能将该模块分为查询和管理两个部分。学生可以查询学生信息，管理员管理学生信息和班级信息，如图7-3所示。

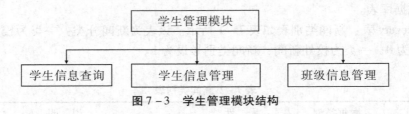

图7-3 学生管理模块结构

2．模块功能

（1）查询学生信息。可通过学号、姓名、班级等关键字查询并浏览学生的详细信息。

（2）学生信息管理。对学校的学生信息进行维护，包括添加、删除、修改等。

（3）班级信息管理。对学校的班级信息进行维护，包括添加、删除、修改等。

3．数据库

（1）数据库表。

Stu表：学生信息表如表7-3所示，该表存放在校学生的详细信息。

表7-3 学生信息表

字段名	数据类型	属 性	说 明
Stu_id	Int	不允许为空	学号，主键
Name	Varchar（50）		姓名
Bth	Varchar（50）		生日
Sch_time	Varchar（50）		入校时间
Sex	Char（2）		性别
Login	Varchar（50）		账号
Password	Varchar（50）		密码
Stu_level	Int		级别，0为学生，1则为管理员
Business	Varchar（30）		职务
Class_id	Int		班级号，外键
Email	Varchar（50）		电子邮箱
Ph	Varchar（50）		电话
Address	Varchar（50）		地址
Super	Int		优秀学生，0为否，1为是
Picture	Varchar（50）		照片

Class 表：班级表如表 7 - 4 所示，该表存放学校所有班级的信息。

表 7 - 4 班级表

字段名	数据类型	属 性	说 明
Class_id	Int	不允许为空	班级号，主键
Class_name	Varchar（50）		班级名称

（2）数据库表关系。Stu 表和 Class 表之间的关系如图 7 - 4 所示，两个表通过 Class_id（班级号）字段建立一对多联系。

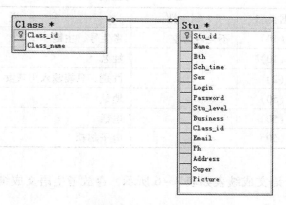

图 7 - 4 Stu 表和 Class 表之间的关系

7.1.3 成绩在线查询模块

成绩在线查询模块提供考生在线查询成绩的功能。考生只需输入准考证号和姓名，若正确则查询出当前考生的各科成绩和总成绩。

1. 模块结构

按照在线查询流程先输入查询条件，再进行查询，最后显示结果，模块结构如图 7 - 5 所示。

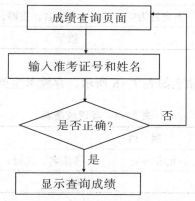

图 7 - 5 成绩在线查询模块结构

2. 模块功能

成绩查询页面显示查询的条件：准考证号、姓名。单击查询按钮，系统进行查询，若有符合条件的记录，则显示该考生的准考证号、姓名、各科成绩。

3. 数据库

（1）数据库表。

Student 表：考生表如表 7-5 所示，存放考生信息。

表 7-5　考生表

字段名	数据类型	属性	说明
S_id	Char（10）	不允许为空	考生号，主键
S_name	Char（10）		姓名
Sex	Char（2）		性别，只能输入男或女
Address	Char（50）		地址
Tel	Char（50）		电话
Email	Char（50）		电子邮箱

Chinesegrade 表：语文成绩表如表 7-6 所示，存放考生语文成绩。

表 7-6　语文成绩表

字段名	数据类型	属性	说明
S_id	Char（10）	不允许为空	考生名，主键，外键
Chinese	Int		语文

Mathgrade 表：数学成绩表如表 7-7 所示，存放考生数学成绩。

表 7-7　数学成绩表

字段名	数据类型	属性	说明
S_id	Char（10）	不允许为空	考生名，主键，外键
Math	Int		数学

Englishgrade 表：英语成绩表如表 7-8 所示，存放考生英语成绩。

表 7-8　英语成绩表

字段名	数据类型	属性	说明
S_id	Char（10）	不允许为空	考生名，主键，外键
English	Int		英语

所有学生各科成绩视图 studentgrade_view。该系统要调用数据库中的视图，将三科成绩汇总到一个视图中，建立视图的语句格式如下：

CREATE VIEW studentgrade_view

AS

SELECT　　Student. S_id，Student. S_name，Student. Sex，

　　　　Chinesegrade. Chinese，Mathgrade. Math，Englishgrade. English

FROM Chinesegrade　　INNER JOIN

　　　　Englishgrade ON Chinesegrade. S_id = Englishgrade. S_id INNER JOIN

　　　　Mathgrade ON Chinesegrade. S_id = Mathgrade. S_id INNER JOIN

　　　　Student ON Chinesegrade. S_id = Student. S_id AND

　　　　Englishgrade. S_id = Student. S_id AND Mathgrade. S_id = Student. S_id

（2）数据库表关系。学生表 Student 和语文成绩表 Chinesegrade、英语成绩表 Englishgrade、数学成绩表 Mathgrade 之间的关系如图 7-6 所示。学生表通过 S_id 字段和三个成绩表之间建立一对一关系。

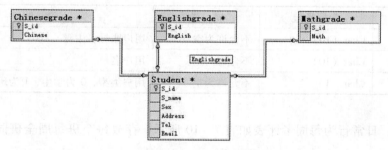

图 7-6　数据库表关系图

7.1.4　学生日常考勤及在校表现情况管理模块

学生日常考勤及在校表现情况管理模块主要为家长和学生提供一周内的考勤及一周内的在校表现，便于家长掌握学生在校情况，实现了班主任和家长及时有效的信息交流。班主任将一周内班级内每位同学的表现情况及每周班级日志发布到网上，实现了师生之间的良好互动。为实现该功能，对该模块作如下详细设计。

1. 模块结构

根据系统功能要求将模块分为学生、家长用户查询和班主任管理学生日常考评情况两个部分。学生、家长用户查询该班每周的详细日志，班主任将每周的日志上传到网上，如图 7-7 所示。

图7-7　学生日常考勤及在校表现情况管理模块结构

2．模块功能

（1）登录功能。根据登录用户类型不同，学生用户进入查询界面，教师用户进入管理界面。

（2）查询功能。选择"班级"、"学期"、"周次"等查询关键字信息，返回查询结果。

（3）学生考评管理。班主任对学生考评表进行维护、更新。

3．数据库表

Kpuser表：日常考评用户查询登录表如表7-9所示，存放用户账号信息。

表7-9　日常考评用户查询登录表

字段名	数据类型	属　性	说　明
Userid	Char（10）	不允许为空	用户账号，主键
Username	Char（10）	不允许为空	用户名
Usercategory	Char（1）	不允许为空	用户类型，0为学生，1为班主任

Kpstu表：日常行为每周考评表如表7-10所示，存放每个班每周全班同学日常行为考评情况。

表7-10　日常行为每周考评表

字段名	数据类型	属　性	说　明	
Class	Varchar（50）	不允许为空	班级名称	
Term	Varchar（50）		学期	主键
Week	Varchar（50）		周次	
Content	Varchar（2000）		内容，每周日常行为考评情况	
Teachername	Char（10）	不允许为空	班主任	

7.1.5　讨论园地模块

讨论园地模块是为学校和家长之间交流提供的一个公共平台，家长和学生注册为该系统用户后，就可在此系统中留言。班主任登录后可对留言进行回复和管理。

1. 模块结构

根据系统功能要求，家长、学校联络模块的结构如图 7 - 8 所示。

图 7 - 8　家长、学校联络模块结构

2. 模块功能

（1）注册功能。用户填写相应资料，进行注册。

（2）留言、回复功能。实现用户留言、回复留言、查看留言、查看留言者信息等功能。

3. 数据库表

Tbguestbook 表：留言表如表 7 - 11 所示，该表存放用户留言及管理员回复信息。

表 7 - 11　留言表

字段名	数据类型	属性	说明
Id	Uniqueidentifier	不允许为空	留言号，主键，用 Newid（）取唯一值
Username	Varchar（50）		用户名
Posttime	Datetime		留言时间
Message	Varchar（400）		留言信息
Isreplied	Bit		是否有回复，0 为无，1 为有
Reply	Varchar（400）		回复信息

User 表：用户注册表如表 7 - 12 所示，该表用于存放用户注册信息。

表 7 - 12　用户注册表

字段名	数据类型	属性	说明
Userid	Char（8）	不允许为空	注册号，主键
Username	Varchar（50）		用户名
Pwd	Char（10）		密码
Qq	Char（10）		QQ 号
Email	Char（50）		电子邮件
Website	Char（50）		个人网页
Regtime	Datetime		注册时间

7.1.6　网上评优投票模块

网上评优投票模块实现的功能比较简单，包括投票项目的管理、对项目进行投票、查看项目的投票情况。而数据库只需要存储投票的信息即可。

1. 模块结构

根据模块要实现的功能该模块设计为在线投票、显示投票结果、候选项管理三部分，如图 7 - 9 所示。用户类型为一般用户和管理用户。

图 7 - 9　网上评优投票模块结构

2. 模块功能

（1）投票功能。显示候选人供用户选择，用户将票投给认可的候选人。

（2）显示投票结果功能。显示目前候选人的得票情况。

（3）候选项管理功能。管理候选项，提供不同的投票项目列表。

3. 数据库表

Votes 表：投票项目表如表 7 - 13 所示，用于存放在线投票项目及投票结果信息。

表 7 - 13　投票项目表

字段名	数据类型	属　性	说　明
Voteid	Int	不允许为空	选项编号，主键
Item	Varchar		选项名称
Votecount	Int		票数

7.1.7　专业技能展示模块

专业技能展示模块将学生的文字、图画、音频、视频等作品上传到网络，为学生提供一个技能展示的平台，促进学生之间的交流，提升学生的技能水平，同时也能让家长通过学生上传的作品，了解学生在校的学习情况。

1. 模块结构

该系统要求上传作品，然后才可点播相关作品，但因为视频、图像作品文件比较大，为保证系统性能稳定和保证网速，在上传、下载和点播中均需是注册用户才拥有权限。根据此需求将该模块结构设计如图 7 - 10 所示。

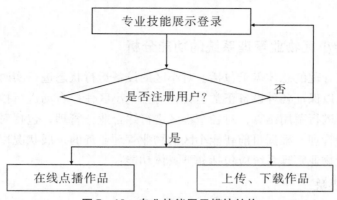

图 7 - 10　专业技能展示模块结构

2. 模块功能

用户使用专业技能展示模块，需先登录，若是合法用户，进入视频点播页面，选择视频点播。若要上传或下载文件，则点击上传下载按钮，则进入上传或下载页面，从而选择上传或下载文件作品。

3. 数据库表

Voduser 表：登录专业技能展示模块用户表如表 7 - 14 所示，存放用户登录账号和密码。

表 7 - 14　登录专业技能展示模块用户表

字段名	数据类型	属　性	说　明
Userid	Char（10）	不允许为空	账号，主键
password	Char（10）		密码

7.2　智能小区物业管理数据库设计

7.2.1　智能小区物业管理系统的需求分析

随着房地产业的发展、人们生活水平的提高，现代智能化小区不断出现，物业管理所要处理的业务量、数据量也越来越大，一个物业管理公司常常要同时对几个小区进行物业管理，广阔的市场需求对物业管理公司管理水平的要求越来越高，先进的、现代化的管理是物业管理公司在未来市场竞争中制胜的关键。智能小区物业管理系统由计算机或计算机局域网组成，其核心是管理信息软件系统。通过软件的设计，广义的物业管理可以覆盖物业管理公司的整个办公自动化系统，它除了包括传统的资料维护、财产管理、入住装修和维修管理、人事管理、财务管理等功能外，还包括智能化系统管理和社区 WEB 平台的管理。

7.2.2 智能小区物业管理系统的功能分析

智能小区物业管理的总体需求包括：对小区的设备运行状态进行实时监控，获得小区监控系统的数据，以保证各种设备正常运转；对各个小区住户自动进行抄表并定期根据抄表系统获得的数据进行费用结算；对各个小区进行综合业务管理，包括对小区住户的物业财产、房产等进行管理。根据目前智能小区的物业管理业务的发展状况以及今后智能小区的发展趋势，设计物业管理系统应包括如下具体功能：

1. 设备管理模块

设备管理包括各类设备和设施的基本信息，各类设备和设施的日常运营、保养、维修与更新的管理。将建筑及楼宇内的电梯设备运行监控、给排水设备运行监控、空调设备运行监控，以及建筑及社区内集中的冷热源设备运行监控集成在统一的网络化集成设施管理平台上。通过智能小区内物业管理系统实施对机电设备的运行状态与故障报警进行监视，报警确认，操作控制，设备运行状态和故障报警信息的记录与查询。该模块主要功能如下：

（1）设备运行管理：对设备的运行、报警信息的登记、确认。

（2）设备信息查询：设备信息查询、报警信息查询、设备运行信息统计等。

2. 文档管理子系统

主要是对物业管理公司的文档进行分类管理，如上传、下载、查看等。

3. 保安消防管理子系统

保安巡查管理包括记录保安巡查排班，在巡查过程中所发生的事件及处理结果。登记重大违章事件，并记录违章的处理情况。保安消防器材的管理包括：

（1）保安器械管理：对保安配备的器械进行登记，以便于查询。

（2）消防器材管理：对管理区内消防器材配备、消防事故情况等进行登记管理。

4. 房产管理子系统

房产管理模块主要是从楼宇管理与房屋管理两方面对小区中的所有房产进行管理。楼宇管理模块包括楼宇信息的录入、楼宇信息的查询、楼宇信息的修改和楼宇信息的删除。房屋管理模块包括房屋基本信息的录入、房屋信息的查询、房屋信息的修改、房屋信息的删除等模块。

5. 物业收费管理子系统

物业收费管理子系统主要是对房产、三表及其他的费用进行收取。收费项目、价格类型、损耗费用的分摊及对到期未交的客户打印通知单、手机短信群发，通知其交费，并可对费用进行调整、查询、统计等，满足物业公司对客户的多样费用征收的管理。

7.2.3 物业管理 E－R 分析图

该系统各个实体具体的描述 E－R 图如图 7－11、图 7－12、图 7－13、图 7－14 所示。

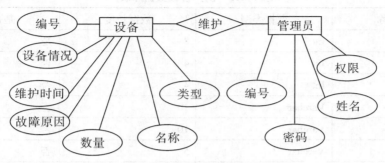

图 7－11 设备和管理员实体 E－R 图

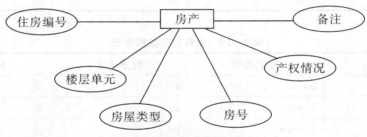

图 7－12 房产实体 E－R 图

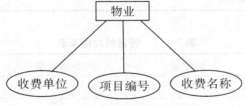

图 7－13 物业实体 E－R 图

图 7－14 保安实体 E－R 图

7.2.4 智能小区物业管理系统数据库表设计

表 7-15 房产管理数据库表

字段名称	数据类型	数据长度	是否主键
住户编号	Int	8	是
楼层单元	Int	4	否
房号	Int	4	否
房屋建筑面积	Varchar	10	否
房屋使用面积	Varchar	10	否
房屋类型	Varchar	5	否
产权情况	Varchar	10	否
备注	Text	20	否

表 7-16 设备管理数据库表

字段名称	数据类型	数据长度	是否主键
设备编号	Int	8	是
设备名称	Varchar	20	否
设备类型	Varchar	10	否
设备数量	Int	8	否
设备情况	Varchar	25	否

表 7-17 管理员数据库表

字段名称	数据类型	数据长度	是否主键
管理员编号	Int	8	是
管理员姓名	Varchar	4	否
权限	Varchar	4	否
登录密码	Varchar	10	否

表 7-18 消防器材管理数据库表

字段名称	数据类型	数据长度	是否主键
消防器材编号	Int	8	是
消防器材名称	Varchar	10	否
消防器材数量	Int	4	否
备注	Text	20	否

表 7 – 19 消防巡查管理数据库表

字段名称	数据类型	数据长度	是否主键
消防巡查编号	Int	8	是
消防巡查时间	Datetime	10	否
消防巡查人员编号	Int	4	否
意外情况	Varchar	30	否

表 7 – 20 出入登记管理数据库表

字段名称	数据类型	数据长度	是否主键
编号	Int	8	是
登记人员姓名	Varchar	10	否
被访人员姓名	Varchar	10	否
进入时间	Datetime	10	否
离开时间	Datetime	10	否
备注	Text	20	否

表 7 – 21 物业管理收费数据库表

字段名称	数据类型	数据长度	是否主键
项目编号	Int	4	是
收费名称	Varchar	20	否
收费单位	Varchar	10	否

表 7 – 22 设备维修管理数据库表

字段名称	数据类型	数据长度	是否主键
维修管理编号	Int	8	是
设备编号	Int	8	否
设备名称	Varchar	10	否
维修时间	Datetime	10	否
故障及原因记录	Varchar	30	否
备注	Text	20	否

7.3 配置自动化管理任务

7.3.1 自动化管理任务概述

所谓自动化管理任务是指系统可以根据预先的设置自动地完成某些任务和操作。为了帮助数据库管理员更好地管理数据库，节省管理时间，SQL Server 2008 提供了 SQL Server 代理服务。利用这个服务工具，SQL Server 2008 可以自动完成某些管理任务。在使用 SQL Server 代理服务之前，先要配置 SQL Server 代理服务。SQL Server 代理服务是一个任务规划器和警报管理器，在实际应用的环境下用户可以将那些周期性的活动，定义成一个任务，而让其在 SQL Server 代理服务的帮助下自动运行。假如用户是一名系统管理员，则可以利用 SQL Server 代理服务向用户发出一些警告信息来定位出现的问题，从而提高管理效率。SQL Server 代理服务主要包括以下三个基本元素：操作员、作业和警报。

1. 操作员

操作员的职责是维护 SQL Server 2008 服务器的正常运行。当 SQL Server 2008 的运行出现异常时，应该及时通知操作员采取相应的维护措施。在拥有多个服务器的企业中，操作员职责可以由多人分担。操作员既不包含安全信息，也不会定义安全主体。

SQL Server 2008 可以通过下列一种或多种方式通知操作员有警报出现：

（1）电子邮件；

（2）寻呼程序（通过电子邮件）；

（3）net send。

2. 作业

作业就是在 SQL Server 2008 中定义要被执行的管理任务，通过作业可以监督管理任务的执行情况。使用作业可以定义一个能执行一次或多次的管理任务，并能监视执行结果是成功还是失败。作业可以在一个本地服务器上运行，也可以在多个远程服务器上运行。可以通过以下几种方式来运行作业：

（1）根据一个或多个计划；

（2）响应一个或多个警报；

（3）通过执行 sp_start_job 存储过程。

3. 警报

当某些 SQL Server 事件发生时可以通过警报使数据库服务器作出响应。"警报"是对特定事件的自动响应，可以定义警报产生的条件。

警报可以响应以下条件：

（1）SQL Server 事件；

（2）SQL Server 性能条件；

（3）WMI 事件。

警报可以执行以下操作：

（1）通知一个或多个操作员；

（2）运行作业。

4. 启动 SQL Server 代理服务

依次单击【程序】 → 【Microsoft SQL Server 2008】 → 【配置管理工具】 → 【SQL Server 配置管理器】，在【SQL Server 服务】的右侧窗口中选择【SQL Server 代理】，右击弹出快捷菜单，选择【启动】，即可启动 SQL Server 代理服务了，如图 7 - 15 所示。

图 7 - 15　启动 SQL Server 代理服务

7.3.2　作业管理

如果数据库管理员要让 SQL Server 代理服务自动处理某一个任务，需要首先创建对应的作业。一个作业是由一个或多个作业步骤组成的。作业步骤可以是执行程序、操作系统命令、SQL 语句及 ActiveX 脚本等。作业既可以在本地服务器上执行，也可以在行程服务器上执行，还可以根据需要设置作业执行的时间。

1. 创建作业

（1）在 SQL Server Management Studio 的【对象资源管理器】中，选择【SQL Server 代理】，如图 7 - 16 所示。

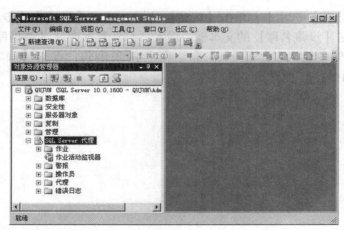

图 7 - 16　选中【SQL Server 代理】

（2）单击鼠标右键，在弹出的快捷菜单中选择【新建】→【作业】。打开【新建作业】对话框单击【常规】选项卡，在【名称】的文本框中指定作业名称，这里输入"作业—备份 test 数据库"。在【说明】的文本框中输入"此作业完成的任务是每隔一定的时间自动备份 test 数据库中的数据"。设置如图 7 – 17 所示。

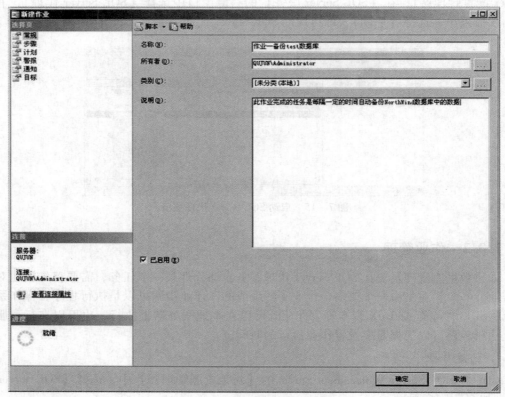

图 7 – 17　【新建作业】对话框

（3）单击【步骤】选项卡，单击【新建】按键，打开【新建作业步骤】对话框，如图 7 – 18 所示。在【步骤名称】的文本框中输入"打开数据库"，【数据库】选择"test"，在【命令】文本框中输入"USE test"和"Go"两条语句，点击【确定】按钮，返回【新建作业】对话框。

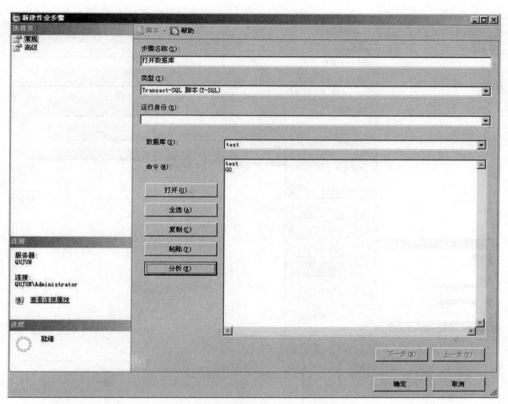

图7-18 【新建作业步骤】对话框

（4）参考"步骤（3）"再建一个步骤，步骤名为"备份test数据库"，【数据库】选择"test"，在【命令】的文本框中输入"BACKUP DATABASE test TO 备份设备_test"命令，如图7-19所示。单击【确定】按钮，返回【新建作业】对话框，在这里可以看到新建的两个步骤，通过【移动步骤】按钮可以调整步骤的顺序，在【新建作业】对话框中可以对作业步骤执行【新建】、【插入】、【编辑】和【删除】操作。

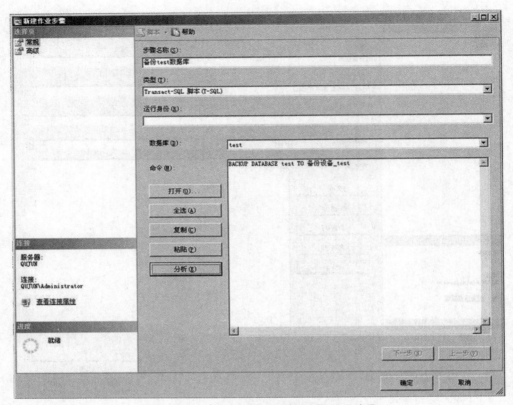

图 7 – 19　新建 "备份 test 数据库" 作业步骤

2. 作业计划

（1）为了使作业能够自动执行，应该安排好作业自动执行的时间表，即作业计划。打开【SQL Server 代理】中的【作业】，其中列出已创建的所有作业。双击某个作业计划打开【作业属性】对话框，单击【计划】选项卡中的【新建】按钮，打开【新建作业计划】对话框，如图 7 – 20 所示。将作业计划命名为 "每天备份数据库"，在【频率】选项中设置执行为 "每天"；时间间隔为 "1 天"，在【每天频率】中设置执行的时间为 "23：00：00"。

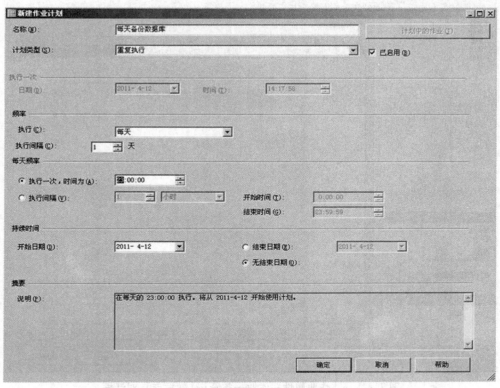

图 7 – 20　【新建作业计划】对话框

（2）单击【确定】按钮，返回【作业属性—作业—备份 test 数据库】对话框，如图7 –21所示，单击【确定】按钮，设置完毕。

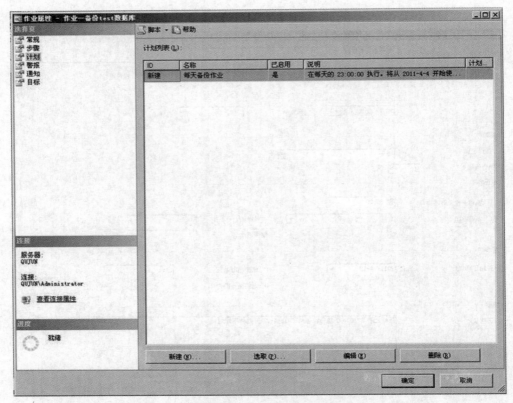

图 7 – 21 【作业属性—作业—备份 test 数据库】对话框

3. 警报管理

SQL Server 2008 允许创建警报以显示系统可能遇到的各种错误，包括 SQL Server 错误、用户定义错误或对系统的性能条件等作出必要的响应。警报是联系写入 Windows 事件日志中的 Microsoft SQL Server 错误消息和执行作业或发送通知的桥梁。

在 Microsoft SQL Server 系统中可能出现的错误都有编号，简称错误代号。错误代号小于或等于 50000 的错误或消息是系统提供的错误使用的代号，用户定义的错误代号必须大于 50000。错误等级也是错误是否触发警报的一种条件。在 Microsoft SQL Server 系统中，提供了 25 个等级的错误。在这些错误等级中，19 ~ 25 等级的错误自动写入 Windows 的应用程序日志中，这些错误是致命错误。以上的各种错误警报的具体含义，读者可以通过执行查询语句 "select * from sysmessages" 具体进行查看。

警报与作业的不同之处在于，作业是由 SQL Server 代理服务来掌控的，在什么时间做什么事情都是我们预订好的，我们能意识到将要处理的事情是什么样的结果。但是警报不同，警报是在出现意外的情况下才考虑应该怎么去做的。

SQL Server 2008 定义警报的方式主要有三种：

（1）根据 SQL Server 错误定义警报。若要创建 SQL Server 错误时候发出的警报，可以通过指定一个错误编号（如 9002：数据库的事务日志已满）或特定的严重程度（如 17）

来定义警报。

（2）根据 SQL Server 性能条件定义警报。除了使用警报响应 SQL Server 错误以外，还可以使用警报响应 SQL Server 的性能条件（如 "Windows 系统监视器" 上查看到的性能条件）。当超过某个触发条件时候，将触发警报。

（3）根据 WMI 事件定义警报。WMI 是一项核心的 Windows 管理技术，WMI 作为一种规范和基础结构，通过它可以访问、配置、管理和监视几乎所有的 Windows 资源。

在作业执行时，如果出现错误，SQL Server 2008 会将错误消息存放在事务日志中。SQL Server 代理在读取日志时，会与在系统中定义的警报进行匹配，如果满足条件则会触发该警报。当警报被触发时，可以通过电子邮件或者寻呼通知操作员，以便及时解决出现的问题。

新建警报操作步骤如下：打开【SQL Server 代理】，选择【警报】，右击选择【新建警报】，打开【新建警报】对话框，输入警报的【名称】为 "警报_没有此对象"，【类型】为 "SQL Server 事件警报"。【事件警报定义】选项中的【数据库名称】选择 "test"；【严重性】选择 "001 – 杂项系统信息"。【消息正文】中输入 "错误：test 数据库中不存在此对象"，如图 7 – 22 所示。单击【确定】按钮，新建警报设置完毕。

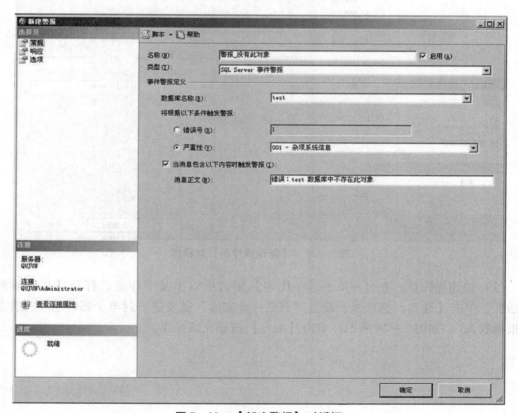

图 7 – 22 【新建警报】对话框

4. 操作员管理

SQL Server 代理完成一个作业后，可以通知操作员作业的完成情况。当系统触发一个警报时，也可以通知操作员进行处理。通知操作员的方法有多种，可以通过命令系统把相应的消息写入事件日志中，还可以通过电子邮件、传呼机或网络发送命令把相应的消息传递给操作员。

（1）新建操作员。打开【SQL Server 代理】，选择【操作员】，右击选择【新建操作员】，打开【新建操作员】对话框，在【姓名】栏中输入操作员的姓名"操作员_警报接收人"，在【电子邮件名称】中输入操作员的电子邮件地址"teacher@21cn.com"，设置完成后如图 7－23 所示，单击【确定】按钮完成操作。

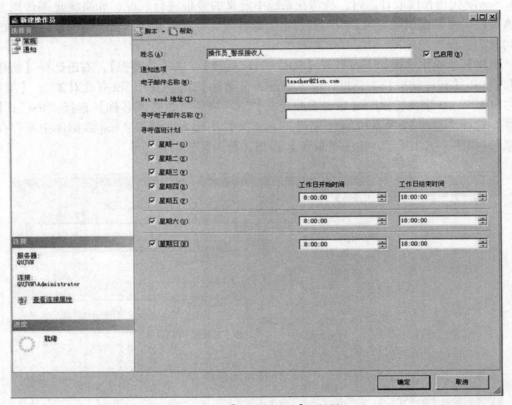

图 7－23　【新建操作员】对话框

（2）使用操作员。在【SQL Server 代理】窗口中双击某个作业，打开【作业属性】对话框，单击【通知】选项卡，设置"只要作业完成"就发送一封电子邮件给"操作员_警报接收人"，如图 7－24 所示。单击【确定】按钮完成操作。

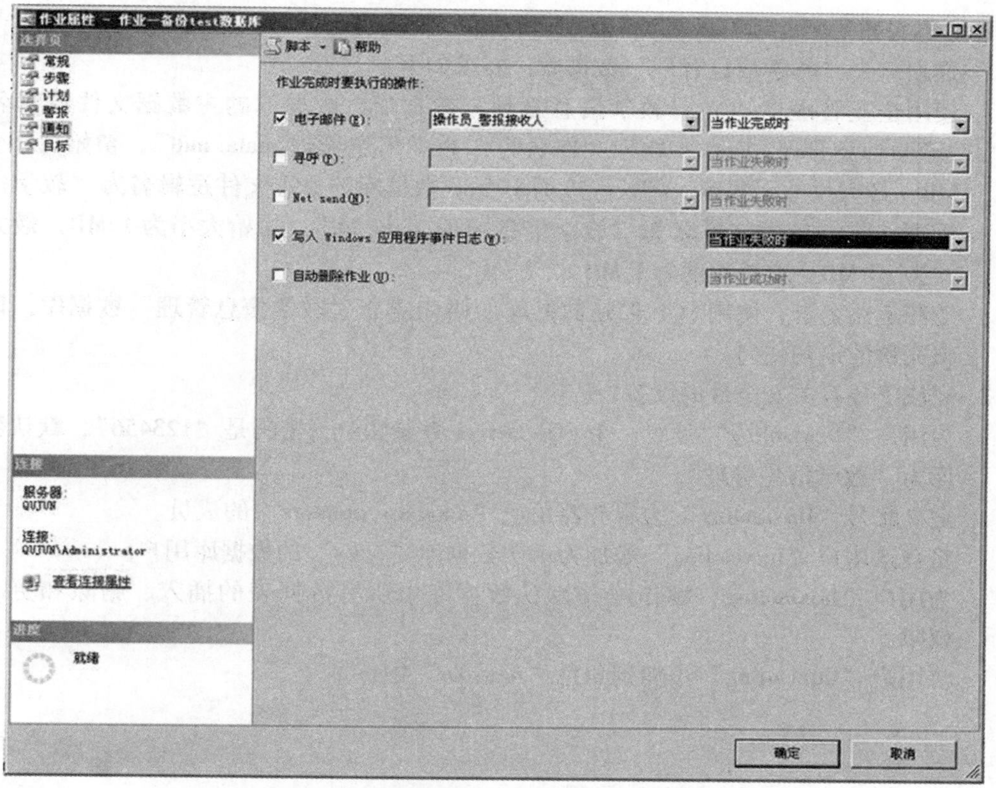

图 7-24　【作业属性】对话框设置使用操作员

习题七

一、填空题

1. 数据库的创建包括_____、_____和创建_____。数据库能通过两种方法来创建，一是在 SQL Server 2008 的_____里设置选项来由系统自动创建；二是用_____语句来手动创建。

2. 可以使用系统存储过程_____查看数据库信息，重命名数据库的语句是_____。

3. _____和_____是维护数据库安全性和完整性的管理方法。_____可以防止数据库遭到破坏、介质失效或用户操作错误而造成的数据丢失。

二、选择题

1. 下面（　　）语句用于查询数据库信息。
   A. sp_renamedb　　　B. creat table　　　C. alter database　　　D. sp_helpdb

2. 日志文件存放在 SQL Server 2008 的安装路径下面的（　　）文件夹里。
   A. Install　　　B. Backup　　　C. Log　　　D. Data

3. 文件和文件组备份必须搭配（　　）。
   A. 完整备份　　　B. 事务日志备份　　C. 差异备份　　　D. 不需要

三、思考题

1. 建立一个"教学信息管理"数据库，要求如下：

使用企业管理器建立"教学信息管理"数据库，数据库的主数据文件逻辑名为"教学信息管理_data"，物理文件名为"教学信息管理_data.mdf"，初始大小为1 MB，最大尺寸无限制，增长速度为10%；数据库的日志文件逻辑名为"教学信息管理_log"，物理文件名为"教学信息管理_data.ldf"，初始大小为1 MB，最大尺寸为10 MB，增长速度为1 MB。

按照上述要求，使用 SQL 创建数据库的语句建立"教学信息管理"数据库，请写出完整的语句代码。

2. 完成下述有关安全性的设置。

为用户"liuxiaoling"设置一个 SQL Server 登录账户，密码是"123456"，默认数据库为"教学信息管理"。

定义账号"liuxiaoling"为服务器角色"database creators"的成员。

将登录用户"liuxiaoling"添加为示例数据库"pubs"的数据库用户。

为用户"liuxiaoling"赋予操作默认数据库中所有数据表的插入、删除和更改的权限。

将用户"liuxiaoling"添加到角色"newrole"中。

第 8 章 数据库与程序开发工具

Web 技术和数据库技术相结合成为当前研究的热点，其中关键就是 Web 数据库的访问技术。目前，基于 Web 的数据库访问技术主要有 ODBC、基于 ODBC 的 DAO 和 RDO、JDBC、OLE DB/ADO，它们都是在不同时期出现并被广泛使用的技术，很多技术现在仍很流行。随着微软 . NET 的推出，ASP. NET 为编写大量的 Web 应用程序带来了巨大的变革，. NET Framework 的最新数据库访问技术——ADO. NET 随之产生，并成为目前最优秀的数据库访问技术。这些技术各有自己的优缺点和适用的场合，都被广泛采用来编写 Web 应用程序。

8.1 基于 Web 的数据库访问技术 ODBC 和 JDBC

8.1.1 开放数据库结构 ODBC

1. ODBC 的简介

开放数据库结构（Open Data Base Connectivity）是由 Microsoft 公司于 1991 年提出的一个用于访问数据库的统一界面标准，是应用程序和数据库系统之间的中间件。它为异构数据库的访问提供了一个统一接口，它允许应用程序以 SQL 程序访问不同的 DBMS，从而使得应用程序能以透明的方式访问异构数据库系统。通过使用相应应用平台上和所需数据库对应的驱动程序与应用程序的交互实现对数据库的操作，避免了在应用程序中直接调用与数据库相关的操作，从而提供了数据库的独立性。

2. ODBC 的体系结构

ODBC 技术为应用程序提供了一套 CLI（Call – Level Interface，调用层接口）函数库和基于 DLL（Dynamic Link Library，动态链接库）的运行支持环境。使用 ODBC 开发数据库应用程序时，在应用程序中调用标准的 ODBC 函数和 SQL 语句，通过可加载的驱动程序将逻辑结构映射到具体的 DBMS 或者应用系统所使用的系统。换言之，连接其他数据库和存取这些数据库的低层操作由驱动程序驱动各个数据库完成。

ODBC 是一个分层的体系结构，如表 8 – 1 所示。

表 8 - 1　ODBC 的体系结构

ODBC 数据库应用程序				
驱动程序管理				
SQL Server 驱动程序	Oracle 驱动程序	Sybase 驱动程序	FoxPro 驱动程序	DB2 驱动程序
SQL Server 数据源	Oracle 数据源	Sybase 数据源	FoxPro 数据源	DB2 数据源

按照功能层次 ODBC 可划分为 4 个组件，其主要功能如下：

（1）ODBC 应用程序接口（ODBC API）：它是 ODBC 运用数据通信、数据传输协议、DBMS 等多种技术协同完成的标准接口。应用程序通过 ODBC API 与数据源进行数据交换。它包括请求与数据源建立联系，建立会话关系；向数据源发出 SQL 申请，定义数据缓冲区、数据格式；向用户报告结果，处理各种错误等内容。其主要任务是管理安装的 ODBC 驱动程序和管理数据源。

（2）驱动程序管理器（Driver Manager）：驱动程序管理器包含在 DBC32. DLL 中，对用户是透明的。其任务是管理多个驱动程序和多个应用程序，它具有一个带入口的函数库的 DLL（动态链接库），可以链接到所有的 ODBC 应用程序中。为应用程序加载、调用和卸载 DB 驱动程序，是 ODBC 中最重要的部件。

（3）ODBC 驱动程序（DBMS Driver）：它是一些 DLL，提供了 ODBC 和数据库之间的接口。处理 ODBC 函数，向数据源提交用户请求执行的 SQL 语句，并将 SQL 语句译成相应的 DBMS 规定的形式，负责与任何访问数据源的软件交互。

（4）数据源（Data Source）：它是指用户所需要的数据库，包括与数据源相关的 DBMS、系统平台和网络等。每个数据源都需要驱动程序提供的信息，包含了数据库的位置和数据库类型等信息。

3. ODBC 数据源管理

（1）ODBC 数据源管理由 ODBC 驱动程序管理器完成。使用 ODBC 数据源管理器可以显示系统当前安装的 SQL Server ODBC 驱动程序的版本信息，添加、更改和删除 SQL Server ODBC 驱动程序的数据源。ODBC 数据源管理器还可以为用户数据源、系统数据源和文件数据源创建选项卡。

用户数据源专门用于在创建时即生效的 Microsoft Windows 登录账户。用户数据源对任何其他的登录账户是不可见的。它们对计算机上作为服务运行的应用程序也不是始终可见的。系统数据源对客户端上的所有登录账户都是可见的。它们对计算机上作为服务运行的应用程序也是始终可见的。

选择了数据源类型后，ODBC 数据源管理器便会启动 SQL Server DSN 配置向导，指导操作者逐步添加 ODBC 数据源。选择所需的数据源选项，例如包含相关表的数据库。

（2）使用 ODBC 数据源管理器创建数据源。若要配置 Microsoft SQL Server ODBC 数据源，请使用【ODBC 数据源管理器】。可以通过在【控制面板】中单击【数据源（ODBC）】

③单击对话框右边的【添加】按钮，弹出如图8－3所示的【创建新数据源】对话框。

图8－3　【创建新数据源】对话框

④从对话框的列表中选择要安装的数据源驱动程序，选择【SQL Server】，再单击【完成】按钮，出现如图8－4所示的【创建到SQL Server的新数据源】对话框。

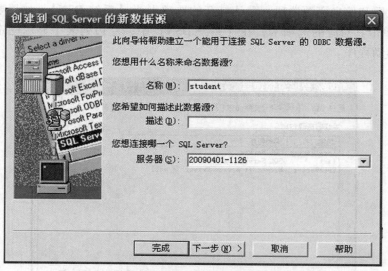

图8－4　【创建到SQL Server的新数据源】对话框

⑤在对话框的【名称】文本框中输入数据源的名称"student"，这个名称是由建立者自己确定的，可以与其对应的数据库名字相同，也可以不同，但一般应有意义且好记；在【描述】文本框中输入对数据源的描述，也可以省略此项；在【服务器】栏中选择或输入

数据库服务器的名字，完成后，单击【完成】按钮，出现如图 8－5 所示的【SQL Server 应该如何验证登录 ID 的真伪?】对话框。

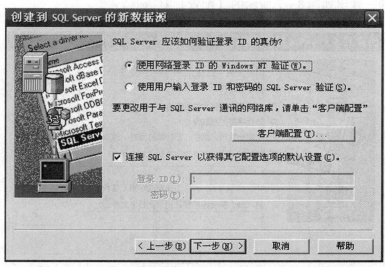

图 8－5　【SQL Server 应该如何验证登录 ID 的真伪?】对话框

⑥在此对话框中选择验证登录 ID 的方式。一般有两种方式：一种方式为"使用网络登录 ID 的 Windows NT 验证（W）"，这种情况下，只要用户成功登录 Windows 操作系统，就可以使用此数据源，一般单机系统使用这种方式比较方便；另一种方式是通过输入用户 ID 和密码的方式，选择此种方式要求建立者输入用户登录 ID 和密码，一般建立网络系统使用此种方式验证登录。单击【下一步】按钮，打开如图 8－6 所示的【选择数据库】对话框。

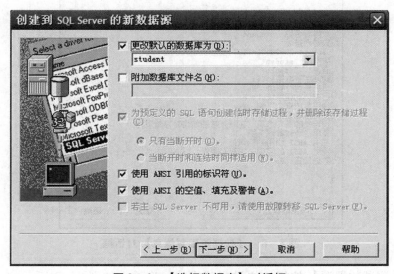

图 8－6　【选择数据库】对话框

⑦在对话框中选择【更改默认的数据库为】复选框，从对应的下拉列表框中选择数据库的名字，本例中选择"student"数据库，其余选择均取默认值，如图 8 - 7 所示，单击【下一步】按钮，弹出如图 8 - 7 所示的【配置】对话框。

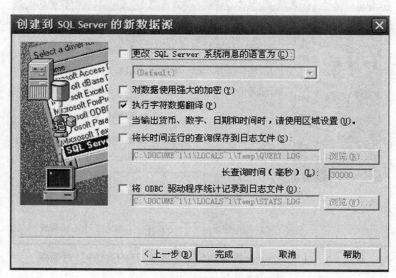

图 8 - 7　【配置】对话框

⑧选择系统的默认配置，单击【完成】按钮，弹出如图 8 - 8 所示的【数据源配置信息】对话框。

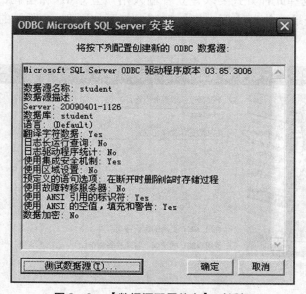

图 8 - 8　【数据源配置信息】对话框

⑨单击【测试数据源】按钮，如果测试成功，将弹出如图 8 - 9 所示的【SQL Server ODBC 数据源测试】对话框，单击【确定】按钮返回。

⑩在图 8 - 9 所示的对话框中，单击【确定】按钮，完成创建数据源 "student" 的工作。

图 8 - 9　【SQL Server ODBC 数据源测试】对话框

用户数据源和文件数据源的建立方法与系统数据源的建立方法基本相同，请参照上面介绍的方法建立。建立好的数据源可以在应用程序中使用，是通过其数据源的名称或文件名来使用的。

8.1.2　JDBC 技术

1. JDBC 的简介

Java Data Base Connectivity（Java 数据库连接技术），由于采用 Java 访问数据库技术日益受到人们的重视，SUN 公司开发了 Java 的数据库应用程序接口 JDBC。它是将 Java 与 SQL 结合且独立于特定的数据库系统的应用程序编程接口，是数据库前台开发工具的数据库接口。

2. JDBC 设计的目的

（1）ODBC：微软的 ODBC 是用 C 语言编写的，而且只适用于 Windows 平台，无法实现跨平台操作数据库。

（2）SQL 语言：SQL 尽管包含有数据定义、数据操作、数据管理等功能，但它并不是一个完整的编程语言，而且不支持流控制，需要与其他编程语言配合使用。

（3）JDBC 的设计：由于 Java 语言具有健壮性、安全、易使用并可自动下载到网络等方面的优点，因此如果采用 Java 语言来连接数据库，将能克服 ODBC 局限于某一系统平台的缺陷；将 SQL 语言与 Java 语言结合起来，可以实现连接不同数据库系统的目的，即使用 JDBC 可以很容易地把 SQL 语句传送到任何关系型数据库中。

（4）JDBC 设计的目的：它是一种规范，设计出它的最主要目的是让各个数据库开发商为 Java 程序员提供标准的数据库访问类和接口，使得独立于 DBMS 的 Java 应用程序的开发成为可能（数据库改变，驱动程序跟着改变，但应用程序不变）。

3. JDBC 的体系结构

JDBC 的体系由 4 个组件构成：

（1）应用程序：用于发送或者接收数据。

（2）驱动程序管理器：处理数据源相应的驱动程序。

（3）数据库驱动程序：提供数据库和应用程序之间的接口。

（4）数据库：SQL 兼容数据库。

其体系结构如表 8 - 2 所示：

表 8 - 2　JDBC 的体系结构

应用程序	应用程序	应用程序
JDBC 应用程序接口（JDBC API）		
JDBC 驱动程序管理器（JDBC Driver Manager）		
数据库驱动		
数据库	数据库	数据库

从表 8 - 2 中可以看出，JDBC API 的作用就是屏蔽不同的数据库驱动程序之间的差别，使得程序设计人员有一个标准的、纯 Java 的数据库程序设计接口，为在 Java 中访问任意类型的数据库提供技术支持。驱动程序管理器（Driver Manager）为应用程序装载数据库驱动程序。数据库驱动程序是与具体的数据库相关的，用于向数据库提交 SQL 请求。

4. JDBC 的主要功能

（1）创建与数据库的连接。

（2）发送 SQL。

（3）处理数据库的返回结果。

5. JDBC 驱动程序的类型

目前比较常见的 JDBC 驱动程序可分为以下四种类型：

（1）类型 1：JDBC - ODBC 桥。JDBC - ODBC 桥是利用 ODBC 驱动程序提供 JDBC 访问。实际是把所有 JDBC 的调用传递给 ODBC，再由 ODBC 调用本地数据库驱动代码。只要本机装有相关的 ODBC 驱动，那么采用 JDBC - ODBC 桥就可以访问所有的数据库。

JDBC - ODBC 方法对于客户端已经具备 ODBC Driver 的应用是可行的，但由于需要多层调用，所以执行效率比较低，对于大数据量存取的应用是不适合的。

注意：必须将 ODBC 二进制代码（许多情况下还包括数据库客户机代码）加载到使用该驱动程序的每个客户机上。因此，这种类型的驱动程序最适合于企业网（这种网络上客户机的安装不是主要问题），或者用 Java 编写的三层结构的应用程序服务器代码。

JDBC - ODBC 桥是利用微软的开放数据库互连接口（ODBC API）同数据库服务器通信，

客户端计算机首先应该安装并配置 ODBC Driver 和 JDBC － ODBC Bridge 两种驱动程序。

（2）类型 2：本地 API Java 驱动程序。这种类型的驱动程序把客户机 API 上的 JDBC 调用转换为 Oracle、Sybase、Informix、DB2 或其他 DBMS 的调用。

注意：同 JDBC － ODBC 桥驱动程序一样，这种类型的驱动程序要求将某些二进制代码加载到每台客户机上。

（3）类型 3：网络纯 Java 驱动程序。这种驱动程序将 JDBC 转换为与 DBMS 无关的网络协议，之后这种协议又被某个服务器转换为一种 DBMS 协议。这种网络服务器中间件能够将它的纯 Java 客户机连接到多种不同的数据库上；所用的具体协议取决于提供者。通常，这是最为灵活的 JDBC 驱动程序。有可能所有这种解决方案的提供者都提供适合于 Intranet 用的产品。

（4）类型 4：本地协议纯 Java 驱动程序。这是一种纯 Java 语言实现的本地协议，允许从 Java 客户端调用数据库管理系统的服务器。也就是允许从客户机机器上直接调用 DBMS 服务器，这是 Intranet 访问的一个很实用的解决方法。本地协议纯 Java 驱动程序完全由 Java实现，因此实现了平台独立性。

8.2　数据库访问技术 ADO. NET

8.2.1　ADO. NET 简介

ADO. NET 由 ActiveX Data Objects（ADO）改进而来，是一种先进的数据库访问技术，提供平台互用和可收缩的数据访问功能。ADO. NET 是英文 ActiveX Data Objects for the . NET Framework 的缩写，它是为 . NET 框架而创建的，它提供对 Microsoft SQL Server、Oracle 等数据源以及通过 OLEDB 和 MAX 公开的数据源的一致访问。应用程序可以使用 ADO. NET 来连接到这些数据源，并检索、操作和更新数据。

ADO. NET 使用 XML（Extensible Markup Language，可扩展标记语言）作为数据传送的格式，任何可以读取 XML 格式的应用程序都可以对数据进行处理。

ADO. NET 有效地从数据库操作中将数据访问分解为多个可以单独使用或一前一后使用的不连续的组件。ADO. NET 包含用于连接到数据库、执行命令和检索结果的 . NET Framework 数据提供程序。可以直接处理检索到的结果，或将其放入 ADO. NET 的 DataSet 对象，以便与来自多个数据源的数据或在层之间进行远程处理的数据组合在一起，以特殊方式向用户公开。ADO. NET 的 DataSet 对象可以独立于 . NET Framework 数据提供程序使用，以管理应用程序本地的数据或源自 XML 的数据。

8.2.2　ADO. NET 的主要对象

ADO. NET 是在 ADO 的基础上发展起来的，是对 ADO 的继承，但 ADO. NET 中对象的功能更为强大。这些对象可以分为两组：一组对象用来存放和管理数据（例如 DataSet，DataTable，DataColumn，DataRow 和 DataRelation）；另外一组对象用来连接到某个特定数据源（例如 Connections，Commands 和 DataReader）。

1. DataSet 对象

DataSet 对象是 ADO. NET 的核心，是 ADO. NET 非连接模式下的主要对象。

DataSet 对象通常包含数据表 DataTable 对象、数据列 DataColumn 对象、数据行 DataRow 对象以及各种表之间的关系 DataRelation 对象等。所有这些信息都以 XML 的形式存在，可以处理、遍历、搜索任意或者全部的资源。

DataRow 对象包含了结果集里不同行的数据。数据列 DataColumn 对象则包含了结果集里不同列的数据字段。DataRelation 对象的集合，其中每一项都对应一个不同的 DataTable 对象之间的关系，这些关系实现了同一 DataSet 中表与表之间的导航。

DataSet 对象使用相同的方式来操作从不同数据来源取得的数据，不管底层的数据库是 SQL Server 还是 MySQL 或是其他数据库，DataSet 的行为都是一致的。存储在 DataSet 对象中的数据未与数据库连接。对数据库所做的任何更改都将只是缓存在每个 DataRow 之中。DataSet 中的信息改动后，必须求助于 Datadapter 把 DataSet "插入" 到数据库中，并把更新传递到数据源上。

Dataset 对象功能强大，主要可以执行以下操作：

（1）对数据执行大量的处理，而不需要与数据源保持打开的连接，从而可以将该连接释放给其他客户端使用。

（2）在应用程序本地缓存数据。

（3）与数据进行动态交互。例如，绑定到 Windows 窗体控件或组合并关联来自多个数据源的数据。

（4）提供关系数据的分层 XML 视图，并使用 XSL 转换或 XML 路径语言（XPath）查询等工具来处理数据。

（5）在层间或从 XML Web Services 对数据进行远程处理。

2. DataView 对象

DataView 对象的主要功能是返回数据表的默认视图表，此默认视图就是一个 DataView 对象，可用来设置 DataTable 对象中的数据显示方式，可以将数据作排序与筛选。所以 DataView 对象与 DataTable 对象是相关联的。可以使用多个 DataView 对象同时查看同一 DataTable，优点就是不必以不同结构方式保留数据的两份副本。

3. DataReader 对象

DataReader 用于以最快的速度检索并检查查询所放回的行。主要提供从数据库服务器向应用程序的快速只向前的数据流。DataReader 返回的数据是只读的。DataReader 对象支持最小特性集，所以它的速度非常快，而且是轻量级的。正是由于这些特性，它也被认为是流水游标（fire hose cursor）。DataReader 并不在内存中缓存数据，也不提供更改数据库中记录的方法。DataReader 是一个依赖与连接的对象。

尽管 DataReader 功能有限，只能以只进只读方式返回数据，但是这种方式节省了 DataSet 所使用的内存，并将省去创建 DataSet 及填充其内容所需的必要处理，因此提高了应用程序的性能。

DataReader 对象是 Command 对象的 ExecuteReader 方法返回的对象，它代表只向前的、只读的结果集。每次调用 DataReader 的 Read 方法时都会产生一行新的可用结果，然后就可以用 GetValue 方法或者强制类型的 Get 方法查询每个单独字段。

4. DataAdapter 对象

DataAdapter 用于从数据源检索数据并填充到 DataSet 中的表，它还将对 DataSet 的更改解析回数据源。两种情况下使用的数据源可能相同，也可能不相同。这两种操作分别称作填充（Fill）和更新（Update）。DataAdapter 充当数据库和 ADO. NET 对象模型中非连接对象之间的桥梁的同时，还能隐藏和 Connection、Command 对象沟通的细节。DataAdapter 对象包含 4 个不同类型的 Command，SelectCommand 用来取得数据来源中的记录；InsertCommand 用来添加记录到数据来源；UpdateCommand 用于更新数据来源中的记录；Delete Command 用于删除数据来源中的记录。

DataAdapter 对象起着 Connection 对象和 DataSet 对象之间的桥梁作用。其 Fill 方法将数据从数据库移到客户端的 DataSet 对象，而其 Update 方法则按相反方向移动数据，它由应用程序在 DataSet 中添加、更改或删除的行对数据库进行更新。

其他重要的对象还有 Connection、Command 等。ADO. NET 中的 Connection 对象建立到数据源的连接，它有 ConnectionString 属性、Open 的 Close 方法以及使用 BeginTransaction 方法开始事物处理的能力。

Command 命令允许用户查询数据库、向它发送命令或者调用它的存储过程，可以使用该对象的 Execute 方法来执行这些操作。例如，使用 ExecuteNonQuery 方法向数据库发送操作查询，使用 ExecuteReader 方法会返回结果集的 SELECT 查询。

8.2.3　ADO. NET 的访问模式

ADO. NET 提供了两种数据访问模式：连接模式和非连接模式。

1. 连接模式

对于过去的大部分计算机而言，唯一可用的环境就是连接环境。在连接环境中，应用程序与数据库保持持续的连接。

（1）连接模式的优点：①环境易于实施安全控制；②同步问题易于控制；③数据实时性优于其他环境。

（2）连接模式的缺点：①必须保持持续的网络连接；②扩展性差。

连接模式下客户机一直保持和数据库服务器的连接，这和 ADO 技术是一致的。这种模式适合数据传输量少、系统规模不大、客户机和服务器在同一网络内的环境。

（3）连接模式数据访问的步骤：①使用 Connection 对象连接数据库；②使用 Command（命令）对象向数据库索取数据；③把取回来的数据放在 DataReader（数据阅读器）对象中进行读取；④完成读取操作后，关闭 DataReader 对象；⑤关闭 Connection 对象。

提示：ADO. NET 的连接模式只能返回向前的、只读的数据，这是由 DataReader 对象的特性决定的。

2. 非连接模式

随着 Internet 的出现，无连接的工作环境日益普及。同时随着手持设备的增加，与服务器或者数据库断开连接时，仍可以通过笔记本式计算机和其他便携式计算机使用应用程序。在非连接环境中，中央数据存储的一部分数据可以被独立地复制与更改，在需要时可以与数据源中的数据合并。

（1）非连接模式的优点：①可以在任何需要的时间进行操作，在必要时才连接到数据源；②不独占连接；③非连接环境的应用提高了应用的扩展性与性能。

（2）非连接模式的缺点：①数据不是实时的；②必须解决数据的并发性与同步问题。

在非连接模式下，当应用程序从数据源获得所需数据，就断开连接模式，并将获得的数据以 XML 的形式存放在主存中。在处理完数据之后，再取得连接并完成更新工作，这样服务器的资源消耗较少，可以同时支持更多并发的客户机，这是 ADO. NET 的卓越之处。在许多情况下，人们并不是在完全有连接或完全无连接的环境下工作，而是在两种方法混合环境下工作。

（3）非连接模式数据访问的步骤。非连接模式适合网络数据量大、系统节点多、网络结构复杂，尤其是通过 Internet/Intranet 进行连接的网络。非连接模式数据访问的步骤如下：①使用 Connection 对象连接数据库；②使用 Command 对象获取数据库的数据；③把 Command 对象的运行结果存储在 DataAdapter（数据适配器）对象中；④把 DataAdapter 对象中的数据填充到 DataSet（数据集）对象中；⑤关闭 Connection 对象；⑥在客户机本地内存保存的 DataSet（数据集）对象中执行数据的各种操作；⑦操作完毕后，启动 Connection 对象连接数据库；⑧利用 DataAdapter 对象更新数据库；⑨关闭 Connection 对象。

8.2.4　ADO. NET 常用的命名空间

ADO. NET 的命名空间（NameSpace）记录了对象的名称与所在的路径。使用 ADO. NET 中的对象时，必须首先声明命名空间，这样编译器才知道到哪里去加载这些对象。根据 ADO. NET 数据提供程序和主要数据对象，ADO. NET 的命名空间可分为基本对象类、数据提供程序对象类和辅助对象类等。ADO. NET 主要在 System. Data 命名空间层次结构中实现，该层次结构在物理上存在于 System. Data. dll 文件中。部分 ADO. NET 是 System. Xml 命名空间层次结构的一部分。

常用的命名空间包括以下几种：

（1）System. Data：ADO. NET 的核心，包含了处理非连接的架构所涉及的类，此对象类别包含了大部分的 ADO. NET 的基础对象，如 DataSet、DataTable、DataRow 等，故在编写 ADO. NET 程序时，必须先声明此类对象。

（2）System. Data. Common：由. NET 数据提供程序继续或者实现的工具类和结构。包含由. NET Framework 数据提供程序共享的类。数据提供程序描述一个类的集合，这些类用于在托管空间中访问数据源，例如数据库。

（3）System. Data. SqlClient：SQL Server 的. NET 数据提供程序。当使用 Microsoft SQL Server. NET 数据提供程序连接 SQL Server 7. 0 以上版本数据库时，必须首先声明此类对象。

（4）System. Data. OleDb：OLEDB 的. NET 数据提供程序。当使用 Microsoft OLE DB. NET 数据提供程序连接 SQL Server 6. 5 以下版本数据库或其他数据库时，必须首先声明此类对象。

（5）System. Data. SqlTypes：为 SQL Server 数据类型专门提供的相关类与架构，提供了

比其他类更安全、快速的解决方案。

（6）System. Xml：提供基于标准 XML 的类、结构以及枚举器，例如 XmlDataDocument 类。

8.2.5　ADO. NET 与 XML

ADO. NET 对象模型是以 XML 为核心而设计的，它简化了关系数据到 XML 格式的转换，也可以把数据从 XML 转换成表和关系的集成。

XML 是一种丰富的、可移植的数据表示方式，它以开放的、独立于平台的方式表示数据。XML 数据的一个重要特征是它基于文本，这使得在应用程序和服务之间传递 XML 数据比传递二进制数据更容易。

ADO. NET 对象模型提供对 XML 的广泛支持。当在 ADO. NET 中使用对 XML 的支持时，要考虑以下事项和原则：

（1）可以从 DataSet 读取 XML 格式的数据。这样有利于在分布式环境下的应用程序或服务之间传递数据。

（2）可以用 XML 数据填充 DataSet。这样有利于从另一个应用程序或服务中接受 XML 数据，并使用这些数据更新数据库。

（3）可以为 DataSet 中数据的 XML 形式创建 XML 架构，然后使用 XML 架构执行任务，如序列化 XML 数据到流或文件中。

（4）可以从流或文件中将 XML 数据加载到文档对象模型（Document Object Model，DOM）树中。然后将数据作为 XML 或 DataSet 表进行操作。为了做到这一点，必须拥有将数据结构描述为 DataSet 的 XML 架构。

（5）可以创建类型化 DataSet。类型化 DataSet 是 DataSet 的子类，可用附加属性和方法来提供 DataSet 的结构。Visual Studio 为类型化 DataSet 生成一个相当的 XML 架构定义，用于描述 DataSet 的 XML 表示形式。

8.3　网络数据库的连接

数据库技术与 Web 技术相互融合产生了网络数据库技术。本节主要介绍基于 Client/Server 和基于 Browser/Server 的数据库连接。

8.3.1　基于 Client/Server 的数据库

C/S 模式是 20 世纪 80 年代逐渐发展起来的一种网络数据库模式。在这种结构下，网络中的计算机分为两个有机联系的部分：客户机（Client）和服务器（Server）。客户机一般由功能一般的微机来担任，如个人电脑等，它可以通过向服务器发送请求来使用服务器中的资源。这种模式将应用任务分解成多个子任务，由多台计算机分工协同完成，也就是所谓的"功能分布"原则。在客户端完成数据处理和用户接口等功能，而在服务器端完成 DBMS 的核心功能。这种客户请求服务器数据库提供服务的处理方式是一种新型的计算机应用模式，对于用户的请求，如果是一些简单的客户机能够执行的操作，就直接给出结果；反之则需要交给服务器来处理。例如，要调用服务器上的数据，服务器根据用户的请求对这些数据进行一些客户看不见的后台处理之后返还给客户。因此，C/S 模式能够合理均衡事务的处理，保证数据的完整性和一致性。在 C/S 体系结构下，C/S 的基础结构由三部分组成：客户机、服务器和中间件，如图 8 – 10 所示。

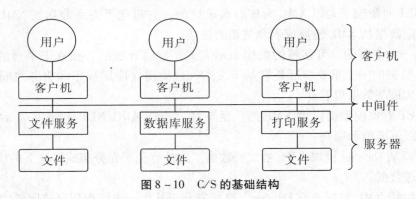

图 8 – 10　C/S 的基础结构

1. 服务器

服务器（Server）最典型的任务是提供数据服务。服务器必须具有高速度和大容量的数据存储功能，强大的数据处理和管理功能，能够并发运行多个进程的功能，同时还要有通信和收发电子邮件等功能。

如果将服务器按照硬件的性能和规模大小进行划分的话，可分为大型机服务器、小型机服务器、工作站服务器以及个人电脑服务器。不同种类的服务器有其各自的优缺点，所以必须根据服务的规模大小、性能和效率等选择不同的服务器来提供服务。

例如，大型的网络环境就适合用大型机做服务器，这样才能充分利用大型机的信息处理能力；而对于企业一类的网络，可选用小型机作为服务器；而在局域网中，可以根据要求选择性能较好的 PC 机作为服务器。服务器所能支持的网络操作系统可以是 Unix、Windows 2003、Linux 等。在服务器上安装支持 C/S 系统的 DBMS 软件，如 SQL Server、Oracle、Sybase、MS SQL 等。

2. 客户机

C/S 应用是以客户机（Client）为中心的，客户机向服务器发出请求，服务器响应并返回相应的结果。客户机主要完成应用界面上的功能。

客户机可以是大型机、中小型机或微型机。可根据性能因素、价格因素等来选择合适的客户机。客户机支持 Windows、Unix、Linux 等操作系统。除此之外，客户机上还必须安装有利于数据库应用开发的数据库软件，例如 PowerBuilder、Visual Basic、Delphi、Developer 等类似的工具，这些工具具有较好的用户界面，可以为用户提供应用程序的开发和运行环境，有可视性强、操作简便等特点。

3. 中间件

中间件又称为接口软件，指连接客户机和服务器之间的软件，它是开发 C/S 应用的关键组成部分。中间件可以分为通用中间件和专用中间件两种。如各种各样的网络操作系统、各种各样的网络传输协议等都属于通用中间件。而专用中间件主要指事物处理中间件（如 RPC 等，共享不同服务器的资源）、组件中间件（如 LotusNotes 及电子邮件等）、对象中间件（允许客户机调用驻留在远程服务器上的对象）和 DB 中间件（基于 SQL 的异构数据库互联）等。

在 C/S 体系结构下，当用户调用服务器资源时，客户方通过应用软件（一般包括用户界面、本地数据库等）将请求传送给服务器，再服务器响应并按照客户端的请求进行相应的操作，再向客户端返回数据。客户端根据服务器回送的处理结果进行分析，然后显示给用户，其过程如图 8 – 11 所示。

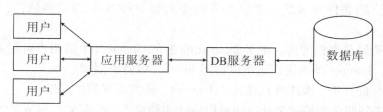

图 8 – 11　C/S 体系结构下的事务处理结构

随着数据库技术和网络技术的进一步发展以及企业对信息系统建设成本的考虑，C/S 也逐渐暴露出许多问题，主要体现为以下四点：

（1）成本较高。C/S 结构对客户端硬件要求过高，特别是软件的不断升级，使得对硬件要求不断提高，自然而然就增加了整个系统的成本。

（2）移植困难。运用不同开发工具开发的应用程序，一般来说是互不兼容的，不能搬到其他平台上运行。

（3）不同客户机安装不同的系统软件，用户界面风格不一，使用繁杂，不利于推广使用。

（4）由于每个客户机都安装了相应的应用程序，所以维护复杂，升级困难。

8.3.2　基于 Browser/Server 的数据库

随着 Internet 席卷全球，以 Web 技术为基础的 B/S 模式日益显现出其先进性。所以，如今很多基于大型数据库的应用系统都正在采用这种全新的技术模式。

B/S 模式由浏览器、Web 服务器和数据库服务器三个部分组成。在 B/S 模式下，客户端将形形色色的各种应用软件取而代之为一个通用的浏览器（如 Internet Explorer 等），用户所有的操作都是通过这个通用浏览器进行的。这种结构的核心部分是 Web 服务器，它负责接受远程或本地的 HTTP 查询请求，然后根据查询的条件到数据库服务器获取相关的数据，然后再将结果翻译成 HTML 或者各种页面描述语言，传送回提出查询请求的浏览器。同样，浏览器也会将更改、删除、新增数据记录的请求申请至 Web 服务器，由 Web 服务器与数据库联系完成这些工作，其结构如图 8 – 12 所示。

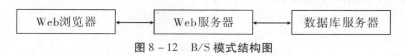

图 8 – 12　B/S 模式结构图

B/S 模式具有以下优点：

（1）使用简单。由于用户使用单一的浏览器软件，基本上不需要做特定的培训即可使用。

（2）易于服务。因为所有的应用程序都放在 Web 服务器端，所以软件的开发、升级与维护只需要在服务器端进行，减少了开发与维护的工作量。

（3）保护企业投资。B/S 模式采用标准的 TCP/IP、HTTP 协议，可以与企业现有网络很好地结合。

（4）对客户端硬件要求低。客户机只需要安装一种 Web 浏览器软件，例如 Internet Explorer 等。

（5）信息资源共享程度高。由于 Internet 的建立，Internet 上的用户可以方便地访问系统以外的资源，Internet 外的用户也可以访问 Internet 内的资源。

（6）扩展性好。B/S 模式可直接连入 Internet，具有良好的扩展性。

除了上面讲到的两种模式之外，还可以将这两种模式结合起来，形成 B/S 与 C/S 的一种混合模式，如图 8 - 13 所示。

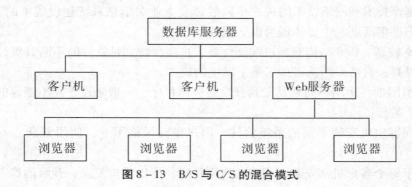

图 8 - 13　B/S 与 C/S 的混合模式

如果是面向大量用户的模块采用三层 B/S 结构模式，在客户端运行浏览器，基础数据放置在数据库服务器上，中间建立一个 Web 服务器连通数据库服务器与客户机浏览器。总之，要根据系统模块安全性、交互性、数据处理的大小等各方面的因素来考虑如何灵活地使用这两者的结合体，只有这样才能较为充分地发挥它们各自的长处，从而开发出较为安全的、效率较高的数据库应用系统。

8.3.3　数据库访问技术

随着互联网的兴起与发展，Web 服务器与数据库服务器的连接显得越来越重要，许多厂家不断推出新技术、新产品，来满足更多层次的要求，这使连接更加快捷和方便。

Web 服务器与数据库连接技术已成为基于 Web 的信息管理系统的核心，访问 Web 数据库有多种方案，其基本构架如图 8 - 14 所示。

图 8 – 14　Web 服务器与数据库连接的基本框架

在整个 Web 服务器与数据库连接中，最为关键的技术是中间件的解决方案。中间件是负责管理 Web 服务器和数据库服务器之间通信的，并为两者提供应用程序服务的物理部件。中间件能够调用作为 Web 服务器和数据库服务器间"传输机制"的外部程序或者"编码"，并将查询的结果以 HTML 页面或者文本的方式反馈给用户。

8.3.4　开发工具介绍

从前面对 Web 数据库的介绍可以知道，一个 Web 数据库的开发需要 Web 程序员建立数据库与 Web 服务器的连接。在建立连接的过程中，至少需要用到两种开发工具：一种是编程语言；另一种是数据库管理软件。下面简单介绍一下常用的编程语言以及后台数据库管理系统。

1. 编程语言

（1）C 和 C + +。C 语言是国际上广泛流行的计算机高级语言。它是由 B 语言演变而来的，由贝尔实验室的 Dennis Ritchie 开发出来。它适于作为系统描述语言，即用来写系统软件，但它的极其丰富的函数和类库使得大多数的数据库引擎都可以由 C 语言编译的 API 调用。C + + 是 C 语言的扩展，是 20 世纪 80 年代初由贝尔实验室的 Bjarne Stroustrup 开发的。C + + 的许多特性都是由 C 语言派生出来的，但是更重要的是它还提供了面向对象编程（Object Oriented Programming）的功能，这使其在数据库开发上更具潜力。

（2）Java。Java 是由 Sun 公司推出的新的编程语言。Java 是基于 C/C + + 的语言，加入了许多面向对象编程的特性。同时 Sun 公司提供了基本的 Java 软件、文档、教程和演示，可以在 Web 站点免费下载获得。Java 具有大量的类库，支持多媒体、网络、图形、数据库访问、分布式计算机等软件组件。

Java 是一种可用于多种目的和用途的程序语言，其中 Java 的一些特性适合于 World Wide Web 开发。例如，一些 Java 的小应用程序叫做 Java Applet，可以从 Web 服务器下载到计算机上，并通过可与 Java 兼容的 Web 浏览器运行，如 Netscape Navigator 或者 Microsoft Internet Explorer。

为数据库提供 CGI 访问能力时，还有另外三种语言也是经常用到的。它们是 Perl、Rexx 和外壳脚本，所有这些都是功能很强的高级语言，而且久经考验。从某种程度上说，与 C 和 Java 相比，用这三种语言编程更加方便。

（3）JSP（Java Server Pages）。JSP 是由 Sun Microsystems 公司倡导、许多公司参与一起建立的一种动态网页技术标准。该技术为创建显示动态生成内容的 Web 页面提供了一个简捷而快速的方法。

JSP 技术的设计目的是使得构造基于 Web 的应用程序更加容易和快捷，而这些应用程序能够与各种 Web 服务器、应用服务器、浏览器和开发工具共同工作。JSP 规范是 Web 服务器、应用服务器、交易系统以及开发工具供应商间广泛合作的结果。在传统的网页 HT-ML 文件中加入 Java 程序段和 JSP 标记，就构成了 JSP 网页。

Web 服务器在遇到访问 JSP 网页的请求时，首先执行其中的程序片段，然后将执行结果以 HTML 格式返回给客户。程序片段可以用来操作数据库、重新定向网页以及发送 E-mail 等，这就是建立动态网站所需要的功能。所有程序操作都在服务器端执行，之后将结果发送到客户端，这样对客户浏览器的要求最低，可以实现无 Plug – in、无 ActiveX、无 Java Applet 甚至无 Frame。

（4） ASP（Active Server Page）。ASP 是一个 Web 服务器端的开发环境，利用它可以产生和运行动态的、交互的、高性能的 Web 服务应用程序。ASP 属于 ActiveX 技术的一种，它可以使用任何 Script 语言，只要提供相应的脚本驱动。ASP 自身提供了 VBScript 和 Jscript 的驱动，可以将可执行的 Script 直接嵌入 HTML 文件，HTML 开发和 Script 开发在同一开发过程中就可以完成，而且通过 ActiveX 组件，可以实现非常复杂的 Web 应用程序。它具有以下特性：

① 使用 VBScript、Jscript 等简单易懂的脚本语言，结合 HTML 代码，即可快速地完成网站的应用程序。

② 无须编译，容易编写，可在服务器端直接执行。

③ 编写十分方便，可使用普通的文本编辑器，如 Windows 的记事本，即可进行编辑设计。

④ 与浏览器无关，用户端只要使用可执行 HTML 代码的浏览器，即可浏览使用 ASP 设计的网页内容。ASP 所使用的脚本语言，如 VBScript、Jscript 等均在 Web 服务器端执行，用户端的浏览器不需要能够执行这些脚本的语言。

⑤ ASP 能够与任何 ActiveX Script 语言兼容。除了可使用 VBScript 或 Jscript 语言来进行设计外，还可以通过 Plug – in 的方式，使用由第三方提供的其他脚本语言，如 Rexx、Perl、Tcl 等。脚本引擎是处理脚本程序的 COM（Component Object Model）组件。

⑥ 可使用服务器端的脚本来产生客户端的脚本。

2. ASP 访问 Web 数据库的原理以及简单过程

（1） ASP 访问数据库的原理。ASP 是服务器端的脚本执行环境，可用来产生和执行具有动态性能的 Web 服务器程序。当用户使用浏览器请求 ASP 页面的时候，Web 服务器响应请求，调用 ASP 引擎来执行 ASP 文件，并解释其中的脚本语言，然后通过 ODBC 连接数据库，由数据库访问组件 ADO 完成数据库操作。最后由 ASP 生成包含数据查询结果的 HTML 页面并返回给用户端显示。由于 ASP 在服务器端运行，运行结果以 HTML 主页形式返回用户浏览器，因而 ASP 源程序中所涉及的任何系统信息都不会泄漏，增加了系统的保密性和安全性。此外，ASP 是面向对象的脚本环境，用户可自行增加 ActiveX 组件来扩充其功能，拓展应用范围。

（2） ASP 页面的结构。ASP 的程序代码很简单，文件名以 . asp 结尾，ASP 文件通常由四部分构成：

① 标准的 HTML 标记：所有的 HTML 标记均可使用。

② ASP 语法命令：位于 < %   % > 标签内的 ASP 代码。

③ 服务器端的 include 语句：可用#include 语句调入其他 ASP 代码，增强了编程的灵活性。

④ 脚本语言：ASP 自带 Jscript 和 VBScript 两种脚本语言，增加了 ASP 的编程功能，用户也可安装其他脚本语言，如 Perl、Rexx 等。

（3）ASP 的内建对象。ASP 本身提供了六个对象，可以供用户方便调用：

① Application 对象：负责管理所有会话信息，用来在指定的应用程序的各个用户之间共享信息。

② Session 对象：存储特定用户的会话信息，只能够被该用户访问，当用户在不同的 Web 页面跳转时，Session 中的变量在用户整个会话过程中一直保存。但是 Session 对象中的内容涉及用户的隐私，所以需 Cookie 支持。

③ Request 对象：从用户端取得信息传递给服务器，这是 ASP 读取用户输入的主要方法。

④ Response 对象：服务器将输出内容发送到用户端。

⑤ Server 对象：提供与服务器有关的方法和属性的访问。

⑥ Object Context 对象：IIS4.0 新增的对象，用来进行事务处理。此项功能需得到 MTS 管理的支持。

（4）Database Access 组件 ADO。万维网上很重要的应用是访问 Web 数据库，用 ASP 访问 Web 数据库时，必须使用 ADO 组件。ADO 是 ASP 内置的 ActiveX 服务器组件，通常在 Web 服务器上设置 ODBC 和 OLEDB 可连接多种数据库，如 Sybase、Oracle、Informix、SQL Server、Access 等，这是对目前微软所支持的数据库进行操作的最有效的、最简单直接的方法。

ADO 组件主要提供了以下对象和集合来访问数据库：

①Connection 对象：建立与后台数据库的连接。

②Command 对象：执行 SQL 指令，访问数据库。

③Parameters 对象和 Parameters 集合：为 Command 对象提供数据和参数。

④RecordSet 对象：存放访问数据库后的数据信息，是最经常使用的对象。

⑤Field 对象和 Field 集合：提供对 RecordSet 中当前记录的各个字段进行访问的功能。

⑥Property 对象和 Properties 集合：提供有关信息，供 Connection、Command、Record-Set、Field 对象使用。

⑦Error 对象和 Errors 集合：提供访问数据库时的错误信息。

8.4　Access 数据库的连接

8.4.1　规划自己的数据库

要开发数据库程序，首先要规划自己的数据库，要尽量使数据库设计合理。既包含必要的信息，又能节省数据的存储空间。主页上的网络导航模块是许多网站必备的组件，利用它就可以方便地访问很多相关网站。通常的网络导航都是静态网页，每次需要添加或删除网站链接时，都需要打开静态网页源代码进行修改，然后再上传到服务器上，这样操作特别麻烦。如果采用数据库技术来管理网站链接，就可以实现在线添加、删除和更新。我们需要建立一个网络导航管理数据库，然后建立一张表 line，如表 8－3 所示。

表 8－3　line 表

字段名称	数据类型	说　明
link_id	自动编号	网站编号
name	文本	网站名字
URL	文本	网站网址
intro	备注	网站简介
submit_data	日期/时间	提交日期

8.4.2　设置数据源

前面讲到 ASP 提供了一个数据库存取组件 ADO，利用它就可以方便地存取数据库了。但要存取数据库，第一步必须连接到数据库，这里我们介绍通过数据源方式连接数据库。所谓数据源，就是数据源开放数据库连接（ODBC），利用它可以访问来自多种数据库管理系统的数据。下面为数据库 www_link. mdb 设置数据源。

（1）依次选择【开始】→【程序】→【管理工具】→【数据源（ODBC）】菜单命令，就会出现如图 8－15 所示的【ODBC 数据源管理器】对话框。

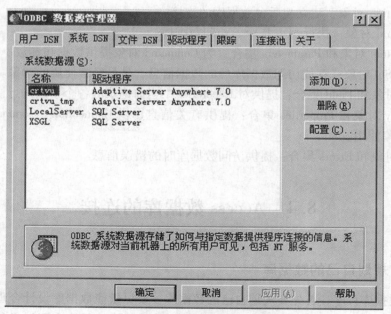

图 8－15　【ODBC 数据源管理器】对话框

（2）在图 8 – 15 中选择【系统 DSN】，然后单击【添加】按钮，将出现如图 8 – 16 所示的【创建新数据源】对话框。

图 8 – 16　【创建新数据源】对话框

（3）在图 8 – 16 中选择"Microsoft Access Driver（＊.mdb）"，然后单击【完成】按钮，将出现如图 8 – 17 所示的【ODBC Microsoft Access 安装】对话框。

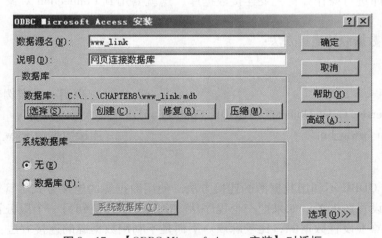

图 8 – 17　【ODBC Microsoft Access 安装】对话框

（4）在图 8 – 17 中输入【数据源名】为"www_link"和【说明】为"网页连接数据库"，并单击【选择】按钮，选择"C：\ inetpub \ wwwroot \ chapter8 \ www_link. mdb"，然后单击【确定】按钮即可。

（5）添加完毕后，可以在【ODBC 数据源管理器】对话框中看到该数据源的名称，如图 8 – 18 所示。

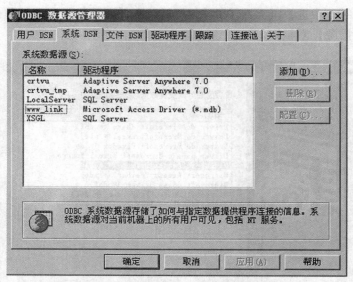

图 8-18　添加完毕后的【ODBC 数据源管理器】

8.4.3　连接数据库

1. 基于 ODBC 数据源连接方式

要对数据库进行操作，首先要连接数据库，这就要用到 Connection 对象。具体连接方法有如下三种。

（1）利用数据源的连接方法：

```
<%
Dim conn                                            '声明一个实例变量
Set db = Server. CreateObject （"ADODB. Connection"）
conn. Open "www_link"                               '连接数据源 www_link
% >
```

（2）基于 ODBC 不利用数据源的连接方法。使用数据源的连接方式尽管简单，但是需要在服务器端设置数据源。如果把一个程序从一个服务器移植到另一个服务器上，还需要在另一台服务器上设置数据源，比较麻烦。下面是不利用数据源的连接方法：

```
<%
Dim conn
Set conn = Server. CreateObject （"ADODB. Connection"）
conn. Open " Driver = ｛Microsoft Access Driver （ ＊. mdb）｝;
Dbq ="&C：\Inetpub\wwwroot\chapter8\www_link. mdb"
% >
```

Driver 表示数据库驱动程序类型，Dbq 表示数据文件的物理路径。对于第（2）种方法，通常可以利用 Server 对象的 Mappath 方法将相对路径转换为物理路径，要将上面的语句修改为：

```
< %
Dim conn
Set conn = Server. CreateObject（"ADODB. Connection"）
conn. Open "Driver = ｛Microsoft Access Driver（ ∗ . mdb）｝；
Dbq ="& Server. MapPath（"www_link. mdb"）
% >
```

（3）基于 OLE DB 的连接方式。OLE DB 是一种使用底层技术，效率更高的连接数据库的方式，也是目前应用较广的连接方式。

```
< %
Dim conn，strConn
Set conn = Server. CreateObject（"ADODB. Connection"）
strConn ="Provider = Microsoft. Jet. OLEDB. 4. 0；Data Source ="&
Server. MapPath（"www_link. mdb"）
db. Open strConn
% >
```

Provider 表示数据库 OLE DB 驱动程序，Data Source 表示数据库的物理路径。
一般来说，如果方便设置数据源，可以使用利用数据源连接的方法；如果不方便设置数据源，可以使用第 2 种或第 3 种方式。

2. 查询记录实例

要把数据库中的记录显示在页面上，就需要用到 SQL 语言的 Select 语句。
查询时，需要用 Connection 对象的 Execute 方法打开一个记录集，然后在记录集中移动记录指针就可以依次显示所有的记录了。所谓记录集，类似于一个数据库中的表，由若干列和若干行组成，可以看作一个虚拟的表。可以依次读取每一行，然后显示在页面上。
下面举例说明查询记录的具体方法。

```
< %  Option Explicit  % >
< html >
< head >
    < title >查询记录实例 </title >
</head >
< body >
    < h2 align ="center" >网络导航 </h2 >
    < %
    '以下连接数据库，建立一个 Connection 对象实例 db
```

```
Dim db
Set db = Server. CreateObject（"ADODB. Connection"）
db. Open "www_link"                        '利用数据源连接数据库
'以下建立记录集
Dim strSql，rs
strSql = "Select ＊ From link Order By link_id DESC"      '按降序排列显示所有记录
Set rs = db. Execute（strSql）
'以下显示数据库记录
% ＞
＜table border = "1"   align = "center"＞
＜%
Do While Not rs. Eof                      '只要不是结尾就执行循环
% ＞
＜tr＞
＜td＞＜% = rs（"name"）% ＞＜/td＞
＜td＞＜a href = "http：//＜% = rs（"URL"）% ＞" target = "_blank"＞＜% = rs（"
URL"）% ＞＜/a＞ ＜/td＞
＜td＞＜% = rs（"intro"）% ＞＜/td＞
＜td＞＜% = rs（"submit_date"）% ＞＜/td＞
＜/tr＞
＜%
    rs. MoveNext                          '将记录指针移动到下一条记录
    Loop
% ＞
＜/table＞
＜/body＞
＜/html＞
```

程序运行结果如图8－19所示。

图8－19   asp 的运行结果

258

8.5　连接 SQL Server

在了解了 ASP 的基本对象和数据库的基本理论之后，下面讨论 ASP 和 SQL Server 的连接。存取 SQL Server 数据库其实和 Access 数据库是一样的，只是在连接数据库时略有区别。

8.5.1　存取 SQL Server 数据库

与 SQL 连接常用的方法有三种：一是创建没有 ODBC 数据源的连接；二是创建有 ODBC 数据源的连接；三是创建基于 OLE DE 的连接。假设已经建立了一个 SQL 数据库 Database 名称为 sqltest，数据库登录账号为 sa，登录密码为 123456，ODBC 数据源为 test。创建数据库及建立用户请读者参考第 7 章相关内容。

1. 基于 ODBC 数据源的连接方式

```
<%
Dim db
Set db = Server. CreateObject（"ADODB. Connection"）
db. Open "Dsn = test；Uid = sa；Pwd = 123456"
% >
```

2. 基于 ODBC 但没有数据源的连接方式

```
<%
Dim conn
set conn = server. createobject（"ADODB. Connection"）
conn. open "Driver = ｛sql server｝；uid = sa；pwd = 123456；database = address；
Server = qujun"
% >
```

多个参数之间用分号隔开。Server 参数表示 SQL 数据库服务器地址，localhost 表示本机，也可以使用 127.0.0.1 或本机 IP 地址。如果使用其他服务器上的 SQL 数据库，只要将 localhost 替换为该服务的 IP 地址即可。

3. 基于 OLE DB 的连接方式

SQL 数据库也可以使用 SQL Server 的 OLE DB 技术连接数据库。

```
<%
Dim db
```

```
Set db = Server. CreateObject（″ADODB. Connection″）
db. Open ″Provider = SQLOLEDB；Database = sqltest；Uid = sa；Pwd = 123456；
Server = localhost″
% >
```

8.5.2 创建数据源

如果使用基于 ODBC 数据源连接方式，在访问 SQL Server 数据库之前，要先建立一个数据源。数据源包含了如何与一个数据提供者进行连接的信息，在这种情况下，我们将通过数据源与 Microsoft SQL Server 建立连接。数据源共有 3 种类型：用户数据源、系统数据源和文件数据源，我们建议用户使用系统数据源。在建立一个数据源之前，首先确保 SQL Server 正在运行。SQL Server 数据源的创建与上一节 ACCESS 数据源创建类似，只是在【创建新数据源】对话框中选择安装数据源的驱动程序为【SQL Server】。创建步骤如下：

（1）依次选择【开始】→【程序】→【管理工具】→【数据源（ODBC）】菜单命令，打开【ODBC 数据源管理器】对话框。

（2）选择【系统 DSN】，然后单击【添加】按钮打开【创建新数据源】对话框。

（3）选择【SQL Server】驱动，然后单击【完成】按钮，打开【创建到 SQL Server 的新数据源】对话框。输入名称"test"，服务器选择读者自己安装的 SQL Server 服务器，"更改默认的数据库"选择"Northwind"，最后单击【确定】并测试数据源连接成功即可。具体操作请读者参照 8.4.2 节进行设置。

需要说明的是"Northwind"数据库是 SQL Server 2000 默认的数据库，如果在 SQL Server 2008 系统中则需要导入。

8.5.3 连接数据源

ASP 可以使用 ADO 对象很容易地实现和数据源之间的连接和操作。ADO 对象包含 Connection、Recordset、Command、Errors、Parameters 和 Fields 六大对象。这里仅讨论最重要的 3 个对象—— Connection、Recordset 和 Command 与数据库的连接。

1. 使用 Connection 对象执行 SQL 语句

ADO 提供了 Connection 对象，用于建立与管理应用程序、OLE DB 兼容数据库之间的连接。Connection 对象的属性和方法可用来打开和关闭数据库连接，并发布对数据库的查询和数据的更新。要建立数据库连接，首先必须创建 Connection 对象。建立 Connection 对象的语法如下：

Set Connection 对象实例 = Server. Createobject（″ADODB. Connection″）

建立 Connection 对象后，还需要利用 Connection 对象的 Open 方法才能真正建立与数据库的连接。语法如下：

Connection 对象实例 . Open string

例如，下列脚本的作用是创建 Connection 对象的一个实例，接着打开一个数据库连接。

```
<%
Dim cnn
'创建 Connection 对象
Set cnn = Server. Createobject（"ADODB. Connection"）
'使用 ODBC 连接字符串打开连接
cnn. Open "test"
% >
```

使用 Connection 对象有很多方法，其中最常见的是 Open 方法和 Execute 方法，Execute 方法用来执行数据库的查询。

下面的脚本是使用 Execute 方法以 SQL 的 UPDATE 命令的形式发布更新，该命令用来更新数据库中的数据。在本例中，脚本块把表 Customers 中电话号码是 "030－0074321" 的客户的地址更新为 "Berlin"。

```
<%
Dim cnn
'创建 Connection 对象
Set cnn = Server. Createobject（"ADODB. Connection"）
'使用 ODBC 连接字符串打开连接
cnn. Open "test"
'定义 SQL SELECT 子句
strSQL = "UPDATE Customers Set City = 'Berlin' WHERE（Phone = '030－0074321'）"
'使用 Execute 方法将 SQL 更新发布到数据库
cnn. Execute strSQL
% >
```

同样，我们可以通过 SELECT、DELETE、INSERT、DROP 等其他 SQL 命令来实现对数据的操作。默认情况下，连接在脚本执行完后就终止。然而，通过显示关闭脚本已不再需要的连接，可以减少数据库服务器的负担，同时也使得其他用户可以使用该连接。

可以使用 Connection 对象的 Close 方法显式终止 Connection 对象和数据库之间的连接。下面的脚本将打开和关闭连接：

```
<%
Set cnn = Server. CreateObject（"ADODB. Connection"）
cnn. Open"test"
cnn. Close
% >
```

2. 使用 Recordset 对象处理结果

Recordset 对象又称为记录集对象，它的主要功能是检索数据、检查结果和更改数据库。Recordset 对象可保留由查询返回的每一条记录的位置，这样就能使用户查看所有的结果。

（1）检索记录集。一般成功的 Web 数据库应用程序，既使用 Connection 对象来建立连接，又使用 Recordset 对象来处理返回的数据。通过综合使用这两种对象的一些特殊功能，开发出的数据库应用程序几乎可以完成所有的数据处理任务。例如，下面的服务器端脚本使用 Recordset 对象执行 SQL 的 SELECT 命令。此 SELECT 命令用来检索基于查询约束条件的数据集。此查询也包含 SQL 的 WHERE 子句，用来将查询限制到一个指定的条件。在本例中，WHERE 子句将查询条件限制为表 Employees 中 City 字段等于 London 的所有雇员记录。

```
< %
'建立数据源连接
Set cnn = Server. CreateObject ("ADODB. Connection")
cnn. Open"test"
'创建 Recordset 对象的实例
Set rstEmployees = Server. CreatObject ("ADODB. Recordset")
'使用 Open 方法打开记录集
'并使用通过 Connection 对象建立的连接
strSQL = "SELECT * FROM Employees WHERE (City = 'London')"
retEmployees. Open strSQL，cnn
'遍历记录集和显示结果
'并使用 MoveNext 方法递增记录位置
Set objFirstName = retEmployees ("FirstName")
Set objLastName = retEmployees ("LastName")
Do Until resEmpolyees. EOF
    Response. Write objFirstName &" " & objLastName & " < br >"
    resEmployees. MoveNext
Loop
cnn. Close
% >
```

（2）使用 RecordCount 进行统计。对记录集中返回的记录数进行统计有时候是很有用的。Recordset 对象的 Open 方法使用户能够指定可选的光标参数，以确定用户检索和浏览记录集的方法。通过给用来执行查询的语句添加 adOpenKeyset 光标参数，可以使客户端应用程序完全地浏览记录集。因此，应用程序可使用 RecordCount 属性，精确地统计记录集中的记录数。请参看下面的示例：

```
< %
Set rs = Server. CreateObject ("ADODB. Recordset")
re. open"SELECT * FROM Customers","test", adOpenKeyset,
adLockOptimistic, adCmdText
'使用 Recordset 对象的 RecordCount 属性进行统计
If rs. RecordCount > = 5 Then
Response. Write"我们已经收到下面" & rs. RecordCount & "个新订单 < br >"
Do Until rs. EOF
Response. Write rs ("ContactName") & " < br >"
Response. Write rs ("CustomerID") & " < br >"
Response. Write rs ("Address") & " < br >"
Response. Write rs ("Phone") & " < br > < br >"
rs. MoveNext
Loop
Else
Response. Write "顾客太少了，只有 " & rs. RecordCount &" 个。"
End If
rs. Close
% >
```

3. 使用 Command 对象改善查询

使用 ADO 的 Command 对象执行查询的方式与使用 Connection 和 Recordset 对象执行查询的方式一样。但是，使用 Command 对象可以"准备"对数据库查询，然后使用各种不同的值重复发送此查询。用这种方法处理查询的好处在于，当用户需要重新提交修改过的查询时，可以大大地减少发布的时间。另外，还可以留下部分 SQL 查询参数不进行定义，这就用到了在执行之前改变查询部分的选项。

Command 对象的 Parameters 集合可以使用户避免每次重新发布查询时都要重建查询的麻烦。例如，如果用户需要定期更新基于 Web 的库存系统的供应和费用信息，就可以按照下面的方式预定义查询：

```
< %
Set cnn = Server. CreateObject ("ADODB. Connection")
cnn. open "test"
'创建 Command 对象的实例：使用 ActiveConnection 属性将连接附加到 Command 对象上
Set cmn = Server. CreateObject ("ADODB. Command")
Set cmn = ActiveConnection = cnn
'预定义 SQL 查询
```

```
cmn. CommandText = "INSERT INTO Products（ProductName，QuantityPerUnit）
VALUES（?，    ?）"
'在 Command 对象首次执行之前保存在 CommandText 属性
'中指定的查询的预定版本
cmn. Prepared = True
'定义查询参数配置信息
cmn. Parameters. Append cmn. CreateParameter（"ProductName"，adVarChar，，255）
cmn. Parameters. Append
cmn. CreateParameter（"QuantityPerUnit"，adVarChar，，255）
'定义并执行第一个插入操作
cmn（"ProductName"）= "日光灯泡"
cmn（"QuantityPerUnit"）= "40 瓦 × 20"
cmn. Execute，，adCmdText + adExecuteNoRecords
'定义并执行第二个插入操作
cmn（"ProductName"）= "雀巢咖啡"
cmn（"QuantityPerUnit"）= "500 克 × 10"
cmn. Execute，，adCmdText + adExecuteNoRecords
% >
```

从上例可以发现，脚本使用不同的值重复构建和重新提交 SQL 查询，但并没有重新定义并重新提交查询到数据库源中。使用 Command 命令编译查询有如下优点：可避免将字符串和变量连接成 SQL 查询时出现问题。尤其是使用 Command 对象的 Parameter 集合，可以避免那些与定义特定类型字符串、日期和时间变量相关的问题。

8.5.4 HTML 表单和数据库交互

包含 HTML 表单的 Web 页，可允许用户远程查询数据库并检索指定的信息。通过使用 ADO，可以创建出非常简单的用来收集用户表单信息的脚本、创建自定义的数据库查询并将信息返回给用户。使用 ASP 的 Request 对象，用户可以检索输入到 HTML 表单中的信息并将这些信息嵌入到 SQL 语句中。例如，下面的脚本会将由 HTML 表单提供的信息插入到表中。该脚本使用 Request 对象的 Form 集合来获取用户提交的信息。

```
1    < %
2    Set cnn = Server. CreateObject（"ADODB. Recordset"）
3    cnn. open "test"
4    '创建 Command 对象的实例并附加给 ActiveConnection 属性对象
5    '连接附加到 Command 对象上
6    Set cmn = Server. CreateObject（"ADODB. Command"）
7    Set cmn. ActiveConnection = cnn
8    '定义 SQL 查询
```

9   cmn. CommandText   =   ″INSERT INTO Region（RegionDescription）
    VALUES（?）″
10   ′定义查询参数配置信息
11   cmn. Parameters. Append
12   cmn. CreateParameter（″RegionDescription″，adVarChar，，255）
    ′指派输入值并执行更新
13   cmn（″RegionDescription″）= Request. Form（″Description″）
14   cmn. Execute，，adCmdText + adExecuteNoRecords
% >

在第 13 行，通过 Request. Form（）方法取出以 POST 方式提交的表单域 Description 的数据，并通过第 14 行 cmn. Execute 方法执行了 INSERT 语句。这样，就可实现客户端与服务器的信息交互。

8.6   MySQL 数据库的连接

8.6.1   Apache + PHP + MySQL 的安装与配置

在安装 PHP 时，需要选择 Web 服务器。Web 服务器可以选择 Apache 或 IIS。这里以 PHP – 5 为例介绍 Windows 下 Apache + PHP + MySQL 的安装与配置方法。

1. Apache 的安装

打开 Apache 官方网站，Apache 可以从 http：//www. apache. org/dyn/closer. cgi/httpd/binaries/win32 或者镜像网站 http：//apache. mirror. phpchina. com/httpd/binaries/win32/地址下载，下载里面的 apache_2. 2. 17 – win32 – x86 – no_ssl. msi 安装文件。其中，同一版本有两种类型：no_ssl 和 openssl，openssl 多了个 ssl 安全认证模式，它的协议是 HTTPS 而不是 HTTP，这就是带有 SSL 的服务器与一般网页服务器的区别了。一般情况下，我们下载 no_ssl 版本的就可以了。

下载好 Apache 安装文件后，点击安装，在连续 3 次点击 next 后，将进入 server information 配置界面，要求输入 network domain、server domain 和网站管理员的邮箱地址，普通用户可以参照安装提示格式填写。再次按下 Next 后，出现选择安装路径的界面，默认的路径比较长，可以将把安装路径修改为"D：\ Program Files \ Apache \ "，继续安装，直到完成。

安装完毕，Apache 就自动启动，可以测试 Apache 是否成功启动。在浏览器地址栏里输入：http：//localhost/或 http：//127. 0. 0. 1/，如果出现"It works. "，那么恭喜你，Apache已经成功安装了，同时在电脑右下角的任务栏里有一个绿色的 Apache 服务器运行图标。

2. PHP 的安装

PHP 可以从 http：//www. php. net 地址下载。在下载 PHP 安装程序时要选择下载 ZIP 包，而不要下载 Installer。下载后将 PHP 安装包解压到 C 盘根目录下，并将解压后的文件夹改名为 PHP。

解压后在 PHP 文件夹中找到 php5ts. dll 文件并复制到操作系统的 Windows 路径中，以确保 CGI 或者 SAPI 两种接口对 php5ts. dll 都可以用。在 WindowsNT/2000 系统中，路径为 C：\winnt\system32；在 WindowsNT/2000 服务器版中，路径为 C：\winnt40\system32；在 WindowsXP 系统中，路径为 C：\Windows\system32。

然后，将 PHP 文件夹中的 php. ini – development 改名为 php. ini。在改名前最好先备份 php. ini – development，以备文件出错后可以重新操作。有两种方法可以使 PHP 工作在 Windows + Apache 平台中，一种是 CGI 二进制文件，另一种是使用 Apache 模块 DLL。无论哪种方法，首先要停止 Apache 服务，然后编辑 httpd. conf 文件，以配置 Apache 和 PHP 协同工作。

（1）如果要使用 CGI 二进制文件，则要将如下指令插入到 Apache 的 httpd. conf 配置文件中，以设置 CGI 二进制文件：httpd. conf 配置文件在 Apache 安装目录中，可以通过搜索方式找到并用记事本打开或者通过【开始】→【程序】→【Apache HTTP Server 2.2】→【Configure Apache Server】→【Edit the Apache httpd. conf Configuration File】打开。

ScriptAlias /php/ "C：/PHP/"

AddType application/x – httpd – php . php

Action application/x – httpd – php "/php/php – cgi. exe"

（2）如果把 PHP 作为 Apache 2.2 的模块，则要移动 php5ts. dll 到 Windows 系统的 system32 目录中，覆盖原有文件（如果已存在的话），然后插入如下语句到 httpd. conf 中，以使用 PHP 作为 Apache 的 PHP – Module 安装：

; For PHP 4 do something like this：

LoadModule php4_module "c：/php/php4apache2. dll"

AddType application/x – httpd – php . php

PHPIniDir "c：/php"

; For PHP 5 do something like this：

LoadModule php5_module "c：/php/ php5apache2_2. dll"

AddType application/x – httpd – php . php

PHPIniDir "c：/php"

（3）PHP 的测试：经过以上的设置，就安装好 PHP 和 Apache 服务器了，可以做如下简单的测试。首先测试 Apache，打开浏览器，在地址栏中输入 http：//localhost，然后按回车键，如果出现如图 8 – 20 所示的界面，说明 Apache 可以正常工作了。

图 8 – 20　Apache 测试页

然后测试 PHP 设置，可以编写一个 PHP 页面，在文本编辑器中输入下面的代码：

```
< html >
< head > < title > PHP Installation Test < /title > < /head >
< body >
    < ? php phpinfo ( ) ; ? >
< /body >
< /html >
```

然后将这个文件保存并命名为 test. php，将其放在 Apacher 的 htdocs 目录中，最后在浏览器中输入 http：//localhost/test. php 并按回车键，如果能正确显示 PHP 解释器以及开发环境的有相关信息，则说明 PHP 配置正确了。显示结果如图 8 – 21 所示。

图 8 – 21　PHP 测试页

3. MySQL 的安装

在 Windows 系统中安装 MySQL 比较简单，只需要找到 MySQL 的 Windows 安装版本，运行其中的 Setup 程序即可。可以从 http：//dev. mysql. com/downloads/下载 MySQL 服务器安装软件包。如果下载的安装软件包在 Zip 文件中，则需要先提取文件。启动帮助的过程取决于下载的安装软件包的内容。如果有 setup. exe 文件，双击启动安装过程。如果有 . msi 文件，双击启动安装过程。在 Windows 中，MySQL 5.1 的默认安装目录是 C：\Program Files\MySQL\MySQL Server 5.1。安装目录包括以下子目录，如表 8 - 4 所示。

表 8 - 4　MySQL 安装目录的子目录

目录	目录内容
Bin	客户端程序和 mysqld 服务器
Data	日志文件，数据库
Docs	文档
Examples	示例程序和脚本
Include	包含（头）文件
Lib	库
Scripts	实用工具脚本
Share	错误消息文件

8.6.2　PHP 与 MySQL 的连接

PHP 与 MySQL Server 的连接方法十分简单，只需要分别利用 PHP 提供的函数 mysql_pconnect（）、mysql_select_db（）和 mysql_query（）即可。

（1）第一步，建立与 MySQL Server 的连接：

$ mylink = mysql_pconnect（"localhost","root",""）;

$ mylink 为 mysql_pconnect 返回的一个连接标识符，如果连接失败则返回 0。以后在对数据库进行访问时就可以使用这个连接标识符。

（2）第二步，选择一个 MySQL 中现有的数据库，这个数据库必须已经存在：

mysql_select_db（"student"， $ mylink）;

（3）第三步，使用 mysql_query 函数执行 SQL 语句，实现对表中数据的查询：

$ result = mysql_query（"select * from stuinfo"， $ mylink）;

mysql_query 函数将会把查询的结果返回到一个多维数组中，这就需要将结果的每行记录中的每个字段提取出来。PHP 为 MySQL 数据库提供了 mysql_fetch_array（）函数，这个函数的功能就是从返回结果中提取一行记录中的所有字段，并返回到一个数组中，如果超出数组表示范围，则返回 0：

　$ myarray = mysql_fetch_array（$ result）；

这样我们就可以通过访问数组中的元素来读取字段中的内容。在访问数组时可以使用数字编号作为索引，也可以使用表中的字段名称作为数组索引。

但是 mysql_fetch_array 函数每次只能从查询结果中返回一条记录的信息，而不会返回所有行的信息。如果想要返回所有行的信息，需要通过一个循环结构来实现：

```
while（$ myarray = mysql_fetch_array（$ result））
{
echo $ myarray［"name"］."<br>"；
}
```

需要注意的是，使用上述结构从数组中取值时，每获取一条记录以后，$ mylink 记录指针就会自动向下移动一步。

请参考下面示例：PHP 与 MySQL 的连接，文件名称为 8 – 1. php。

```
<HTML>
<HEAD>
  <TITLE>PHP 与 MySQL 的连接</TITLE>
</HEAD>
<BODY>

<? php
  $ mylink = mysql_connect（"localhost","root",""）；
  mysql_select_db（"student", $ mylink）；
  $ sql = "select * from stuinfo"；
  $ result = mysql_query（$ sql）；
? >
<center>
<table border>
  <tr>
  <TH>学号</TH>
  <TH>姓名</TH>
  <TH>性别</TH>
  <TH>出生日期</TH>
</tr>
<? php
  while（$ myarray = mysql_fetch_array（$ result））
    {
? >
```

```
< tr >
< TD > < ? php echo $ myarray ["id"]? > </TD >
< TD > < ? php echo $ myarray ["name"]? > </TD >
< TD > < ? php echo $ myarray ["sex"]? > </TD >
< TD > < ? php echo $ myarray ["birthday"]? > </TD >
</ tr >
< ? php
    }
? >
</ table >
</ center >
</ BODY >
</ HTML >
```

习题八

一、填空题

1. 目前基于 Web 的数据库访问技术主要有_____、_____和_____、_____
等，它们都是在不同时期出现并被广泛使用的技术，很多技术现在仍很流行。最新
数据库访问技术_____随之产生，并成为目前最优秀的数据库访问技术。

2. ADO. NET 中对象的功能更为强大。这些对象可以分为两组，一组对象用来
_____（例如：DataSet，DataTable，DataColumn，DataRow 和 DataRe-
lation）；另外一组对象用来_____（例如：Connections，Commands 和 DataReader）。

3. ASP 文件通常由四部分构成，分别是_____、_____、_____
和_____。

4. 一个 Web 数据库的开发需要 Web 程序员建立数据库与 Web 服务器的连接。为达
到这个目的，需要用到至少两种开发工具，一种是_____，另一种是_____。

5. 在 ASP 中一般使用_____或_____数据库。_____运行稳定、效率高、速
度快，但配置起来较困难、移植也比较复杂，适合大型网站使用；_____配置
简单、移植方便，但效率较低，适合小型网站。

二、选择题

1. 下面（　　）是 ADO. NET 中用来存放和管理数据的对象。
   A. Connections　　　B. Commands　　　C. DataReader　　　D. DataSet

2. 在 Windows 环境下访问 Web 数据库的技术不包括以下（　　）选项。
   A. CGI　　　　　　　B. ASP　　　　　　C. ADC　　　　　　D. C + +

3. ASP 提供的对象中，以下（　　）具有从用户端取得信息传递给服务器的功能。
   A. Application 对象　　B. Session 对象　　C. Request 对象　　D. Server 对象

4. 如今很多基于大型数据库的应用系统正在采用 B/S 模式，以下（　　）不属于
   B/S模式的组成部分。
   A. 浏览器　　　　　　B. Web 服务器　　　C. 数据库服务器　D. 客户机

三、思考题

1. 当前常用的数据库开发接口有哪些？应用最广泛的是哪种？

2. 什么是 ODBC？什么是 JDBC？它们有何联系和差别？

3. JDBC 由哪几部分构成？它有哪些优点？

4. 试比较 C/S 模式和 B/S 模式各自的优缺点。

5. 按照要求创建 ODBC 数据源，在 Windows XP 中建立一个名为"通讯录"的用户 DSN，选择安装的数据源驱动程序为"SQL Server"。请简述操作步骤。

6. 简述 ADO．NET 的体系结构。

7. 请对比分析 ADO 和 ADO．NET。

8. 在 VB 中建立一个测试工程，通过多种方式，如 ODBC 数据源，ADODB 对象与后台的 SQL Server 数据库建立连接。

第9章 数据库开发应用实例

9.1 ASP. NET 概述

ASP. NET 是 Microsoft 公司推出的用于编写动态网页的一项功能强大的新技术，是 Microsoft 公司的动态服务器页面（ASP）和 . NET 技术的集合。它与以前的网页开发技术相比有了很大的进步。

Visual Studio. NET 是一套完整的开发工具，用于生成 ASP Web 应用程序、XML Web services、桌面应用程序和移动应用程序。Visual Basic. NET、Visual C + + . NET、Visual C#. NET 和 Visual J#. NET 全都使用相同的集成开发环境（IDE），该环境允许它们共享工具并有助于创建混合语言解决方案。另外，这些语言利用了 . NET Framework 的功能，此框架提供对简化 ASP Web 应用程序和 XML Web Services 开发的关键技术的访问。

读者可以访问微软官方网站下载 Visual Studio. NET 2008 学习版（Visual C# 2008 Express Edition 和 Visual Web Developer 2008 Express Edition）安装练习，微软下载网址：http：//msdn. microsoft. com/zh – cn/express/。

9.2 ASP. NET 数据库的连接

本节主要介绍 ASP. NET 如何连接到 Microsoft SQL Server、Microsoft Access、Oracle 数据库。

9.2.1 连接 Microsoft SQL Server 数据库

访问数据时，首先要建立到数据库的物理连接。ADO. NET 使用 Connection 对象标识与一个数据的物理连接，但实际 ADO. NET 中并没有一个名字为 Connection 的类用来创建 Connection 对象。每个数据提供程序都包含自己特有的 Connection 对象。当使用 SQL Server. NET 数据提供程序时，应该使用位于 System. Data. SqlClient 命名空间下的 SqlConnection 类对象，而使用 OLEDB. NET 数据提供程序时，则使用 System. Data. OleDB 命名空间下 OleDbConnection 类对象。

1. SqlConnection 类

为了连接 SQL Server，必须实例化 SqlConnection 对象，并调用此对象的 Open 方法。

当不再需要连接时，应该调用这个对象的 Close 方法关闭连接。可以通过下面两种方法实现连接实例化。

SqlConnection conn = new SqlConnection（）；

conn. ConnectionString = ConnectionString；

conn. Open（）；

…

conn. Close（）；

或者：

SqlConnection conn = new SqlConnection（ConnectionString）；

conn. Open（）；

…

conn. Close（）；

SqlConnection 常用属性和方法分别如表9－1、表9－2所示。

表9－1　SqlConnection 常用属性

属　　性	说　　明
ConnectionString	用于指定连接字符串
ConnectionTimeout	用于指定连接超时。单位为秒，默认值为 15 秒
Database	用于指定连接的数据库
DataSource	用于指定连接的数据源
Password	用于指定登录到 SQL Server 服务器的密码
ServerVersion	用于获取 SQL Server 服务器的版本信息
UserID	用于指定登录到 SQL Server 服务器的用户名

表9－2　SqlConnection 常用方法

方　　法	说　　明
Open	打开连接
Close	关闭打开的连接
Dispose	消除连接的对象
Clone	克隆一个连接

通过上面介绍的 SqlConnection 的属性和方法，可以创建连接学生成绩数据库的代码如下：

273

Using System. Data. SqlClient；

SqlConnection conn = new SqlConnection（）；

conn. ConnectionString = "server = localhost；uid = sa；pwd = 123456；database = school"；

conn. Open（）；

…

//添加访问、操作数据库的事件；

…

conn. Close（）；

2. 连接 SQL Server 的数据访问实例

【例9.1】 编写一个应用程序来连接数据库名为"school"的 SQL Server 数据库，并根据连接结果输出一些信息。

步骤如下：

（1）运行【开始 | Microsoft Visual Studio 2008 | Microsoft Visual Studio 2008】，在出现的【选择默认环境设置】中选择【Visual C#开发设置】选项，点击下方的【启动 Visual Studio】命令按钮，进入【Microsoft Visual Studio】起始页。如图9－1所示。

（2）从图9－1【Microsoft Visual Studio】起始页的左上侧【最近的项目】列表中点击【创建】中的【网站】选项，进入【新建网站】对话框。在【新建网站】对话框中的【模板】列表点取【ASP. NET 网站】，在【位置】后面的组合框中输入新建网站的路径名，例如为 EX9.1，如图9－2所示。

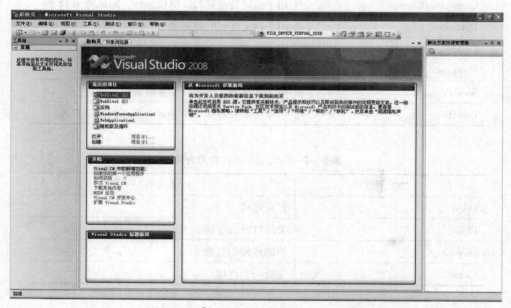

图9－1 【Microsoft Visual Studio】起始页

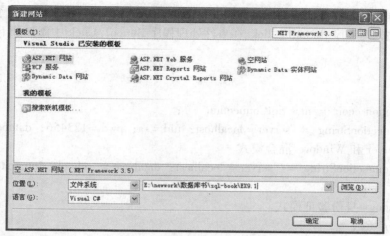

图 9 - 2　新建 ASP. NET 网站

（3）打开 Default. aspx 设计页面，从工具箱中拖出一个 Label 和一个 Button 控件到设计界面，可以右击控件的快速菜单，从中选择【样式】菜单项，从出现的【样式生成器】列表中选取【位置】选项，在【位置模式】组合框中选取【绝对位置】，即可对控制的位置进行任意拖放，同时可对其他样式进行设置。在快速菜单中选择【属性】菜单项，在【属性】对话框中可以对控件属性进行设置，例如将 Button1 控件的 Text 属性修改为【连接数据库】。如图 9 - 3 所示。

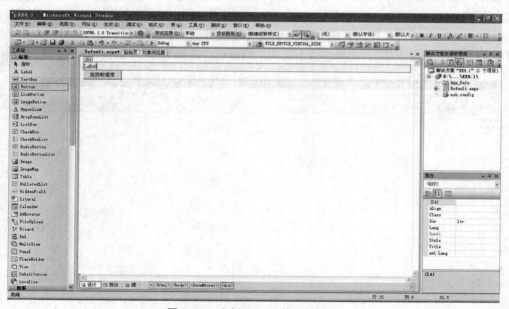

图 9 - 3　实例 EX9. 1 的设计界面

（4）双击空白页面切换到后台编码文件 Default. aspx. cs，添加如下命名空间：

using System. Data. SqlClient；

（5）双击 Button 控件切换到后台编码文件 Default. aspx. cs，系统自动添加了与该按钮的 Click 事件相关处理程序 Button1_Click。在事件处理程序 Button1_Click 中添加如下代码：

```
try
{
SqlConnection coon = new SqlConnection ();
coon. ConnectionString = "server = localhost; uid = sa; pwd = 123456; database = school";
//SQL Server 和 Windows 混合模式
//coon. ConnectionString = "server = localhost; database = school; Integrated Security = SSPI";
//仅 Windows 身份验证模式
coon. Open ();
Label1. Text = "连接成功";
}
catch
{
Label1. Text = "连接失败";
}
```

注意：如果是 SQL Server 和 Windows 混合模式，这里的 server 是 SQL Server 服务器名，uid、pwd、database 分别为 SQL Server 用户名、密码、数据库名。如果仅是 Windows 身份验证模式，则不用写 uid、pwd，而是用 Integrated Security = SSPI 连接字符串代替用户名和密码。

（6）Ctrl + F5 运行，在运行的页面中点击【连接数据库】命令按钮，如果连接成功，则 label 标签显示"连接成功"；如果连接不成功，则显示"连接失败"。运行结果如图9 – 4所示。

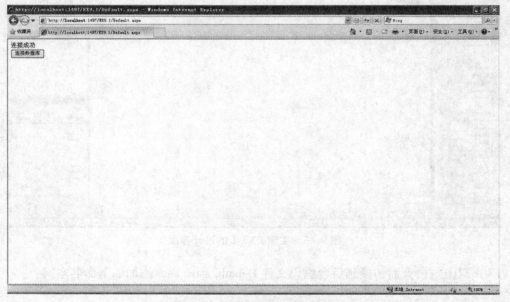

图 9 – 4　实例 EX9. 1 运行结果

9.2.2 Microsoft Access 数据库连接

OLE DB. NET 数据提供程序设计为连接实用 OLE DB 提供者的数据库。如目前在网络上很流行的小型数据库 Access，就应该使用 OLE DB. NET 数据提供程序来访问。OLE DB. NET 数据提供程序在 System. Data. OleDb 命名空间中定义，也包含在 System. Data. Dll 文件中。

OleDbConnection 定义了两个构造函数，一个没有参数，一个接受字符串。使用 OLE DB. NET 数据提供程序时需要指定底层数据库特有的 OLE DB Provider，如连接到 Access 数据库的连接字符串格式为：

Provider = Microsoft. Jet. OLEDB. 4. 0；Data Source = mydb. mdb；user Id = ；password = ；

其中，Provider 和 Data Source 是必需项。

【例9.2】下面是连接到 Access 数据库的例子：

```
String ConnectionString；
OleDbConnection Connection = new OleDbConnection（）；
ConnectionString = "Provider = Microsoft. Jet. OLEDB. 4. 0；Data Source = "；
ConnectionString + = Server. MapPath（"school. mdb"）；
Connection. ConnectionString = ConnectionString；
```

9.2.3 Oracle 数据库连接

连接和操作 Oracle 数据库使用 Asp. net 专门提供的 Oracle. Net Framework，该提供程序位于 system. data. oracleClient 命名空间中，并包含在 System. Data. OracleClient. dll 程序集中。

在该项目中添加 OracleClient. dll 引用的步骤是：进入【解决方案管理器】，用鼠标右键单击本网站项目，在右键菜单中选择添加引用项，然后在【. NET】表中选择【System. Data. OracleClient】项并单击【确定】按钮退出，如图 9－5 所示。

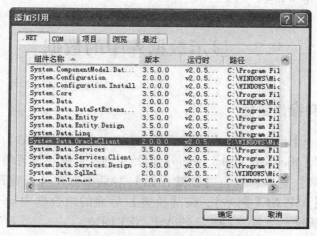

图 9－5 【添加引用】窗口

将 Oracle 数据库程序类添加到引用后，就可以在程序中引入命名空间，代码如下：

using System. Data. OracleClient；

【例9.3】连接 Oracle 数据库。

实现本实例的几个重要步骤如下：

（1）新建一个标准网站，创建一个新窗体，默认名称为"Defau. aspx"，在主页面工具箱 HTML 中添加 Table 控件。

（2）在标准选项中拖放一个 Button 控件和一个 Label 控件置于 Table 控件中。

（3）设计代码前，需要先引用命名空间 using System. Data. OleDb，代码如下：

using System. Data. Oracle；

（4）在 Button 按钮的 Click 事件中编写数据连接以及判断异常处理的代码，代码如下：

```
string oracleconnstr = "Data Source = Oracle9i；Intergrated Securite = yes"；
OracleConnection oConnection = new OracleConnection（oracleconnstr）；
try
{
    oConnection. Open（）；
    Label1. Text = "连接 Oracle 数据库成功"；
}
catch（Exception ex）
{ Label1. Text = "连接 Oracle 数据库失败"；}
finally
    { oConnection. Close（）；}
```

9.3 显示数据库中的数据

9.3.1 读取和操作数据

【例9.4】编写一个程序获取 school 数据库 stu 表中学生的总人数。

（1）从图9-1【Microsoft Visual Studio】起始页的左上侧【最近的项目】列表中点击【创建】中的【网站】选项，进行【新建网站】对话框。在【新建网站】对话框中的【模板】列表点取【ASP. NET 网站】，在【位置】后面的组合框中输入新建网站的路径名，例如 EX9.2，新建一个名为 EX9.2 的 ASP. NET 网站。

（2）打开 default. aspx 的设计页面，从工具箱中拖出2个 Label 和1个 Button 控件到设计界面，设置这些控件的 ID、Text 属性。如图 9 – 6 所示。

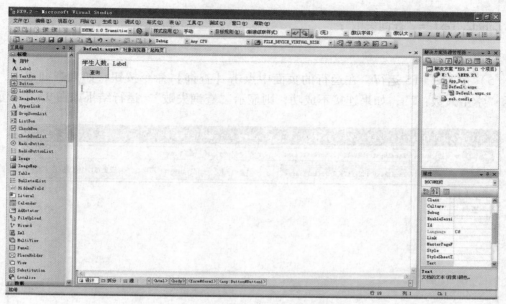

图 9 – 6 事例 EX9.2 的设计界面

（3）双击空白页面切换到后台编码文件 Default. aspx. cs，添加如下命名空间：

using System. Data. SqlClient；

（4）在事件处理程序 Button1_Click 中添加如下代码：

```
try
{
string createdb = "use school Select count （ * ） From Stu；";
string ConnectionString = "server = localhost； uid = sa； pwd = 123456";
//SQL Server 和 Windows 混合模式
//string ConnectionString = "server = localhost； Integrated Security = SSPI";
//仅 Windows 身份验证模式
SqlConnection conn = new SqlConnection （ ）；
conn. ConnectionString = ConnectionString；
SqlCommand cmd = new SqlCommand （ createdb， conn ）；
conn. Open （ ）；
string number = cmd. ExecuteScalar （ ） . ToString （ ）；
conn. Close （ ）；
Label2. Text = number；
}
```

```
catch
{
Label2. Text = "查询失败";
}
```

（5）按 Ctrl + F5 运行，在运行的页面中点击【查询】命令按钮，如果查询成功，则显示"学生人数：2"；如果连接不成功，则显示"查询失败"。运行结果如图 9 - 7 所示。

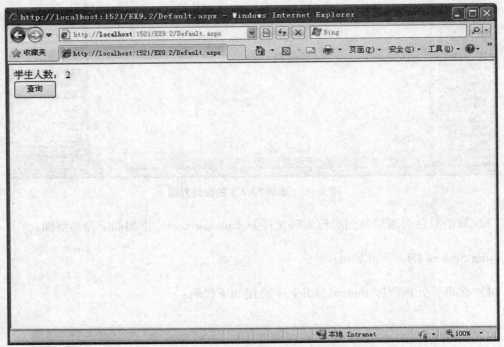

图 9 - 7　事例 EX9.2 运行结果

9.4　格式化显示数据库中的数据

使用 Visual Studio 2008 的 ADO 数据控件来连接并格式化显示数据库中的数据。

【例 9.5】利用 DropDownList 和 GridView 数据控件绑定数据源来组合显示 school 数据库 SC 表中给定学生学号的课程和成绩。

（1）从图 9 - 1【Microsoft Visual Studio】起始页的左上侧【最近的项目】列表中点击【创建】中的【网站】选项，进入【新建网站】对话框。在【新建网站】对话框中的【模板】列表点取【ASP. NET 网站】，在【位置】后面的组合框中输入新建网站的路径名，例如为 EXcims，新建一个名为 EXcims 的 ASP. NET 网站。打开 Default. aspx 的设计页面从工具箱中【数据】选项拖出 1 个 SqlDataSource 控件到设计界面，其页面如图 9 - 8

所示。

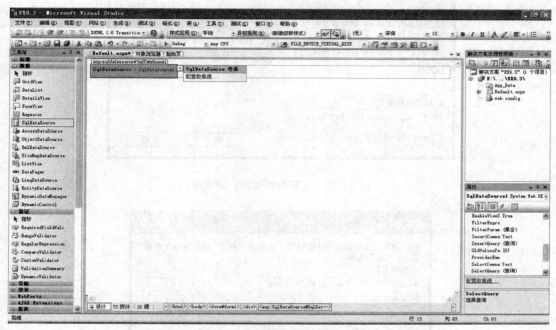

图 9 – 8　在 EXcims 主界面放置 SqlDataSource 控件

（2）配置 DropDownList 控件连接的数据源 SqlDataSource1。

点击图 9 – 8 中的 SqlDataSource1 控件的任务框中的【配置数据源】超链接。从出现的图 9 – 9 所示的【配置数据源】对话框中点击【新建连接】命令按钮，弹出【更改数据源】对话框，如图 9 – 10 所示，从列表中选择【Microsoft SQL Server】，单击【确定】按钮，出现【添加连接】对话框，如图 9 – 11 所示。

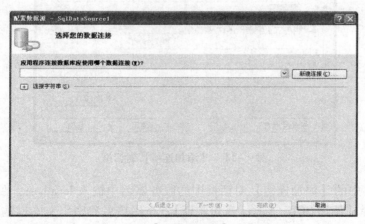

图 9 – 9　【配置数据源】对话框

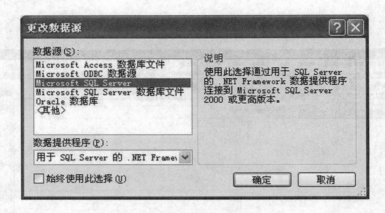

图 9－10　【更改数据源】对话框

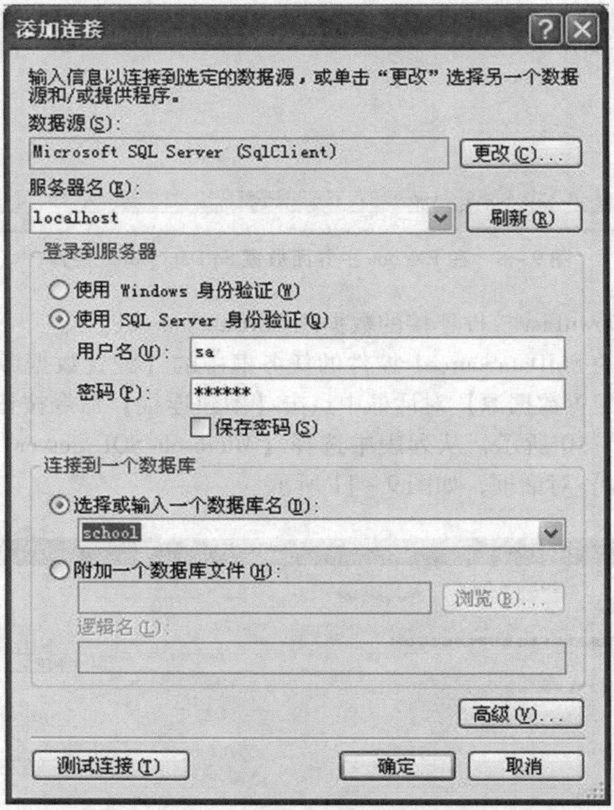

图 9－11　【添加连接】对话框

　　在图 9－11 中的【添加连接】对话框中的服务器名中输入 localhost，在【登录到服务器】选项中选择【使用 SQL　Server 身份验证】，在用户名和密码文本框输入用户 sa 及其密码（或者是用户自己在 SQL Server 中事先定义的用户名及其密码），在【连接到一个数据库】选项中选择或输入一个数据库名（例如 school），点【确定】命令按钮，返回到【配置数据源】对话框，已完成数据库连接，如图 9－12 所示。再点击图 9－12 中的【下一步】按钮将连接字符串保存到应用程序配置文件中，如图 9 – 13 所示。

图 9 – 12　已完成数据库连接的【配置数据源】对话框

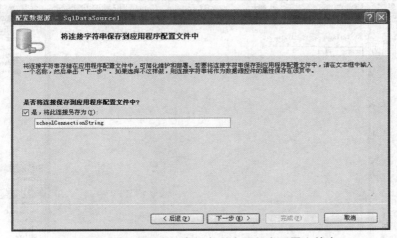

图 9 – 13　将连接字符串保存到应用程序配置文件中

点击图 9 – 13 中的【下一步】按钮，进入【配置 Select 语句】对话框，如图 9 – 14 所示。

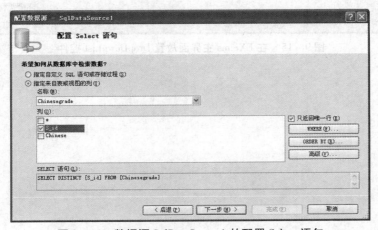

图 9 – 14　数据源 SqlDataSource1 的配置 Select 语句

从中选择【指定来自表或视图的列】单行按钮，从表【名称】组合框中选择表 Chinesegrade，从【列】列表框中选择要在 DropDownList 控件中显示的字段 S_id。单击【下一步】按钮，再点击【完成】按钮，完成 SqlDataSource1 配置，返回到图 9-8 所示的 EXcims 主界面。

在图 9-8 所示的 EXcims 主界面中，从【工具箱】标准选项中拖出 1 个 DropDownList 控件到设计界面，如图 9-15 所示。点击图 9-15 中的 DropDownList 控件的任务框中的【选择数据源】超链接，从弹出的如图 9-16 所示【选择数据源】对话框中的【选择数据源】组合框中选择 SqlDataSource1，在 DropDownList 中显示和返回值的数据字段的组合框中选择 S_id。

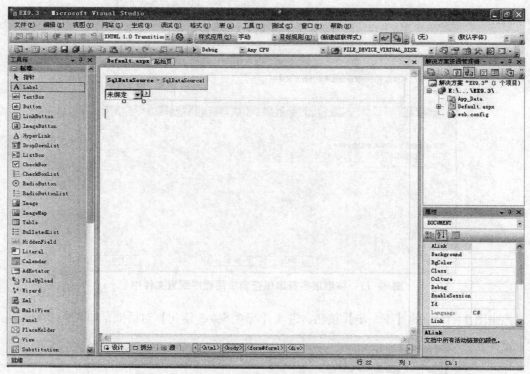

图 9-15　在 EXcims 主界面放置 DropDownList 控件

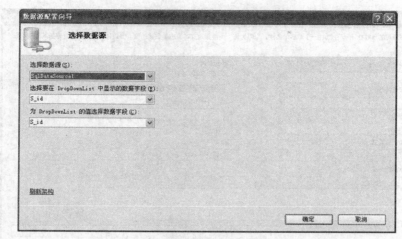

图9-16　【选择数据源】对话框

（3）配置 GridView 控件连接的数据源 SqlDataSource2。

与步骤（2）一样，设置与 GridView 控件连接的数据源 SqlDataSource2。在其【配置 Select 语句】对话框中，选择【指定来自表或视图的列】单行按钮，从表【名称】组合框中选择表 studentgrade_view，从【列】列表框中选择要在 GridView 控件中显示的字段 S_id、S_name、Chinese、Math、English。如图9-17所示。

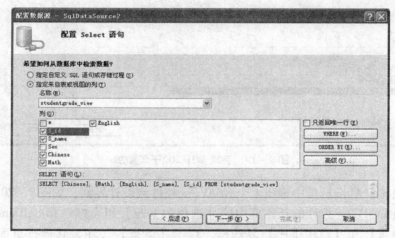

图9-17　数据源 SqlDataSource2 的配置 Select 语句

点击图9-17中的【WHERE】命令按钮，在弹出的如图9-18所示【添加 WHERE 子句】对话框中的【列】组合框中选择 S_id，【源】组合框中选择 Control，在【参数属性】中的【控件 ID】组合框中选择 DropDownList1 控件，点击【添加】命令按钮完成 WHERE 子句添加，如图9-19所示。

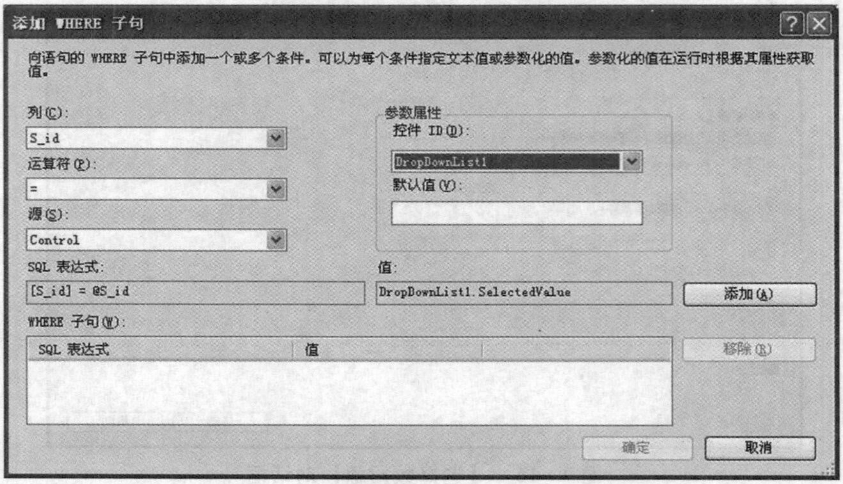

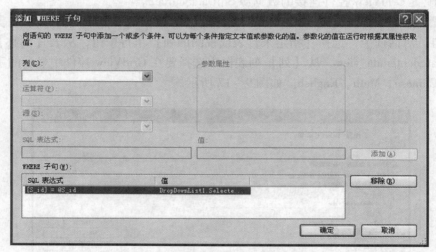

图 9 – 18　添加 WHERE 子句

图 9 – 19　完成 WHERE 子句添加

从【工具箱】标准选项中拖出 1 个 GridView 控件到设计界面，如图 9 – 20 所示。点击图 9 – 20 中的 GridView 控件的任务框中的【选择数据源】组合框选择 SqlDataSource2，并选择【启用分页】和【启用排序】复选框。点击【运行】按钮，其运行页面如图 9 – 21所示。

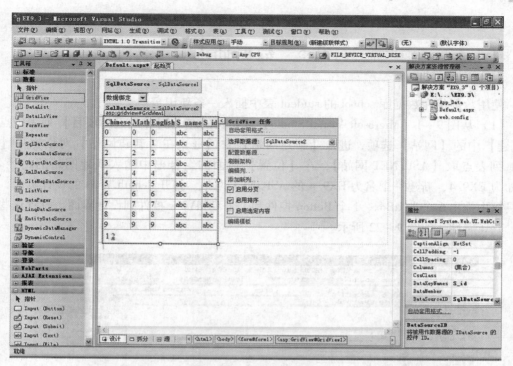

图 9 - 20　在 EXcims 主界面放置 GridView 控件

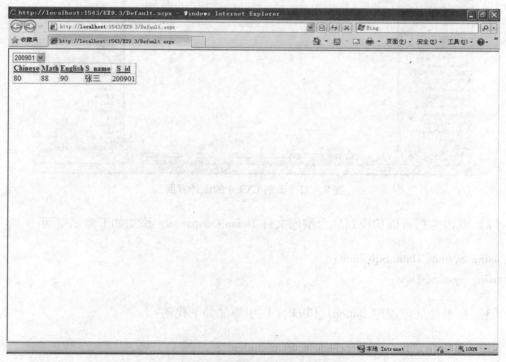

图 9 - 21　事例 EXcims 运行结果

9.5　数据插入

使用数据集在数据库 school 的 student 表中插入一条新记录：

（1）从图 9 – 1【Microsoft Visual Studio】起始页的左上侧【最近的项目】列表中点击【创建】中的【网站】选项，进入【新建网站】对话框。在【新建网站】对话框中【模板】列表点取【ASP. NET 网站】，在【位置】后面的组合框中输入新建网站的路径名，例如为 EX9.4，新建一个名为 EX9.4 的 ASP. NET 网站。打开 default. aspx 的设计页面，从工具箱中拖出 6 个 TextBox、1 个 Button 控件和 1 个 GridView 控件到设计界面，设置这些的ID、Text 属性。如图 9 – 22 所示。

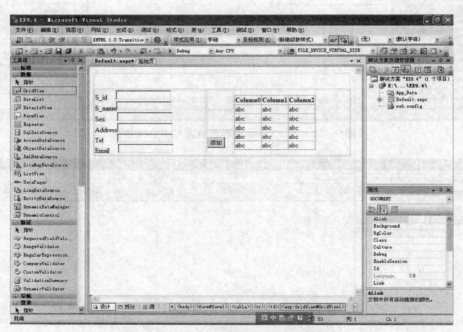

图 9 – 22　事例 EX9.4 的设计界面

（2）双击空白页面切换到后台编码文件 Default. aspx. cs，添加如下命名空间：

```
using System. Data. SqlClient；
using System. Data；
```

（3）在事件处理程序 Button1_Click（ ）中添加如下代码：

```
string SQL ＝ ″use school select ＊ from student″；
string myStr ＝ ″server ＝ localhost；database ＝ school；uid ＝ sa；pwd ＝ 123456″；
//SQL Server 和 Windows 混合模式
```

```
//string myStr = "server = localhost; Integrated Security = SSPI";
//仅 Windows 身份验证模式
SqlConnection myConnection = new SqlConnection (myStr);
myConnection. Open ();
SqlDataAdapter mySqlDA = new SqlDataAdapter (SQL, myConnection);
SqlCommandBuilder mySqlCB = new SqlCommandBuilder (mySqlDA);
DataSet myDS = new DataSet ();
DataTable STable;
DataRow SRow;
mySqlDA. Fill (myDS);
STable = myDS. Tables [0];
SRow = STable. NewRow ();
SRow ["S_id"] = TextBox1. Text;
SRow ["S_name"] = TextBox2. Text;
SRow ["Sex"] = TextBox3. Text;
SRow ["Address"] = TextBox4. Text;
SRow ["Tel"] = TextBox5. Text;
SRow ["Email"] = TextBox6. Text;
STable. Rows. Add (SRow);
mySqlDA. Update (myDS);
GridView1. DataSource = myDS. Tables [0] . DefaultView;
GridView1. DataBind ();
myConnection. Close ();
```

（4）按 Ctrl + F5 运行，在运行的页面中点击【添加】命令按钮，则将插入的新记录添加到数据表 Student 中，并在右侧的 GridView1 控件中显示表 Student 的信息。运行结果如图 9 - 23 所示。

图 9 - 23　事例 EX9.4 运行结果

9.6 数据修改和删除

利用 GridView 数据控件绑定数据源来进行 school 数据库 Chinesegrade 表中学生语文成绩的修改和删除。

（1）在 EXcims 的网站中，添加一个新项 Default2. aspx。从【解决方案资源管理器】视图中选中【EXcims】，单击鼠标右键，从快捷菜单中点击【添加新项】，如图 9 - 24 所示。

图 9 - 24　添加新网页

（2）从弹出的如图 9 - 25 所示的【添加新项】对话框的模板中选择 Web 窗体 Default2. aspx。

图 9 - 25　添加新的 Web 窗体 Default2. aspx

（3）打开 Default2. aspx 的设计页面，从工具箱中【数据】选项拖出 1 个 SqlDataSource 控件到设计界面，参照上例中的步骤（1）配置 GridView 控件连接的数据源 SqlDataSource，在图 9 - 17 所示的【配置 Select 语句】对话框中选中 Chinesegrade 表中的 S_id、Chinese 后，点击右侧【高级】命令按钮，从弹出的如图 9 - 26 所示的【高级 SQL 生成选项】对话框中选中【生成 INSERT、UPDATE 和 DELETE 语句】和【使用开放式并发】复选框。单击【下一步】按钮，再点击【完成】按钮，完成数据更新的 SqlDataSource1 配置，返回到如图 9 - 27 所示的 EXcims 主界面。

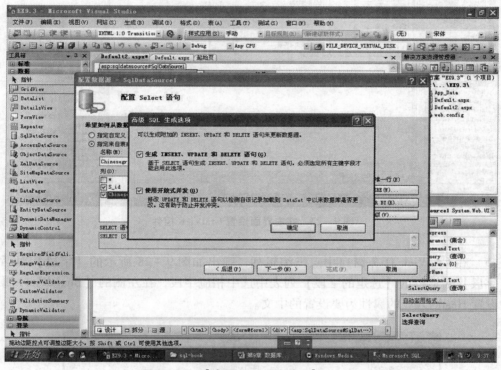

图 9 - 26　【高级 SQL 生成选项】对话框

（4）从【工具箱】标准选项中拖出 1 个 GridView 控件到设计界面，如图 9 - 27 所示。点击图 9 - 27 中的 GridView 控件的任务框中的【选择数据源】组合框，然后选择 SqlData-Source1，并选择【启用分页】、【启用编辑】和【启用删除】复选框。

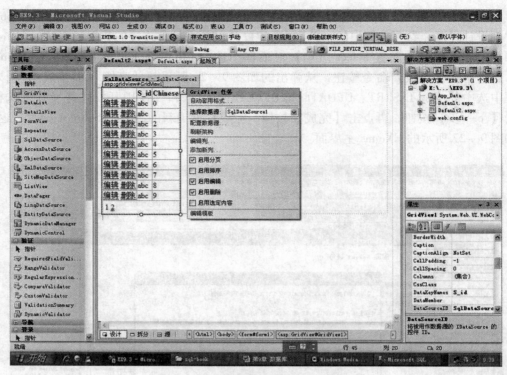

图 9－27　在主界面设置 GridView 控件

（5）在 GridView 任务窗口中点击编辑列，弹出如图 9－28 所示的【字段】对话框，从【字段】对话框的【选定的字段】列表中选中相应字段，在左侧的【BoundField 属性】框中设置 HeaderText 的属性为要设置的中文。

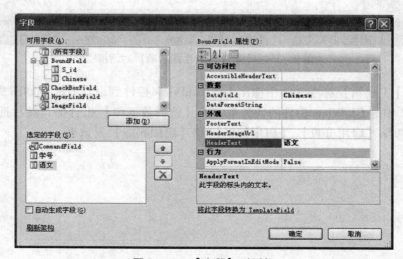

图 9－28　【字段】对话框

（6）从【解决方案资源管理器】视图中选中【EXcims】的窗体 Default2. aspx，点击鼠标右键,从快捷菜单中点击【设为起始页】,如图 9 – 29 所示。

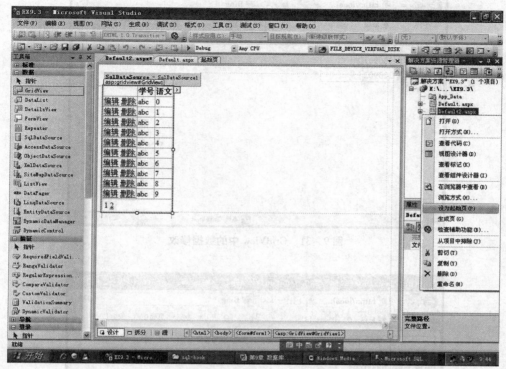

图 9 – 29 Default2. aspx 起始页设置

(7) 点击【运行】按钮,其运行页面如图 9 – 30 所示。数据修改和更新后的页面分别如图 9 – 31 和图 9 – 32 所示。

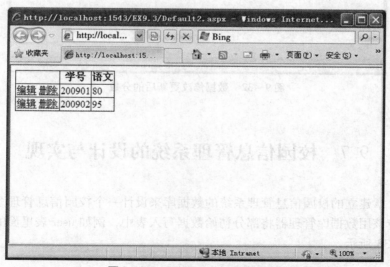

图 9 – 30 Default2. aspx 运行页面

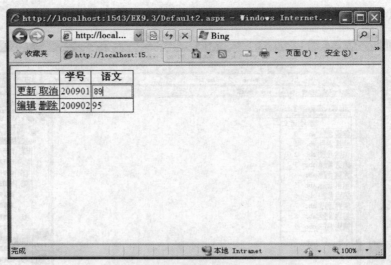

图 9 - 31　GridView 中的数据修改

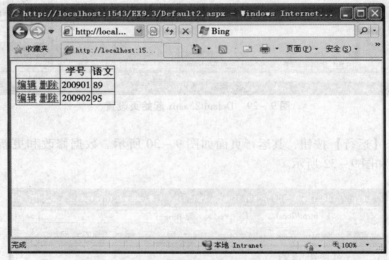

图 9 - 32　数据修改更新后的分数

9.7　校园信息管理系统的设计与实现

　　利用第 7 章建立的校园信息管理系统的数据库来设计一个校园信息管理系统,在设计系统之前,应该用数据库管理器将部分初始数据写入表中,例如 user 表里面的登录账户信息,如图 9 - 33 所示。

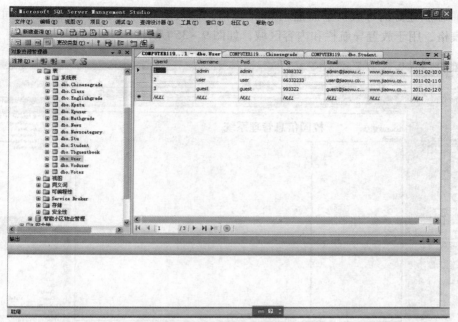

图 9-33　填入初始数据

部分初始数据填入完毕后，就可以开始校园信息管理系统设计了。

1. 系统主界面设计

（1）从图 9-1【Microsoft Visual Studio】起始页的左上侧【最近的项目】列表中点击
【创建】中的【网站】选项，进入【新建网站】对话框。在【新建网站】对话框中的
【模板】列表点取【ASP. NET 网站】，在【位置】后面的组合框中输入新建网站的路径
名，例如为 EXcims，新建一个名为 EXcims 的 ASP. NET 网站。

（2）在解决方案资源管理器里添加新项，选择【母版页】，新建一个名为【MasterP-
age. master】的母版页，如图 9-34 所示。

图 9-34　新建母版页

（3）在新建好的母版页里面拖入 html 表格，输入简单的文字提示内容，中间留有两处空白表格，用于放置导航栏和内容区域，如图 9－35 所示。

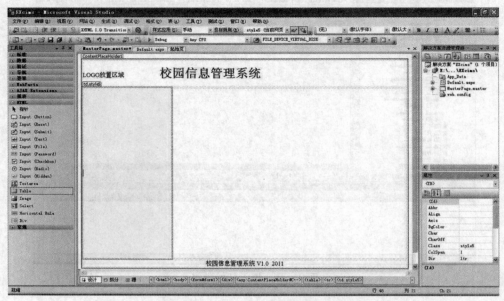

图 9－35　设置母版页框架

（4）在母版页的导航栏位置放入七个 button 控件，id 分别为 button1，button2，……，button7，如图 9－36 所示。

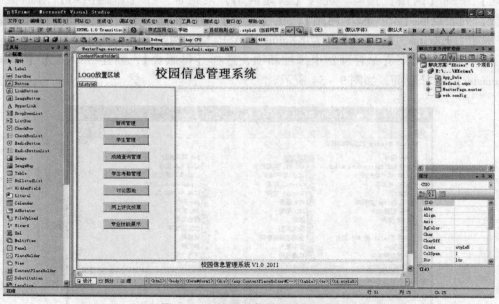

图 9－36　设置母版页导航栏按钮

（5）分别双击导航栏的按钮，进入 MasterPage. master. cs 源代码页，分别为它们设置按钮点击事件，button1 内容如下：

```
protected void Button1_Click（object sender，EventArgs e)
{
Response. Redirect（"news. aspx"）；
}
```

其余按钮也为它指定跳转页面，如图 9 – 37 所示。

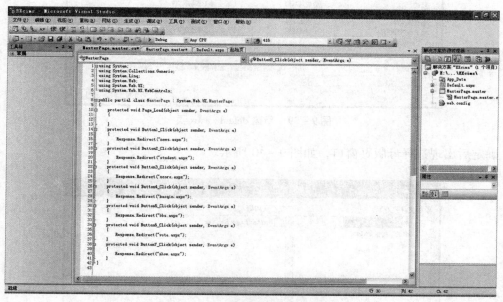

图 9 – 37　设置按钮点击调整页面

（6）在页面右侧添加一个 ContentPlaceHolder，用来放置内容区域，如图 9 – 38 所示。

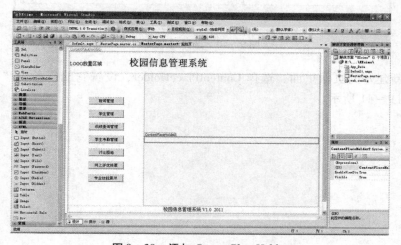

图 9 – 38　添加 ContentPlaceHolder

（7）添加新项 default. aspx，勾选上选择母版页选项，如图 9 – 39 所示。

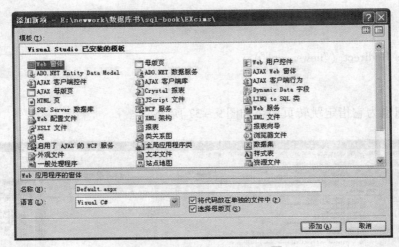

图 9 – 39　新建 default. aspx 页

确定后出现选择母版页窗口，如图 9 – 40 所示。

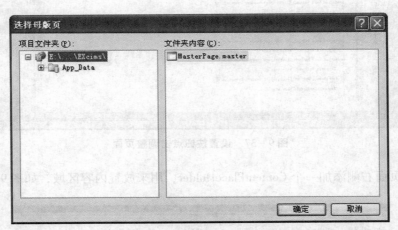

图 9 – 40　选择母版页

（8）在新建好的页面里面，选择 ContentPlaceHolder，设置它的任务为"创建自定义内容"，如图 9 – 41 所示。

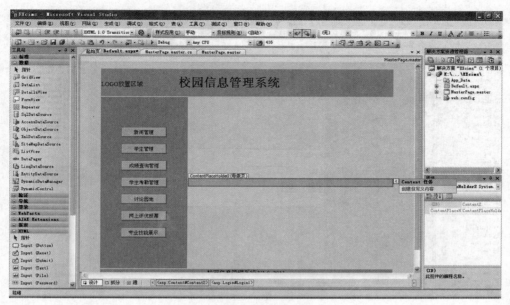

图 9 - 41 创建自定义内容

（9）以此类推，添加其余 6 个功能页面，如图 9 - 42 所示。

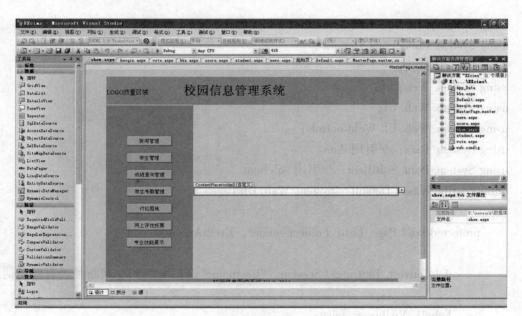

图 9 - 42 添加其余页面

2. 登录功能设计

（1）在自定义内容区域增加 label、textbox、button 控件，用来做登录功能设计，如图 9 - 43 所示。

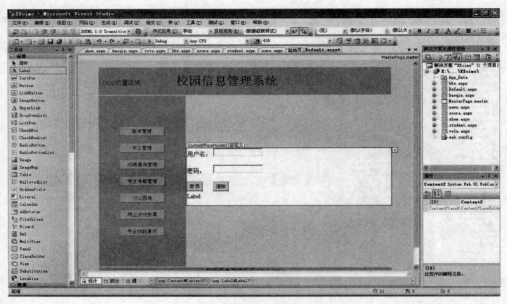

图 9-43　设计登录框

（2）编写代码，default. aspx. cs 全部源代码如下：

```
using System;
using System. Collections. Generic;
using System. Linq;
using System. Web;
using System. Web. UI;
using System. Web. UI. WebControls;
using System. Data; //引用 data
using System. Data. SqlClient; //引用 sqlclient
public partial class _Default : System. Web. UI. Page
{
    protected void Page_Load (object sender, EventArgs e)
    {
        if (Convert. ToString (Session ["Username"])! = "") //判断是否有登录信息
        {
            Label1. Visible = false;
            Label2. Visible = false;
            TextBox1. Visible = false;
            TextBox2. Visible = false;
            Button8. Text = "注销";
            Button9. Visible = false;
```

```
      Label3. Text = "欢迎您," + Session ["Username"] . ToString ();
  }
else
  { Label3. Text = "请输入账号密码登录!";
  TextBox1. Focus ();
  }

}

protected void Button8_Click (object sender, EventArgs e)
  {
    if (Button8. Text = = "注销")
      {
        Session ["Username"] = "";
        Response. Redirect ("default. aspx");
      }
    else
      {

        string SQL = "use school select * from [user] where username = '" + Text-
        Box1. Text +"' and pwd = '" + TextBox2. Text +"'";
        //将用户名和密码与 sql 代码结合, 要注意单引号的使用
        string myStr = " server = localhost; database = school; uid = sa; pwd
        = 123456";
        //SQL Server 和 Windows 混合模式
        //string myStr = "server = localhost; Integrated Security = SSPI";
        //仅 Windows 身份验证模式
        SqlConnection myConnection = new SqlConnection (myStr);
        myConnection. Open ();
        SqlDataAdapter mySqlDA = new SqlDataAdapter (SQL, myConnection);
        SqlCommandBuilder mySqlCB = new SqlCommandBuilder (mySqlDA);
        DataSet myDS = new DataSet ();
        mySqlDA. Fill (myDS);
        myConnection. Close ();
        if (myDS. Tables [0] . Rows. Count = = 0) //判断是否记录为 0
          {
            Label3. Text = "用户名或密码错!";
            return;
          }
        else
```

```
        DataRow MyRow = myDS. Tables［0］. Rows［0］;
        Session［″Username″］= MyRow［2］. ToString（）;//储存登录信息
        Response. Redirect（″default. aspx″）;
        }
    }
}
```

该页面运行效果如图 9 - 44 所示。

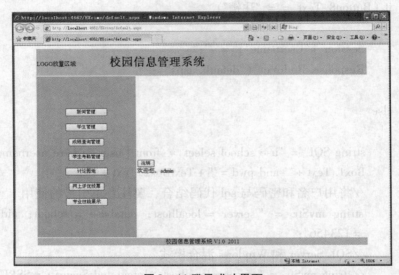

图 9 - 44 登录成功界面

3. "学生管理" 界面设计

（1） 验证是否登录，否则就跳转回登录页面 default. aspx，在源代码的 PageLoad 事件加上下面的代码：

if（Convert. ToString（Session［″Username″］）== ″″）

{

Response. Write（″＜script language = javascript＞alert（′还未登录，请登录再进入!′）;
＜/script＞″）;

Response. Write（″ ＜ script language = javascript ＞ window. location = ′ default. aspx′ ＜/
script＞″）;

    return;

}

其余的功能页面也如此，运行效果如图 9 – 45 所示。

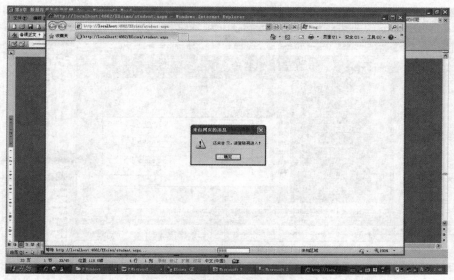

图 9 – 45　未登录时的提示

（2）打开 Student. aspx 的设计页面，在菜单栏中选择【表】菜单中的【插入表】，添加一个表格。在【插入表格】对话框中，设置 7 行 3 列，如图 9 – 46 所示。

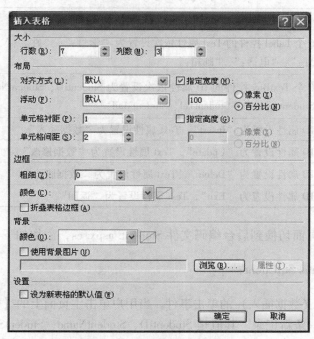

图 9 – 46　插入表

（3）从工具箱中拖出 6 个 Label、6 个 TextBox 和 4 个 Button 控件到设计界面，其页面如图 9 – 47 所示。

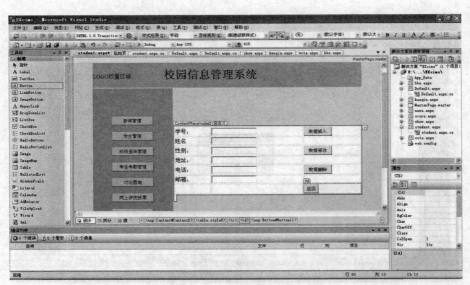

图 9 – 47 【学生管理】界面设计

（4）设置这些控件的 ID、Text 属性，如表 9 – 3 所示。

表 9 – 3 【学生管理】界面控件属性设置

控件名称	属性设置
Label 控件	6 个 Label 控件的 Text 属性依次设置为 "学号:"、"姓名:"、"性别:"、"地址:"、"电话:"、"邮箱:"
TextBox 控件	6 个 TextBox 控件的 ID 属性依次设置为 StudentID、StudentName、StudentSex、StudentAddress、StudentTel、StudentMail
Button1 控件	ID 属性设置为 "Insert"，Text 属性设置为 "数据插入"
Button2 控件	ID 属性设置为 "Update"，Text 属性设置为 "数据修改"
Button3 控件	ID 属性设置为 "Delete"，Text 属性设置为 "数据删除"
Button4 控件	ID 属性设置为 "Exit"，Text 属性设置为 "返回"

（5）双击空白页面切换到后台编码文件 Student. aspx. cs，添加如下命名空间：

using System. Data. SqlClient；

（6）按钮 Insert（数据插入）的单击事件。当用户单击主页面上的【数据插入】按钮时，向 student 表中插入一条新记录，其值是 StudentID、StudentName、StudentSex、StudentAddress、StudentTel、StudentMail 六个 TextBox 控件的 Text 属性值。该事件的实现代码如下：

protected void Insert_Click（object sender，EventArgs e）

```
      }
   SqlConnection con = new
       SqlConnection（"server = localhost；uid = sa；pwd = 123456；database = school"）；
   con. Open（）；
   string insert = "insert into student（S_id，S_name，Sex，Address，Tel，Email）values
           （" +""'" + StudentID. Text. Trim（）+""'" +"," +""'" + StudentName. Text. Trim
           （）+""'" +"," + StudentSex. Text. Trim（）+"," +""'" +
           StudentAddress. Text. Trim（）+ ""'" + "," + ""'" + StudentTel. Text. Trim
           （）+ ""'" +"," +""'" + StudentAddress. Mail. Trim（）+ ""'" + "）"；
   Response. Write（insert）；
   SqlCommand cmd1 = new SqlCommand（insert，con）；
   cmd1. ExecuteNonQuery（）；
   con. Close（）；
   }
```

（7）按钮 Update（数据修改）的单击事件。当用户单击主页面上的【数据修改】按钮时，对 student 表中记录进行修改，将属性 S_id 为 StudentID 控件的 Text 属性值的记录中 S_id、sname、sex、address 等属性值用 StudentID、StudentName、StudentSex、StudentAddress、StudentTel、StudentMail 六个 TextBox 控件的 Text 属性值来修改。该事件的实现代码如下：

```
protected void Update_Click（object sender，EventArgs e）
{
   SqlConnection con = new SqlConnection（"server = localhost；user
           id = sa；pwd = 123456；database = school"）；
   con. Open（）；
   string select = " select count（ * ）as total from student where S _ id =" +""'" +
   StudentID. Text. Trim（）+""'"；
   SqlCommand cmdsel = new SqlCommand（select，con）；
   SqlDataReader dr = cmdsel. ExecuteReader（）；
   if（dr. Read（））
     {
       if（int. Parse（dr［"total"］. ToString（））= = 0）
         {
           Response. Write（" < script > window. alert（'要修改的记录不存在！'）</
           script >"）；
           return；
         }
     }
```

```
dr. Close ();
string str = "Update S set S_name =" + """ + StudentName. Text. Trim () + """ + "," +"
        sex =" + StudentSex. Text. Trim () +"," +" address =" +""" +
        StudentAddress. Text. Trim () +"""+","+"Tel =" + """ + StudentTel. Text. Trim
        () + ""","+"email =" +""" + StudentMail. Text. Trim () + """ + "where S_
        id =" + """ + StudentID. Text. Trim () +""";
SqlCommand cmd = new SqlCommand (str, con);
cmd. ExecuteNonQuery ();
con. Close ();
}
```

(8) 按钮 Delete（数据删除）的单击事件。当用户单击主页面上的【数据删除】按钮时，在 student 表中删除一条新记录，即将属性 S_id 值等于 StudentID 控件的 Text 属性值的记录删除。该事件的实现代码如下：

```
protected void Delete_Click (object sender, EventArgs e)
{
if ((StudentID. Text. Trim ()). Length < 1)
    {
        Response. Write ("<script>window. alert ('没有要删除的项!') </script>");
        return;
    }
SqlConnection con = new SqlConnection ("server = localhost; user id = sa; pwd = 123456;
database = school");
con. Open ();
string select = "select count (∗) as total from student where
S_id =" +""" + StudentID. Text. Trim () +""";
SqlCommand cmdsel = new SqlCommand (select, con);
SqlDataReader dr = cmdsel. ExecuteReader ();
if (dr. Read ())
    {
        if (int. Parse (dr ["total"]. ToString ()) = = 0)
        {
            Response. Write ("<script> window. alert ('要删除的记录不存在!') </
            script>");
            return;
        }
    }
dr. Close ();
```

```
string str = "delete from student where S_id =" + "'" + StudentID. Text. Trim () + "'";
SqlCommand cmd = new SqlCommand (str, con);
cmd. ExecuteNonQuery ();
con. Close ();
}
```

（9）在【学生管理】界面的【返回】按钮的单击事件。用来返回到上一主界面。该事件的实现代码如下：

```
protected void Button1_Click (object sender, EventArgs e)
{
Response. Redirect ("~/Default. aspx");
}
```

4. 【成绩查询管理】界面设计

（1）同【学生管理】界面设计一样，从【解决方案资源管理器】视图中选中【EX-cims】，点击鼠标右键，从快捷菜单中点击【添加新项】，添加一个【成绩查询管理】的【Web 窗体】score. aspx。打开 StudentQuery. aspx 的设计页面，在菜单栏中选择【布局】菜单中的【插入表】，添加一个表格。在【插入表格】对话框中，设置 7 行 4 列。

（2）从工具箱中拖出 6 个 Label、6 个 TextBox 和 6 个 Button 控件到设计界面，其页面如图 9-48 所示。

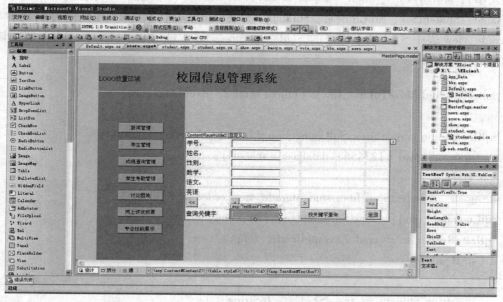

图 9-48 【成绩查询管理】界面设计

（3）设置这些控件的 ID、Text 属性，如表 9 – 4 所示。

表 9 – 4　【成绩查询管理】界面控件属性设置

控件名称	属性设置
Label 控件	7 个 Label 控件的 Text 属性依次设置为 "学号："、"姓名："、"性别："、"语文："、"数学："、"英语："、"输入关键字"
TextBox 控件	7 个 TextBox 控件的 ID 属性依次设置为 StudentID、StudentName、StudentSex、StuChinese、StuMath、StuEnglish、StudentDept
Button1 控件	ID 属性设置为 "MoveToFirst"，Text 属性设置为 " ＜ ＜"
Button2 控件	ID 属性设置为 "MoveToPre"，Text 属性设置为 " ＜"
Button3 控件	ID 属性设置为 "MoveToNext"，Text 属性设置为 " ＞"
Button4 控件	ID 属性设置为 "MoveToLast"，Text 属性设置为 " ＞ ＞"
Button5 控件	ID 属性设置为 "KeySelect"，Text 属性设置为 "按关键字查询"
Button6 控件	ID 属性设置为 "Exit"，Text 属性设置为 "返回"

（4）双击空白页面切换到后台编码文件 score. aspx. cs，添加如下命名空间：

using System. Data. SqlClient;

（5）按钮 MoveToFirst（＜＜）的单击事件。当用户单击主页面上的 "＜＜" 按钮时，将触发事件 MoveToFirst_Click（object sender，EventArgs e），该事件将在 StudentID、StudentName、StudentSex、StuChinese、StuMath、StuEnglish 六个 TextBox 控件中分别显示 studentgrade_view 表中 S_id 最小记录的 S_id、s_name、sex、chinese、math、english 值。该事件的实现代码如下：

```
protected void MoveToFirst_Click（object sender，EventArgs e）
{
SqlConnection con = new SqlConnection（"server = localhost；user
    id = sa；pwd = 123456；database = school"）；
con. Open（）；
string str = "selectS_id from studentgrade_view order by S_id asc"；
SqlCommand cmd = new SqlCommand（str，con）；
SqlDataReader sr = cmd. ExecuteReader（）；
if（sr. Read（））
  {
    string Student = sr［"S_id"］. ToString（）；
    Refresh（Student）；
  }
```

```
    sr. Close ( );
}
```

（6）用户自定义函数 Refresh（Student）。定义一个用户自定义函数 Refresh（Student）来显示查询到的学号 SNO 的相应记录值。其代码如下：

```
private void Refresh ( string studentId )
{
SqlConnection con = new SqlConnection ( "server = localhost; user
        id = sa; pwd = 123456; database = school" );
con. Open ( );
string str = "select * from studentgrade_view where S_id =" + """ + studentId. ToString
        ( ) + """;
SqlCommand cmd = new SqlCommand ( str, con );
SqlDataReader sr = cmd. ExecuteReader ( );
if ( sr. Read ( ) )
    {
        StudentID. Text = studentId. ToString ( );
        StudentName. Text = sr [ "S_name" ]. ToString ( );
        StudentSex. Text = sr [ "sex" ] . ToString ( );
        StuChinese. Text = sr [ "chinese" ] . ToString ( );
        StuMath. Text = sr [ "math" ] . ToString ( );
        StuEnglish. Text = sr [ "english" ] . ToString ( );
    }
}
```

（7）按钮 MoveToPre（<）的单击事件。当用户单击主页面上的"<"按钮时，将触发事件 MoveToPre_Click（object sender, EventArgs e），该事件将在 StudentID、Student-Name、StudentSex、StuChinese、StuMath、StuEnglish 六个 TextBox 控件中分别显示 student-grade_view 表中当前记录的前一条记录的 studentgrade_view 表中 S_id 最小记录的 S_id、s_name、sex、chinese、math、english 值（即以 S_id 排序，小于当前 S_id 值的最大的 S_id 对应的记录被视为当前 S_id 的前一条记录）。该事件的实现代码如下：

```
protected void MoveToPre_Click ( object sender, EventArgs e )
{
if ( ( StudentID. Text. Trim ( ) ) . Length < 1 )
    {
        Response. Write ( " < script > window. alert ('请选择一个当前项!') </
        script >" );
```

```
                return;
            }
        string studentid = "";
        SqlConnection con = new SqlConnection ("server = localhost; user
            id = sa; pwd = 123456; database = school");
        con. Open ();
        string str = "select S_id from studentgrade_view order by S_id asc";
        SqlCommand cmd = new SqlCommand (str, con);
        SqlDataReader sr = cmd. ExecuteReader ();
        if (sr. Read ())
            {
                studentid = sr ["S_id"] . ToString ();
            }
        sr. Close ();
        if (studentid = = StudentID. Text. Trim ())
            {
                Response. Write ("< script > window. alert ('当前数据项已经是第一个了!') </
                script >");
                return;
            }
        else
            {
                string tempstr = "select max (S_id) as maxid from studentgrade_view where
        S_id <" +"'" + StudentID. Text. Trim ()  + "'";
                cmd. CommandText = tempstr;
                SqlDataReader dr = cmd. ExecuteReader ();
                if (dr. Read ())
                    {
                        string stuId = dr ["maxid"] . ToString ();
                        Refresh (stuId);
                    }
            }
        con. Close ();
        }
```

(8) 按钮 MoveToNext（>）的单击事件。当用户单击主页面上的【>】按钮时，将触发事件 MoveToNext_Click（object sender，EventArgs e），该事件将在 StudentID、StudentName、StudentSex、StuChinese、StuMath、StuEnglish 六个 TextBox 控件中分别显示 student-

grade_view 表中当前记录的下一条记录的 S_id、s_name、sex、chinese、math、english 值（即以 S_id 排序，大于当前 S_id 值的最小的 S_id 对应的记录被视为当前 S_id 的下一条记录）。该事件的实现代码如下：

```
protected void MoveToNext_Click (object sender, EventArgs e)
{
if ( (StudentID. Text. Trim ( )) . Length < 1)
    {
        Response. Write ("< script > window. alert ('请选择一个当前项!') </
        script >");
        return;
    }
string studentid = "";
SqlConnection con = new SqlConnection ("server = localhost; user id = sa; pwd = 123456;
database = school");
con. Open ( );
string str = "select S_id from studentgrade_view order by S_id desc";
SqlCommand cmd = new SqlCommand (str, con);
SqlDataReader sr = cmd. ExecuteReader ( );
if (sr. Read ( ))
{
        studentid = sr ["S_id"] . ToString ( );
    }
sr. Close ( );
if (studentid == StudentID. Text. Trim ( ))
    {
    Response. Write ("< script > window. alert ('当前数据项已经是最后一个了!') </
        script >");
    return;
    }
else
    {
    string tempstr = "select min (S_id) as maxid from student where S_id >" + "'" +
        StudentID. Text. Trim ( ) + "'";
    cmd. CommandText = tempstr;
    SqlDataReader dr = cmd. ExecuteReader ( );
    if (dr. Read ( ))
    {
```

```
            string stuId = dr ["maxid"] . ToString ();
            Refresh (stuId);
        }
    }
con. Close ();
}
```

（9）按钮 MoveToLast（＞＞）的单击事件。当用户单击主页面上的【＞＞】按钮时，将触发事件 MoveToLast_Click（object sender，EventArgs e），该事件将在 StudentID、StudentName、StudentSex、StuChinese、StuMath、StuEnglish 六个 TextBox 控件中分别显示 studentgrade_view 表中 S_id 最大记录的 S_id、s_name、sex、chinese、math、english 值。该事件的实现代码如下：

```
protected void MoveToLast_Click (object sender, EventArgs e)
{
SqlConnection con = new SqlConnection ("server = localhost; user
    id = sa; pwd = 123456; database = school");
con. Open ();
string str = "select S_id from studentgrade_view order by S_id desc";
SqlCommand cmd = new SqlCommand (str, con);
SqlDataReader sr = cmd. ExecuteReader ();
if (sr. Read ())
    {
        string Student = sr ["S_id"] . ToString ();
        Refresh (Student);
    }
sr. Close ();
con. Close ();
}
```

（10）按钮 KeySelect（按关键字查询）的单击事件。当用户单击主页面上的【按关键字查询】按钮时，将触发事件 KeySelect _Click（object sender，EventArgs e），该事件在 studentgrade_view 表中查找满足输入条件的记录，并将结果显示在 StudentID、StudentName、StudentSex、StuChinese、StuMath、StuEnglish 六个 TextBox 控件中。该事件的实现代码如下：

```
protected void KeySelect_Click (object sender, EventArgs e)
    {
    bool find = false;
```

```csharp
    SqlConnection con = new SqlConnection ("server = localhost; user
      id = sa; pwd = 123456; database = school");
con. Open ();
string cmdstr = "select * from studentgrade_view";
SqlDataAdapter da = new SqlDataAdapter (cmdstr, con);
DataSet ds = new DataSet ();
da. Fill (ds);
for (int i = 0; i < ds. Tables [0]. Rows. Count; i + +)
      {
      for (int j = 0; j < ds. Tables [0]. Columns. Count; j + +)
{
      string data = (ds. Tables [0]. Rows [i] [j]. ToString ()). Trim ();
if (data = = Select. Text. Trim ())
      {
        StudentID. Text = ds. Tables [0]. Rows [i] ["S_id"]. ToString ();
        StudentName. Text = ds. Tables [0]. Rows [i] ["S_name"]. ToString ();
        StudentSex. Text = ds. Tables [0]. Rows [i] ["sex"]. ToString ();
        StuChinese. Text = ds. Tables [0]. Rows [i] ["chinese"]. ToString ();
        StuMath. Text = ds. Tables [0]. Rows [i] ["math"]. ToString ();
        StuEnglish. Text = ds. Tables [0]. Rows [i] ["english"]. ToString ();
        find = true;
      }
      }
      }
if (find = = false)
      {
      Response. Write ("< script > window. alert ('没有相关记录!') </ script >");
      }
con. Close ();
}
```

(11) 在【成绩查询管理】界面的【返回】按钮的单击事件，用来返回到上一主界面。该事件的实现代码如下：

```csharp
protected void Button1_Click (object sender, EventArgs e)
{
  Response. Redirect ("~ /Default. aspx");
}
```

从【解决方案资源管理器】视图中选中【EXcims】的窗体 Default. aspx，点击鼠标右键，从快捷菜单中点击【设为起始页】，点击【运行】按钮，其运行页面如图 9 – 49 所示。单击【学生管理】按钮，进入【学生管理】运行页面，如图 9 – 50 所示。对学生信息进行录入修改后，点击【学生管理】运行页面中的【返回】按钮，再返回到【学生学籍管理系统】运行主页面。单击【成绩查询管理】按钮，进入【成绩查询管理】运行页面，如图 9 – 51 所示。

图 9 – 49　【学生学籍管理系统】运行主页面

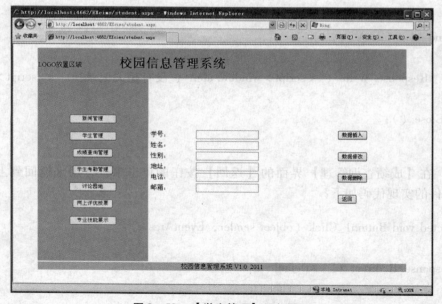

图 9 – 50　【学生管理】运行页面

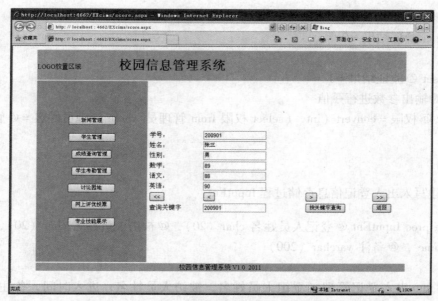

图9-51　【成绩查询管理】运行页面

参照【学生管理】和【成绩查询管理】的设计思路，再设计【新闻管理】、【学生考勤管理】、【讨论园地】等界面及其功能即可完成校园信息管理系统的设计。

9.8　物业管理系统的设计与实现

（1）根据第7章的数据库设计，以及对物业管理系统的功能分析，为学习方便，我们简化该系统的功能为登录、出入登记、房产管理、设备管理。本系统应设计以下页面：

①登录界面 Login. aspx；

②出入登记 Ent. aspx；

③房产管理 House. aspx；

④设备管理 Equ. aspx。

（2）为了使本系统的设计更便于修改和更具有通用性，系统中所有设计数据库的操作都将使用前面创建的存储过程来完成，根据需求建立存储过程如下：

①创建验证用户名和密码存储过程 VailUser：

Create proc VailUser @管理员姓名 char（20），@登录密码 char（20），@验证结果 bit output，@权限 int output

as

declare @记录数 int

select @记录数 = count（*）from 管理员 where 管理员姓名 = @管理员姓名 and 登录密码 = @登录密码

if（@记录数 =0）

    set @验证结果 =0

Else

      set @验证结果 =1

——对输出参数进行赋值

    set @权限 = convert（int，（select 权限 from 管理员 where 管理员姓名 =@管理员姓名））

Go

②创建写入出入登记信息存储过程 InputEnt：

Create proc InputEnt @登记人员姓名 char（20），@被访人员姓名 char（20），@进入时间 datetime ，@备注 varchar（200）

    as

insert into 出入登记管理（登记人员姓名，被访人员姓名，进入时间，备注）values（@登记人员姓名，@被访人员姓名，@进入时间，@备注）

    Go

③创建更新登记信息表存储过程 updateEnt：

Create proc updateEnt @编号 int，@离开时间 datetime

As

Update 出入登记管理 set 离开时间 =@离开时间 where 编号 =@编号

Go

④创建写入房产信息存储过程 InputHouse：

Create proc InputHouse @楼层单元 char（20），@房号 char（20），@房屋建筑面积 float ，@房屋使用面积 float，@产权情况 char（20），@备注 varchar（20）

    as

insert into 房产管理（楼层单元，房号，房屋建筑面积，房屋使用面积，产权情况，备注）values（@楼层单元，@ 房号，@房屋建筑面积，@房屋使用面积，@产权情况，@备注）

    Go

⑤创建写入设备信息存储过程 InputEqu：

Create proc InputEqu @设备名称 char（20），@设备类型 char（20），@设备数量 int，@设备情况 varchar（20）

    as

insert into 设备管理（设备名称，设备类型，设备数量，设备情况）values（@设备名

称，@设备类型，@设备数量，@设备情况）

  Go

  其余的一部分操作可以继续建立存储过程，简单的查询直接用 sql 语句执行就可以了。

  （3）图 9 - 52 说明了应用程序的结构，读者可以自行将该物业管理系统的页面不断进行完善。

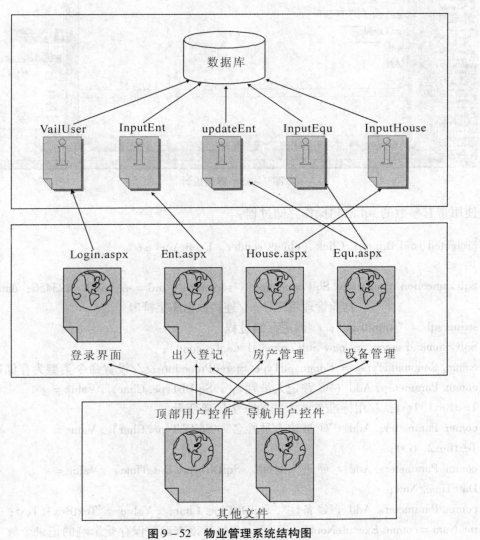

图 9 - 52　物业管理系统结构图

  （4）现以出入登记的功能页面来说明在 C#中操作存储过程：

先做好界面设计，拖入相应的控件，如图 9 - 53 所示。

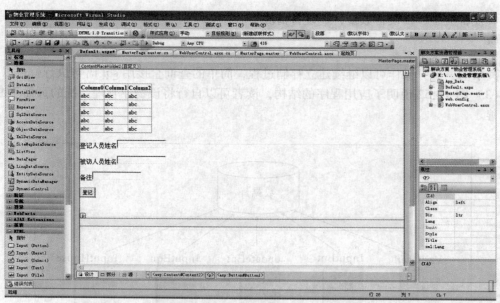

图 9-53　界面设计

使用带有参数的 sql 语句操作存储过程：

```
protected void Button1_Click（object sender，EventArgs e）
{
SqlConnection conn = new SqlConnection（″server =.；uid = sa；pwd = 123456；database =
            物业管理系统″）；//连接数据库字符串
string sql = ″ InputEnt ″；//调用存储过程
SqlCommand comm = new SqlCommand（sql，conn）；
comm. CommandType = CommandType. StoredProcedure；//设置命令类型为存储过程
comm. Parameters. Add（″@ 登记人员姓名″，SqlDbType. Char）. Value =
TextBox1. Text；//用标准参数添加的方法传递变量
comm. Parameters. Add（″@ 被访人员姓名″，SqlDbType. Char）. Value =
TextBox2. Text；
comm. Parameters. Add（″@ 进入时间″，SqlDbType. DateTime）. Value =
DateTime. Now；
comm. Parameters. Add（″@ 备注″，SqlDbType. Char）. Value = TextBox3. Text；
int Num = comm. ExecuteNonQuery（）；//执行该查询并保存受影响的记录个数
Response. Write（″ < script language = javascript > alert（′成功写入″+ Num +″条记录。′）；
            </script >″）；
}
```

其余的功能代码请读者参照之前的例子独立完成，将物业管理系统完善好，积累设计系统程序的经验。

习题九

一、填空题

1. 创建存储过程的命令是_____。

2. 服务器名为 server01，sql 账号为 sa，密码为 serEExx9@，数据库名为 mall，SqlConnection 的 ConnectionString 的值应是_____。

3. 使用 DataAdapter 获取数据的步骤有：

（1）创建一个_____；

（2）创建一个包含相应数据库查询语句的 DataAdapter 对象；

（3）创建一个数据集对象；

（4）执行 DataAdapter 对象的_____方法将查询结果添加到数据集中；

（5）对数据集执行相应的操作；

（6）_____。

4. 要在 .NET 里连接 SQL server 数据库，需添加_____引用。

5. Command 对象方法有 ExcuteScalar（ ）、_____、ExecuteNonQuery（ ）。

二、选择题

1. 以下语句获取表中第 1 行第 1 列（FirstName 列）的数据，其中正确的语句是（　　）。

   A. myTable. Rows（0）. Item（"FirstName"）

   B. myTable. Rows（1）（"FirstName"）

   C. myTable. Rows（0）（1）

   D. myTable. Rows（1）（0）

   E. myTable. Rows（1）. Item（1）

   F. myTable. Rows（0）. Item（1）

2. 在 SQL 语法中，用于插入数据的命令和更新数据的命令是（　　）。

   A. INSERT，UPDATE　　　　B. UPDATE，INSERT

   C. DELETE，UPDATE　　　　D. CREATE，UPDATE

3. 下面关于连接字符串的常用参数的描述，正确的是（　　）。

   A. Data Source 属性表示连接打开时所使用的数据库名称（服务器类型）

   B. Initial Catalog 属性表示数据库的类型（服务器的名字）

   C. Trusted Connection 参数决定连接是否使用信任连接

   D. Provider 属性用于设置或返回连接字符串（连接的是什么数据库，连接 SQL 就不用 PROVIDER）

4. 以下关于 DataAdapter 对象的描述，错误的是（　　）。

   A. DataAdapter 对象可以用来检查查询结果

   B. DataAdapter 对象可以作为数据库和断开连接对象之间的网桥

   C. DataAdapter 对象可提取查询结果以便脱机时使用

　　　D. DataAdapter 对象可以把脱机使用时所做的更改提交给数据库

三、思考题

1. 在 ASP. NET 页面中如何访问数据库？

2. 在 ASP. NET 中如何对数据进行读、更新、删除操作？

3. 基于 ASP. NET 的数据库应用系统设计的步骤是什么？

4. 利用 mssql + asp. net 规划设计一个自己熟悉领域的数据管理系统。

参考文献

［1］贾艳宇. SQL Server 数据库基础与应用. 北京：北京大学出版社，2010.

［2］杜兆将. SQL Server 数据库管理与开发教程与实训（第 2 版）. 北京：北京大学出版社，2009.

［3］曾海，吴君胜. 网站规划与网页设计. 北京：清华大学出版社，2011.

［4］郝安林. SQL Server 2005 基础教程与实验指导. 北京：清华大学出版社，2008.

［5］［美］Kevin E. Kline，Daniel Kline& Brand Hunt. SQL 技术手册（第 3 版）. 李红军译. 北京：电子工业出版社，2009.

［6］周慧. 数据库应用技术（SQL Server 2005）. 北京：人民邮电出版社，2009.

［7］杨学全. SQL Server 2000 实例教程. 北京：电子工业出版社，2004.

［8］郑阿奇. SQL Server 实用教程（第 3 版）. 北京：电子工业出版社，2009.

［9］柴晟，刘莹，蔡锦成. SQL Server 数据库应用教程. 北京：清华大学出版社，2007.

［10］马桂婷，武洪萍，袁淑玲. 数据库原理及应用（SQL Server 2008 版）. 北京：北京大学出版社，2010.

［11］徐守祥. 数据库应用技术——SQL Server 2005 篇（第 2 版）. 北京：人民邮电出版社，2008.

［12］王恩波. 网络数据库实用教程——SQL Server 2000. 北京：高等教育出版社，2004.

［13］马军，李玉林. SQL 语言与数据库操作技术大全——基于 SQL Server 实现. 北京：电子工业出版社，2008.

［14］曾海. 数字社区系统工程. 广州：广东高等教育出版社，2010.

［15］曾海. 智能建筑系统工程. 广州：广东高等教育出版社，2009.

［16］http：//blog. sina. com. cn/s/blog_6310e62b0100o05s. html.

［17］http：//msdn. microsoft. com/zh－cn/library/ms182776（v＝SQL. 100）.

［18］http：//book. 51cto. com/art/200911/160728. htm.

［19］http：//school. cnd8. com/sql－server/jiaocheng/31058. htm.

［20］http：//www. 51cto. com/art/200711/60007. htm.

［21］Microsoft SQL Server 2008 联机丛书. http：//msdn. microsoft. com/zh－cn/library/bb418431（v＝SQL. 10）. aspx.

［22］MySQL 5.1 参考手册. http：//dev. mysql. com/doc/refman/5.1/zh/database－administration. html.

［23］［美］Paul DuBois. MySQL 网络数据库指南．钟鸣等译．北京：机械工业出版社，2000.

［24］黄缙华．MySQL 入门很简单．北京：清华大学出版社，2011.

［25］钱雪忠．数据库与 SQL Server 2005 教程．北京：清华大学出版社，2007.

［26］闪四清．SQL Server 2008 数据库应用实用教程．北京：清华大学出版社，2009.

［27］［美］Michael Lee Gentry Bieker. 精通 SQL Server 2008. 唐扬斌，韩矞译．北京：清华大学出版社，2010.

［28］岳付强等．SQL Server 2005 从入门到实践．北京：清华大学出版社，2009.

［29］曹占涛等．Linux 服务器配置与管理．北京：电子工业出版社，2009.